普通高等教育“三海一核”系列教材

噪声及其控制

张　林　编著

科 学 出 版 社
北　京

内 容 简 介

本书阐述了噪声控制的基本理论、方法及措施。全书共 7 章，主要内容包括：噪声对人类、动物、建筑物及仪器设备的影响，噪声控制基本知识和噪声测量及仪器，室内声学，各类吸声材料和吸声结构，隔声技术，消声器，隔振与阻尼减振。每章还配有一定量的例题和习题。

本书注重以工程实用为主，理论联系实际，吸收国内外有关最新研究结果，阐明噪声控制中的工程技术问题。

本书可作为高等院校声学专业、环境工程专业的教材，亦可供从事噪声控制的工程技术人员参考。

图书在版编目(CIP)数据

噪声及其控制/张林编著. —北京：科学出版社，2018.11
普通高等教育“三海一核”系列教材
ISBN 978-7-03-054773-6

Ⅰ. ①噪… Ⅱ. ①张… Ⅲ. ①噪声控制-高等学校-教材 Ⅳ. ①TB535

中国版本图书馆 CIP 数据核字(2017)第 246728 号

责任编辑：朱晓颖 / 责任校对：郭瑞芝
责任印制：张 伟 / 封面设计：迷底书装

科学出版社 出版
北京东黄城根北街 16 号
邮政编码：100717
http://www.sciencep.com
北京凌奇印刷有限责任公司 印刷
科学出版社发行 各地新华书店经销
*
2018 年 11 月第 一 版 开本：787×1092 1/16
2022 年 12 月第四次印刷 印张：14 3/4
字数：350 000

定价：59.00 元
(如有印装质量问题，我社负责调换)

前言

随着近代工业、交通运输事业和建筑业的飞速发展，噪声污染已成为世界性的问题。噪声污染是危害人类健康、污染环境的重要因素，它直接干扰人类的正常生活、工作、学习、休息和睡眠。为此，如何治理和控制噪声污染、为人们创造舒适的声学环境，就成为现代环境保护迫切需要解决的问题。

为了提高人们的环境意识、培养环境保护方面的人才，以适应环境保护事业发展的需要，许多高等院校设立了环境工程专业，开设了“噪声控制”课程。哈尔滨工程大学水声工程专业教研组在编写的《噪声及其控制》讲义基础上，经过多年教学和科研工作的经验积累，并吸取近年来国内外取得的最新成就和其他院校教材的优点，在2002年出版了《噪声及其控制》(哈尔滨工程大学出版社出版)一书。此书自出版以来受到广大读者的欢迎，此书至今已经使用了16年。其间噪声控制技术也有了很大的发展，书中虽然只限于基本理论、方法、现象、数据、图表和一些工程实例，但仍受到相当大的影响，特别是电子技术、信息技术等的迅速发展对书中有关技术和工程实例方面的内容影响很大，因此作者对原书进行了修订。本次修订中，增加了一些新内容，如新增了水声和隔振与阻尼减振的内容，同时将近几年典型工程实例充实进来，部分章节名称也因内容的调整而稍有改变。

噪声控制的基础是声学和振动理论，噪声控制技术是声学理论的应用，声学上的重大理论成果，在噪声控制上都会产生深刻的影响。噪声控制技术可以说是一门迅速发展的边缘科学，它涉及机械、建筑、材料、电子、环境、仪器乃至医学等领域，是环保产业的组成部分。

目前，噪声控制技术已经发展成为声学学科中一个重要的分支。对噪声的产生、传播及其控制技术的研究受到了人们的普遍重视，无论在理论上还是实验研究上都有了长足的发展，为改善和控制声学环境提供了有利条件保障。

编写本书的目的，在于使学生通过本课程的学习，对环境噪声控制有一个基本了解，懂得噪声控制的目的是要获得适当的声学环境，知道在不同情况或不同场所，对噪声的容许标准是不同的；在噪声控制中，要根据具体情况制定具体的措施，并且在工程中不拘泥于套用公式和图表，而能够视工程实际情况、根据环境控制原则，举一反三，进行思考和设计。

在本书的编写过程中，杨士莪院士、杨德森教授给予了作者极大的帮助，提供了许多宝贵的参考资料。在后期的修订过程中，还得到了深圳中雅机电实业有限公司方庆川高级工程师、北京铁道科学研究院辜小安研究员、重庆大学谢辉教授、中国科学院声学研究所徐欣高级工程师、长沙奥邦环保实业有限公司莫建炎高级工程师等同行的大力支持与帮助，他们无偿提供了自己的研究资料与成果，在此一并致以深深的敬意与谢意！

作者诚恳地欢迎使用本书的师生及其他读者对书中不妥或不足之处提出宝贵意见。

作 者

2018年7月

目　录

第 1 章　引言 ······ 1

1.1　噪声对人类的影响 ······ 2

1.1.1　噪声对听力机构的影响(噪声性耳聋) ······ 2

1.1.2　噪声对神经系统的影响 ······ 3

1.1.3　噪声对心血管和消化系统的影响 ······ 4

1.1.4　噪声对其他系统的影响 ······ 5

1.1.5　噪声对生活和工作的影响 ······ 6

1.2　噪声对动物及建筑物的影响 ······ 6

1.2.1　噪声对动物的影响 ······ 6

1.2.2　噪声对物质结构的危害 ······ 7

1.3　水下噪声对仪器设备的影响 ······ 7

1.4　噪声控制技术 ······ 8

1.4.1　噪声控制 ······ 8

1.4.2　噪声的传输 ······ 9

1.4.3　噪声控制的基本原则及方法 ······ 10

1.4.4　噪声控制评价标准和法规 ······ 16

1.5　城市环境噪声 ······ 17

1.5.1　交通噪声 ······ 18

1.5.2　工业噪声 ······ 20

1.5.3　建筑施工噪声 ······ 20

1.5.4　社会噪声 ······ 21

习题 1 ······ 22

第 2 章　噪声控制基本知识 ······ 23

2.1　声音的基本性质 ······ 23

2.1.1　声波的波长、频率和声速 ······ 23

2.1.2　平面声波 ······ 24

2.1.3　声能量、声功率和声强 ······ 27

2.1.4　声波的反射、折射和透射 ······ 28

2.1.5　球面声波 ······ 29

2.1.6　声波的叠加和驻波 ······ 31

2.1.7　声线和声像 ······ 32

2.2　级和分贝 ······ 34

2.2.1　声压级、声强级和声功率级 ······ 34

2.2.2　分贝的相加与“相减” ······ 36

2.2.3　声音的频谱 ······ 39

2.3　听觉、听力损伤和噪声的评价方法 ······ 42

2.3.1　人耳听觉特性 ······ 42

2.3.2　响度级与等响曲线 ······ 43

2.3.3　计权声级 ······ 45

2.3.4　噪声评价方法 ······ 46

2.4　噪声控制标准 ······ 54

2.4.1　噪声容许标准 ······ 55

2.4.2　工业企业噪声卫生标准 ······ 55

2.4.3　环境噪声标准 ······ 57

2.4.4　机器、产品噪声允许标准 ······ 59

2.5　噪声测量及仪器 ······ 62

2.5.1　概述 ······ 62

2.5.2　噪声测量环境 ······ 63

2.5.3　噪声测量常用仪器 ······ 67

2.5.4　噪声测量方法 ······ 75

习题 2 ······ 79

第 3 章　室内声学 ······ 82

3.1　室内声场特点 ······ 82

3.1.1　室内稳态声场 ······ 83

3.1.2　直达声场 ······ 83

3.1.3　混响声场 ······ 84

3.1.4　室内总声场 ······ 85

3.2　室内声场的衰减及混响时间 ······ 87

3.2.1　声场并非完全扩散所产生的影响 ······ 88

3.2.2　吸声对室内降噪的作用 ······ 89

3.3　声功率的测量方法及声强测量 ······ 90

3.3.1　声源声功率测量 ······ 90

3.3.2　声强测量 ······ 93

3.4　简正波 ······ 97

习题 3 ······ 100

第 4 章　吸声材料和结构 ………………… 102

4.1　吸声材料(材料的声学分类和吸声特性) ……………………… 102
4.1.1　多孔吸声材料 ……………… 103
4.1.2　材料层厚度的影响 ………… 104
4.1.3　材料体积质量的影响 ……… 106
4.1.4　背后空腔的影响 …………… 106
4.1.5　护面层的影响 ……………… 107
4.1.6　温度和吸水、吸湿的影响 … 107
4.1.7　空间吸声体 ………………… 107
4.1.8　吸声尖劈及吸声圆锥 ……… 108
4.2　共振吸声结构 ………………… 110
4.2.1　薄板共振吸声结构 ………… 110
4.2.2　单个共振器 ………………… 111
4.2.3　穿孔薄板共振吸声结构 …… 113
4.2.4　微穿孔板共振吸声结构 …… 116
4.2.5　水中共振吸声结构 ………… 117
4.3　几种新型吸声结构和材料 …… 118
4.3.1　槽木吸声板 ………………… 118
4.3.2　聚酯纤维吸声板 …………… 119
4.3.3　木丝吸声板 ………………… 120
4.3.4　DIY 吸声画 ………………… 121
4.3.5　发泡铝吸声板 ……………… 122
4.3.6　微晶砂环保吸声板 ………… 123
4.3.7　ECO 防水吸声板 …………… 124
4.3.8　T8 无机纤维喷涂 …………… 124
4.4　吸声测量 ……………………… 125
4.4.1　混响室法测量吸声材料 …… 125
4.4.2　驻波管法测量吸声材料 …… 127
4.4.3　阻抗管法测量吸声材料 …… 130
4.4.4　水声用吸声材料的测量 …… 131
4.5　吸声降噪 ……………………… 135
4.5.1　吸声降噪适用条件分析 …… 136
4.5.2　降噪量计算公式 …………… 136
4.5.3　空间平均降噪量 …………… 138
4.5.4　水中消声瓦的降噪 ………… 140
4.5.5　噪声源频谱对降噪量的影响 ……………………… 140
习题 4 ……………………………… 142

第 5 章　隔声技术 ………………… 143

5.1　隔声的定义 …………………… 143
5.2　单层匀质薄板的隔声性能 …… 144
5.3　单层隔墙的降噪作用 ………… 150
5.3.1　分隔墙噪声降低量的计算 … 150
5.3.2　构件尺寸对隔声量的影响 … 152
5.4　双层墙和复合墙的隔声性能 … 153
5.4.1　理想双层墙的隔声量 ……… 154
5.4.2　双层墙隔声量的实际估算 … 156
5.4.3　声桥对隔声性能的影响 …… 156
5.4.4　复合墙的隔声性能 ………… 157
5.5　门和窗的隔声性能 …………… 160
5.5.1　组合墙有效隔声量计算方法 … 160
5.5.2　门的隔声 …………………… 161
5.5.3　窗的隔声 …………………… 162
5.6　声屏障 ………………………… 164
5.6.1　室外声屏障计算方法 ……… 164
5.6.2　室内隔声屏计算方法 ……… 167
5.7　壳体的隔声 …………………… 169
5.7.1　壳体隔声结构的特殊性 …… 169
5.7.2　管道的隔声 ………………… 170
5.7.3　隔声罩 ……………………… 173
5.8　结构声的隔离 ………………… 175
5.8.1　楼板撞击声的特性 ………… 176
5.8.2　标准撞击机产生的声压级 … 176
5.8.3　楼板撞击声的控制 ………… 177
习题 5 ……………………………… 179

第 6 章　消声器 …………………… 181

6.1　消声器的分类及形式 ………… 181
6.2　消声器的性能指标 …………… 183
6.3　消声器的原理与特性 ………… 185
6.3.1　阻性消声器 ………………… 185
6.3.2　抗性消声器 ………………… 195
6.3.3　共振式消声器 ……………… 200
6.3.4　其他类型消声器 …………… 204
习题 6 ……………………………… 210

第 7 章　隔振与阻尼减振 ………… 212

7.1　振动对人体的影响 …………… 212
7.2　振动评价和标准 ……………… 213
7.2.1　局部振动标准 ……………… 213
7.2.2　整体振动标准 ……………… 213
7.2.3　环境振动标准 ……………… 214

7.3 振动控制的基本方法…………215
7.3.1 振动的传播规律……………215
7.3.2 振动控制的基本方法………215
7.4 隔振原理……………………216
7.4.1 振动的传递和隔离…………216
7.4.2 隔振的力传递率……………218
7.5 隔振元件……………………220
7.5.1 金属弹簧减振器……………221
7.5.2 橡胶减振器…………………222
7.5.3 橡胶隔振垫…………………223
7.5.4 其他隔振元件………………224
7.6 阻尼减振……………………224
7.6.1 阻尼减振原理………………225
7.6.2 阻尼材料……………………225
7.6.3 阻尼减振措施………………226
习题 7…………………………227
参考文献……………………228

第1章 引 言

噪声污染、空气污染、固体废弃物污染和水污染堪称目前世界上四种主要污染。与空气污染、固体废弃物污染和水污染不同的是，噪声污染是一种物理污染。一方面，它并不致命，声源停止发声的同时，污染也就没有了；另一方面，噪声虽然对人有干扰，但人也不能生活在毫无声息的环境中，人并不希望把声音完全消除，而是需要适当的声学环境。噪声污染与化学污染不同，在化学污染中，对人有害的化合物最好完全不存在，而且化学污染只有在产生后果后才引起人们的注意。噪声污染则不然，随着现代工业生产、交通运输和建筑事业的不断发展，它几乎影响到城乡全体居民，每一个人都直接感受到它的干扰。噪声对人类的危害日益严重，已经成为国内外影响最大的公害之一。由此也反映出开展噪声控制工作的必要性和紧迫性。

噪声污染和噪声控制已成为世界性的问题，这不仅由于高速发展的工业化带来物质文明的同时，必然使噪声污染更加严重，给人类带来更多危害，也反映了人们追求更加美满的生活、健康的生理和心理的趋势。

那么，什么是噪声呢？首先，噪声也是一种声音，声音的特征它都具备。但它又有自己的特殊性。在两千多年前的中国古代《说文》和《玉篇》中就有关于噪声的解释："扰也"，"群呼烦扰也"。也就是说，那时只有人声喧哗成为烦扰人的噪声，也可以说，这是人类最早关于噪声的定义了。

随着科学的发展，人们逐步认识到，噪声是一类引起人烦躁或音量过强而危害人体健康的声音。噪声的本质是一种机械波，是振动形式及其能量的传播。噪声是各种不同频率和强度的声音的无规组合，如汽车的轰鸣、机器的鸣叫等。它们的波形表现为无规律的、非周期的杂乱曲线。与此相对应的是乐音，乐音是有规律的声音。

随着噪声控制技术的发展，人们对噪声的定义又进行了新的探讨，越来越多的人认为，噪声实质上就是一种干扰，是指在特定情况下不需要的声音。这种定义似乎缺乏科学性，但又十分贴切地反映了噪声与各种有用声的区别。例如，音响中播放出洪亮而优美的音乐，对住所中收听的人来说，是非常悦耳动听的，但是对于要入睡的邻居，它却是一种干扰；由此可知，噪声是因地、因时、因人而异的，它表明了噪声控制工程的复杂性。

可惜的是，为工业生产、交通运输或者为改善人们生活和工作条件、提高工作效率、保证更多的业余时间以增加人们的生活乐趣等而制作的多数机器，都会产生噪声。因为噪声对人的影响是多方面的，如听觉、交谈能力以及行为举止，所以无论从经济学的观点还是从医学的观点来看，噪声控制都极其重要。此外，噪声控制之所以有意义，还在于它能为人们提供更加舒适的生活环境。

世界上大多数国家都有为从业人员的安全和健康所制定的法律法规，其目的是创造一个合适的工作环境、消除不安全的行为和过程；从环保和安全的角度考虑，将工作区域设计和布置成从业人员满意的状态。就这方面来说，安全性也就意味着噪声水平需要保持在不能造成人们听力损伤的情况下。

如果这个要求放在建立新厂和工厂规划阶段，以及更换现有的设备阶段，那么完全可以考虑从机械和设备方面降低噪声。而在现有的工厂和工作区域，显著降低噪声往往可以通过相对简单的方法实现。

另外，环保机构应参与对工厂、企业的噪声测量和控制问题的解决，以及参与新建厂房的规划或改变工作方法和流程的规划。

噪声控制过程应包括以下几方面。

(1) 对所有区域进行测量后的噪声地图的编制。

(2) 对所有地区进行目标噪声水平的设定。

(3) 对所有的措施计划、成本分析与预期衰减的描述。

1.1 噪声对人类的影响

声音是人类日常生活中如此寻常的组成部分，以至于人们很少认识其全部作用。它使人们能够享受到美妙的音乐、鸟类的歌唱，与家人、朋友愉快的交谈，能提醒或告诉人们电话声、敲门声、呼叫声，还使人们能根据机械运转声的不同对其作出质量评价，以及对心跳的杂音作出身体情况的诊断。

但是，在当今社会，还有一些声音常常令人们感到厌烦。许多声音是不受欢迎的，故称为噪声。随着社会的发展，越来越多的噪声源产生了，随之而来的是噪声水平越来越高。现在，噪声问题是生产者在工业生产环境中最广泛和最经常碰到的问题。它不仅在生理上，而且在心理上和社会整体效益上对人类产生了巨大影响。

最糟的是声音具有破坏性和摧毁性。有实验结果显示，超声速飞机的声振可以打碎窗玻璃、震落墙皮，动物在160dB以上的噪声中能昏迷或死亡，然而最不幸的莫过于在140dB以上的噪声中，或在115dB以上的连续噪声环境中可能使听力或健康受到损伤。长期在较强噪声环境中生活或工作会对人体产生许多不良的影响。

噪声对人类的影响和危害概括起来可以划分为以下两大方面。

(1) 强噪声可以引起耳聋和诱发各种疾病。

(2) 一般强度的噪声可以使人烦躁、干扰通信和语言交谈、降低效率、导致疲劳，以致对人们的工作、学习和生活带来较大的不利影响。

1.1.1 噪声对听力机构的影响(噪声性耳聋)

噪声对人体健康的影响是多方面的，表现最明显的是对听觉器官的损伤。在噪声环境下，强烈的噪声或长期的噪声停留，可以引起人的内耳感觉器官损伤，从而引起听觉灵敏度的永久性降低。这种类型的听力损伤无法修复。

听力损伤增加的风险与噪声声级的大小以及暴露在嘈杂环境中时间的长短有关，并且此风险还取决于声音的特性。此外，人体对噪声的敏感性还非常依赖于个体。有些人可能在非常嘈杂的环境中停留很短的时间后，听力就会受到损伤；而有些人可以长时间工作、生活在非常嘈杂的环境中，而没有任何明显的听力损伤。我们平时都会有这样的感受，当置身于一个较强的噪声环境中，常常感到声音刺耳难受，甚至感到耳朵疼痛。当我们离开这种环境后，在一定时间内，耳朵还会嗡嗡作响，听觉器官的敏感性下降，但这种情况在几分钟内即可消除，这种现象在医学上称为听觉适应，或称为暂时性听力损失，这是人体对外界环境作用的一种自我保护性反应。

但是听觉器官的适应性是有一定限度的，如果长期无防护地在较强噪声环境中工作，离开噪声环境后，听觉敏感性的恢复就会由几分钟延长到几小时甚至十几个小时。我们把这种可以恢复的听力损失称为听觉疲劳。听觉恢复的快慢与听阈值的提高程度有关，通常阈值提高越多，需要恢复的时间越长。例如，听阈提高到50dB(4kHz)，需要离开噪声环境休息16小时左右就可恢复听力；如果听阈提高到60dB(4kHz)，则听力恢复要长达几天。听觉疲劳是听觉器官的功能性变化，它与神经末梢的急性疲劳有关，基本上是无逆的变化。若用听力计检查，轻度患者的听力下降15～30dB，严重者可下降50～60dB，往往有说话声音提高、耳鸣现象，已明显影响工作、学习与生活。听觉疲劳是噪声性耳聋的前兆，随着听觉疲劳的加重，可导致听觉功能恢复不完全。发生听觉疲劳后，如果仍然长期无防护地在强烈噪声环境中工作，听力损失会逐渐加重，直至不可恢复。此时，听觉器官已不仅仅是功能改变，而是发展到内耳听觉器官发生器质性病变，形成永久性听阈偏移，即通常所称的噪声性耳聋。

早期噪声性耳聋的听力损失为15～40dB时，属轻度耳聋，此时由于对语言交流的影响不明显，本人可能不会感觉到耳聋；但随着噪声作用加强或工作时间的加长，听力损失达到40～60dB时，称中度耳聋；听力损失达60～85dB时，即重度耳聋；损失大于85dB的为全聋。噪声性耳聋的发病因素与噪声强度和频率有关，噪声强度越大，频率越高，噪声性耳聋的发病率越高。同时与噪声作用的时间长短也有关系，在同样强度的噪声环境中，每天工作八小时就比每天工作半小时发病率高得多。

国际标准化组织(International Organization for Standardization，ISO)确定听力损失25dBA为耳聋标准；25～40dBA为轻度聋；40～55dBA为中度聋；55～70dBA为显著聋；70～90dBA为重度聋；90dBA以上为极端聋。

当人们突然暴露于极强烈的噪声之下时，如爆破、放炮等，由于其声压很大，常伴有冲击波，可造成听觉器官的急性损伤，称为爆震性耳聋或声外伤。此时，耳朵的鼓膜破裂、流血，双耳完全失听。这种耳聋应及时治疗，治疗的时间越早，效果越好。

对兵器工业试验靶场的射手和其他工作人员的调查与体检显示，5年以上的射手，语频听力损伤占60.8%，高频听力损伤占69.8%，其他工作人员语频听力损伤占52.8%，高频听力损伤占59.7%，听力损伤都很严重。另外，随着工龄的增加，听力损失逐渐加重，且在前10年内听力损失的上升率较快。

有时在爆震情况下，患者的听觉器官并没有发生器质性病变，但双耳也突然聋了，这是由高度紧张、恐惧等精神因素引起的功能性耳聋。这些患者的听力大多数可以恢复。

近年来，日常生活环境中噪声对听力的影响已经越来越引起人们的重视。以前，人们常常把耳聋看作人体衰老的一种自然规律，不可避免。现在，积极的看法是人老了耳朵不一定聋。有调查发现，居住在偏僻寂静的农村、山林里的老人，比居住在喧闹城市的老人，不仅寿命更长，耳聋的也更少。

1.1.2 噪声对神经系统的影响

噪声具有强烈的刺激性，如果长期作用于中枢神经系统，可以使大脑皮层的兴奋与抑制过程平衡失调，结果引起条件反射混乱。人体实验证明，噪声影响可以使人的脑电波发生变化。中枢神经系统受到损害，引起全身其他器官的变化。如果长期在噪声的不良刺激下，将形成牢固的兴奋灶，累及自主神经系统，导致病理性改变，从而产生神经衰弱，出现头痛、失眠、多梦、乏力、易疲劳、易激动、记忆力减退、恶心等症状，并伴有耳鸣和听力衰退现象。严重时全身虚弱，体质下降，容易并发或引起其他疾病。

在对靶场射手和工作人员的调查中，发现其头痛、头昏、耳鸣、失眠、记忆力减退等神经衰弱病症和高血压的发生率相当高。靶场射手和工作人员的临床症状见表 1-1。

表 1-1 靶场射手和工作人员的临床症状

症状	靶场射手(428 人)		靶场工作人员(336 人)	
	阳性数	阳性率/%	阳性数	阳性率/%
头痛	165	38.0	131	39.0
眩晕	24	5.6	39	11.6
头昏	180	42.1	121	86.0
失眠	185	43.2	145	43.2
多梦	193	45.1	128	38.1
耳鸣	120	28.1	64	19.1
恶心	40	9.4	12	3.6
心悸	95	22.2	68	20.2
乏力	63	14.7	70	20.8
记忆力减退	211	49.3	145	43.2
烦躁	9	2.1	27	8.0
神经衰弱	236	55.1	125	37.2
心动过速	23	5.4	11	3.3
心动过缓	33	7.7	30	8.9
心律不齐	70	16.4	20	5.9

注：神经衰弱一项的评定标准是把神经衰弱症候群分成 3 项：①头痛、头昏、眩晕；②耳鸣、失眠、多梦；③乏力、心悸、恶心。3 项中各有一症状者，即为神经衰弱。另外，具有烦躁、记忆力减退和第①项或第②项或第③项中之一症状者，也为神经衰弱。

1.1.3 噪声对心血管和消化系统的影响

噪声对交感神经有兴奋作用，可以导致心动过速、心律不齐、代谢或微循环失调。在长期暴露于噪声环境的人中间，有部分人的心电图出现缺血型改变，常见的有窦性心动过速或过缓、窦性心律不齐等。噪声还可以使心肌受损，引起血液中胆固醇增高。在噪声污染日趋严重的工业大城市中，冠心病与动脉硬化症的发病率也逐渐提高。

早在 1977 年，对荷兰的阿姆斯特丹国际机场(图 1-1)的调查显示，机场周围居民高血压和心脏病的发病率明显高于普通居民。近年来的研究表明，机场噪声对周围人群的健康状态、心血管疾病及高血压患者用药量、催眠剂使用量等产生影响，而人体疲劳和头痛等也与机场噪声暴露密切相关。日本研究人员通过对某军用机场周围居民的调查，得出机场噪声暴露与人体血压、胆固醇和血清尿酸等生理指标存在剂量—效应关系。

此外，噪声还可以引起自主神经紊乱，使血压波动增大。一些原来血压不稳定的人接触噪声后，血压变化尤其明显。年轻人接触噪声后，大多数表现为血压降低，而老年人则以血压升高为多见。

长期在 80dB 噪声环境中工作的人，肠胃的消化功能可能受到影响，有些人胃的收缩能力只有正常人的 70%，胃酸减少，食欲不振，胃炎、胃溃疡和十二指肠溃疡发病率增高。据统计，在噪声行业工作的工人中，溃疡病的发病率比安静环境的高 5 倍。

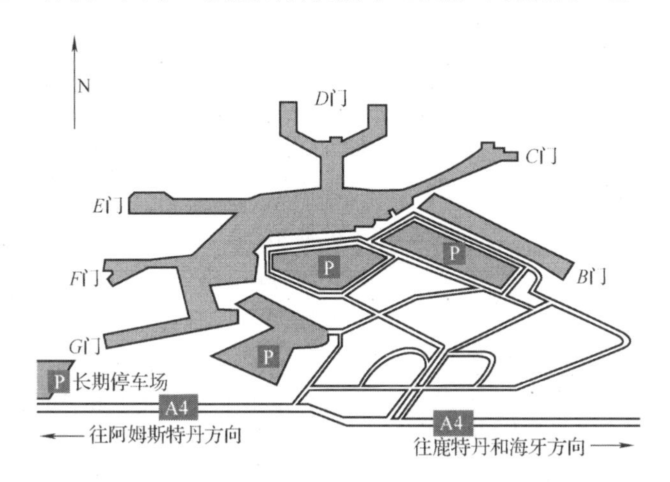

图 1-1 阿姆斯特丹国际机场

1.1.4 噪声对其他系统的影响

噪声对视觉功能也有一定的影响，当噪声作用于听觉器官时，也会通过神经系统的作用而波及视觉器官，使人的视力减弱。噪声能使人眼对光亮度的敏感性降低。当噪声强度在 90dB 时，视网膜中的视杆细胞区别光亮度的敏感性开始下降，识别弱光反应的时间也会延长；当噪声在 95dB 时，瞳孔会放大；当噪声达到 115dB 时，眼睛对光亮度的适应性降低。噪声还可使色觉、色视野发生异常，视力的清晰度与稳定性降低。

噪声对血液成分的影响表现为血细胞数增多，嗜酸性白细胞也有增高的趋势。噪声还会影响儿童的智力发育。越来越多的研究表明，噪声会严重影响人类优生，导致畸形胎儿增多。在加拿大进行的研究也证明，那些曾经接受过 85dB 以上(重型卡车音响 90dB)强噪声的胎儿，在出生前就已丧失了听觉的敏锐度。加拿大蒙特利尔大学的尼科尔·拉兰特研究组对 131 名 4～10 岁男女儿童(他们的母亲怀孕时曾在声音极为嘈杂的工厂里工作)进行了检查，结果表明，那些出生前在母体内接受最大噪声量的儿童对 400Hz 声音的感觉是没有接受过噪声儿童的 1/3。美国有一位儿科医生对万余名新生儿进行了研究，结果证实，在机场附近地区，新生儿畸形率从 0.8%增加到 1.2%，主要出现脊椎畸形、腹部畸形和脑畸形。日本调查资料表明，在噪声污染区的新生儿体重在 2000g 以下(正常新生儿体重为 2500g 以上)，相当于早产儿体重。我国学者对怀孕期间接触强烈噪声(95dB 以上)的女工所生子女进行测试，并把结果与其他条件相似的小儿进行比较，发现前者的智商水平比后者低。因此，专家发出警告，噪声对胎儿危害非常大，呼吁怀孕的妈妈要警惕身边的噪声。

有调查显示，在噪声环境下，儿童的智力发育比在安静环境中低 20%。另外有测试分析表明，儿童的阅读、记忆和识别能力与机场噪声暴露相关，但机场噪声对儿童的主观注意力和精神健康影响较小。

1.1.5 噪声对生活和工作的影响

噪声妨碍人们休息、睡眠，干扰语言交谈和日常社交活动，使人烦躁异常。睡眠对人是极其重要的，它能够使人的新陈代谢得到调节，使人的大脑得到休息，从而消除体力和脑力疲劳。所以保证睡眠是关系到人体健康的重要因素，但是噪声会影响人的睡眠质量和数量，老年人和患者对噪声干扰比较敏感，当睡眠受到噪声干扰后，工作效率和健康都会受到影响。研究结果表明，连续噪声可以加快熟睡到轻睡的回转，使人多梦，熟睡的时间缩短，突然的噪声可使人惊醒。一般来说，40dB 的连续噪声可使 10%的人睡眠受到影响，到 70dB 时可影响 50%的人；而突发的噪声在 40dB 时可使 10%的人惊醒，到 60dB 时可使 70%的人惊醒。

噪声引起的心理影响主要是烦恼，引起烦恼首先是由于其对交谈和休息的干扰。例如，一个人正站在放水的水龙头旁，其背景噪声大约是 74dBA。当另一个人离他 6m 远时，即使放大声音，对话也很困难。如果两人相距 1.5m，环境噪声如超过 66dBA，就很难保证正常交谈了。

有研究表明，长期暴露在棉纺厂织布车间噪声下的作业工人认知能力下降，表现为知觉清晰度、知觉精细度、逻辑推理能力降低。

噪声容易使人疲劳，往往会影响精力集中和工作效率，尤其对一些非重复性的劳动影响更为明显。在嘈杂的环境中人们心情烦躁，工作容易疲劳，反应迟钝，工作效率降低，工作质量下降，而且易造成工伤事故。图 1-2 给出了声音对人体各部位影响的示意图。

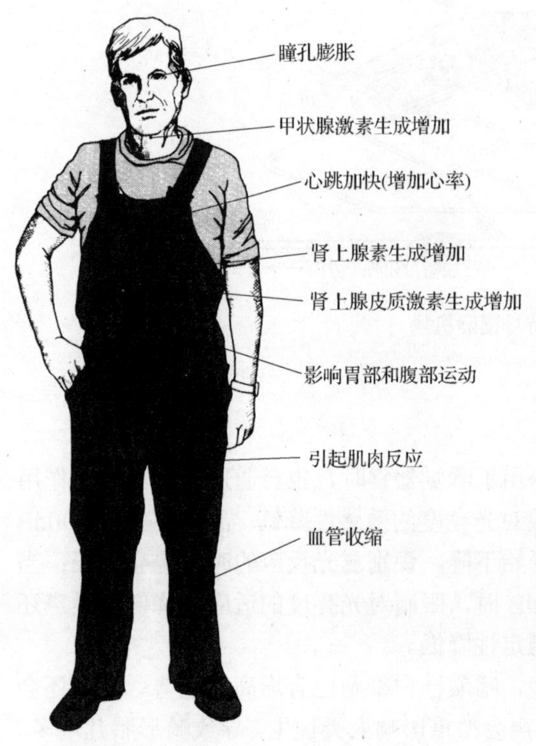

图 1-2 声音对人体各部位影响示意图

1.2 噪声对动物及建筑物的影响

1.2.1 噪声对动物的影响

噪声能使动物的听觉器官、视觉器官、内脏器官及中枢神经系统产生病理性变化。有研究表明，95dB 白噪声急性刺激 1 小时后，大鼠的运动行为增强，粪便量减少。白噪声连续或间歇暴露对大鼠行为的影响存在显著差异。连续噪声暴露下，噪声强度增加，大鼠活跃性增强；间歇性噪声暴露下，大鼠活跃性降低，且噪声强度越高，大鼠活跃性越低。噪声暴露对大鼠进食行为也会产生影响，研究表明大鼠暴露于 95dB 白噪声下进食量明显降低，进食行为持续时间缩短，进食速度和排便量相对增加。另外，研究表明中等强度噪声暴露(80dB，8h/d，14d)可导致听力发育期(幼年期)大鼠听觉目标探测行为受阻。

研究还表明，豚鼠暴露在150～160dB 的强噪声场中，它的耳郭对声音的反射能力便会下降甚至消失，强噪声场中反射能力的衰减值约为50dB。在噪声暴露时间不变的情况下，随着噪声声压级增高，耳郭反射能力明显减小或消失，而听力损失程度也更严重。对在强噪声场中暴露后的豚鼠的中耳的解剖表明，豚鼠的中耳和前庭窗膜①都有不同程度的损伤，严重的可以观察到鼓膜轻度出血和裂缝状损伤。在更强噪声的作用下，豚鼠鼓膜甚至会穿孔和出现槌骨柄损伤。噪声还可使动物失去行为控制能力，出现烦躁不安、失去常态等现象，强噪声会引起动物死亡。如在165dB噪声场中，大白鼠会疯狂蹿跳、互相撕咬和抽搐，然后就僵直地躺倒。动物暴露在150dB以上的低频噪声场中，会引起眼部振动，视觉模糊。豚鼠在强噪声场中体温会升高，心电图和脑电图明显异常，心电图有类似心力衰竭现象。在强噪声场中脏器严重损伤的豚鼠，在死亡前记录的脑电图表现为波律变慢、波幅趋于低平。鸟类在噪声中会出现羽毛脱落、产卵率降低等现象。

1.2.2 噪声对物质结构的危害

一般的噪声对建筑物几乎没有什么影响，但是噪声级超过140dB时，开始对轻型建筑物有破坏作用。例如，当超声速飞机在低空掠过时，在飞机头部和尾部会产生压力与密度突变，经地面反射后形成N形冲击波，传到地面时听起来像爆炸声，这种特殊的噪声称为轰声。在轰声的作用下，建筑物会受到不同程度的破坏，如出现门窗损伤、玻璃破碎、墙壁开裂、抹灰震落、烟囱倒塌等现象。轰声衰减较慢，因此传播较远，影响范围较广。曾经美国三架军用飞机以超声速低空飞行时，经过日本藤泽市，使该市许多民房玻璃震碎、烟囱倒塌、日光灯掉落，商店货架上的商品震落满地。美国统计了3000件喷气式飞机使建筑物受损的事件，其中，抹灰开裂的占43%，门窗损坏的占32%，墙体开裂的占15%，房瓦损坏的占6%，其他损害的占4%。

此外，城市设施与机械设备的噪声和振动对建筑物也有一定的破坏作用，使用空气锤、打桩或爆破时，附近的建筑物都有不同程度的损伤。

实验研究表明，特强噪声会损伤仪器设备，甚至使仪器设备失效。噪声对仪器设备的影响与噪声强度、频率以及仪器设备本身的结构与安装方式等因素有关。当噪声级超过150dB时，会严重损坏电阻、电容、晶体管等元件。当特强噪声作用于火箭、宇航器等机械结构时，由于受声频交变负载的反复作用，材料会产生疲劳现象而断裂，这种现象称为声疲劳。由于声疲劳造成飞机或导弹失事的严重事故也有发生。有试验表明，一块0.6mm厚的铝板，在168dBA的无规噪声作用下，15min就会断裂。

1.3 水下噪声对仪器设备的影响

水下噪声也是一种干扰声，与空气噪声不同的是，它会干扰系统的正常功能、限制海军装备及民用设备性能。水下噪声主要是指海洋环境噪声，舰船、潜艇、鱼雷等水中目标的辐射噪声，以及舰船自噪声。这三种噪声对声呐系统有不同的影响：海洋环境噪声和舰船自噪声是声呐系统的主要干扰背景之一，它干扰系统的正常工作，限制装备性能的发挥；而目标

① 声波由外耳道经鼓膜、中耳听骨链和卵圆窗膜传至耳蜗的通路，称为骨传导，是声音传导的主要途径。

辐射噪声是被动声呐系统的声源，系统接收这种噪声实现对目标的检测。虽然这三种噪声对声呐系统的影响不尽相同，但都与声呐系统的工作密切相关。为了提高声呐设备的性能，人们对水下噪声做了大量的研究工作，旨在对水下噪声的规律、特性建立深刻的认识，以期在使用、设计、研制声呐设备时可以根据这些规律、特性或采用最佳时空处理，以提高设备的性能，或在最佳状态下使用已有的声呐设备。同时，人们还可以根据辐射噪声的特性，采取适当的降噪措施，以提高自身的隐蔽性，这在反潜战中尤为重要。

1.4 噪声控制技术

研究发现，噪声危害具有两个明显的特征。第一，噪声危害是局限性公害，往往有明显的噪声源存在(物理污染)；第二，噪声污染是由声波刺激引起的感觉公害。与大气污染和水质污染(化学污染)等公害不同，噪声引起的烦恼是直观的，感情色彩浓厚，精神上的反应极大，它不仅产生长期的危害积累，即使在短期内也会产生大气污染所不及的危害。因此，在了解了噪声的基本特性后再采取有效的措施，是噪声控制的基础。

1.4.1 噪声控制

噪声控制是一门研究如何获得适当声学环境以满足人类心理、生活、工作需要的技术学科。噪声控制要采取技术措施，需要投资，因此必须在经济上、技术上和要求上进行综合考虑，最终达到适当的声学环境。

例如，考虑听力保护时，使噪声级降到 70dB 以下最为理想，这在轻工业工厂有时是不难达到的，可以采用。但是在重工业工厂有时在技术上还达不到，或经济上不合理，或虽然达到要求，但在操作上将引起很大不便，使生产力大为降低，这时就只能采取折中的标准，但也不能超过 90dB，否则达不到保护的目的。在严重情况下，达到 90dB 也有困难，这时可以在个人防护上或工作安排上采取措施，所以在要求上要合理。经济上的合理也很重要，费用不可过高，但也不能说不花任何费用。

噪声控制是相当难的，而且没有两个噪声控制的问题可以用同一答案解决，只能要求费用合理，而不能不作投资。在当前，汽车制造虽已在生产过程中采取了减振降噪措施，将噪声降低了很多，但它仍是城市的主要噪声源，人们还是希望能将噪声降得更低一些。如果能在造价上增加 5%而使噪声降低 5dB，那将是很大的成功。

同时，人们应了解，噪声控制并不等同于噪声降低。有时，适当地增加噪声也可以减少干扰。例如，在一个面积达 1000m^2 的开敞式大办公室里，上百人在里面工作，效率虽然提高了，但互相干扰却是一个严重问题。有人来接洽工作或某个小组讨论问题都会干扰相邻各组，各组间用半截屏障隔离虽可降低干扰，但仍互相影响。这时最好的解决办法就是在室内发出白噪声，建立起比较均匀的声级在 50dBA 左右的噪声场。如此，邻近组谈话的声音就被白噪声所淹没而听不到了。但本组谈话因距离近，则不受影响。这就有效地建立起各组间的隔离，从而不互相干扰。这个方法可在很多其他情况下使用，在医学的候诊室、保密的谈话室或会议室等，都可以发出白噪声，将室内的谈话声淹没，从而达到声隔离的目的。表 1-2 是三种语音的声功率和声功率级示例。

表 1-2　声功率和声功率级示例 ($W_{rep}=10^{-12}$ W)

讲话者声音的大小	声功率/W	声功率级/dB
轻声耳语	10^{-9}	30
普通谈话	10^{-5}	70
高声喊叫	$>10^{-3}$	>90

在房间中，邻近组的谈话功率级在 70dB 左右，而传到本组时降低约 20dB，而 50dB 的噪声对人谈话而言影响就很小了。有关这方面的计算、设计和各种环境的数量级与允许值，本书中均有详尽的介绍。

如果在机器设计或工程设计开始时就认真地考虑采取噪声控制措施，并结合到设计中，则噪声控制的附加费用就很有限了，甚至不需要附加费用。例如，选用低噪声设备、低噪声工艺，厂房预加吸声处理等；水声技术重点实验室的重力式低噪声水洞，在设计时便考虑到管道内的流激噪声和结构振动噪声会对工作段的本底噪声有影响，所以为了降低振动和噪声，在工作段前后各增加一段消声管道，并在整个横管支撑点处用砂箱替代刚性支撑，很好地降低了振动幅度，减少了噪声。

若噪声问题已经形成，再采取措施，费用就很可观了。2003 年国家电网建设有限公司由于对高压直流输变电中换流站设备辐射噪声缺乏足够的认识，致使已经投入运行的龙泉—政平换流站、荆州—惠州换流站噪声问题成为困扰国家电网建设有限公司的难题。换流站内大量噪声源（如换流变压器、平波电抗器等）工作时，其周围环境噪声远超出国家规定的噪声标准，严重影响了换流站周围的居民生活及环境，并对换流站工作人员职业健康造成危害。

国家电网建设有限公司对此事非常重视，特别邀请哈尔滨工程大学的有关人员成立了一个科研小组，正式签定了《换流站设备辐射噪声治理方法研究》课题，并投入资金对已建成的龙泉—政平换流站进行噪声治理。通过两年多的努力，针对龙泉—政平换流站的治理取得了非常明显的效果。其治理方案同时也应用到了当时即将建设的宜都—华新换流站工程中，使得该换流站在建成并投入运行时，其辐射噪声的声级满足环评报告规定的《城市区域环境噪声标准》要求。

上面的事例充分证明了在设计时就考虑噪声控制比事后补救要经济得多，这也正是噪声控制中应特别注意的问题。

1.4.2　噪声的传输

噪声可以经由任何一个可能的途径到达听者。为方便起见，工程问题中，声音自声源到听者的传输，可以利用图 1-3 表示。

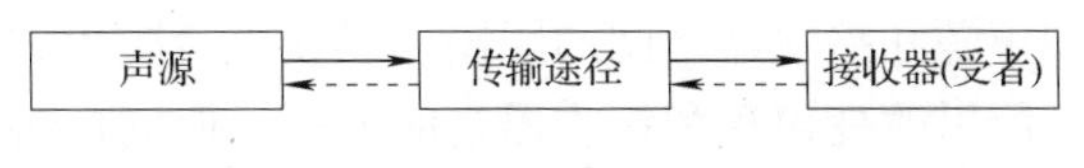

图 1-3　声学系统的主要环节

声源可以是单个声源，也可以是多个声源同时作用，各个声源性质不同，变化不同，传输途径也不同，而且不是固定不变的。接收器可能是若干灵敏设备，也可能是一个人或一群人，对噪声的反应和要求也有所不同。所以考虑噪声问题时，要注意这种统计性质，即考虑平均情况，也不能忽略出入变化。

图 1-3 中虚线表示反作用。一个机器安装在屋角，声功率输出就要加大；一位报告者面对的听者增多时会自动提高嗓门，但在传声器前面时，发声或能恢复正常。由此可以说明声源受传输途径和受者的反作用是很明显的。同样传输途径也受声源和受者的影响。一个汽车消声器，由于使用车辆不同、使用场所不同，其消声效果也会不同。某人在通常的环境噪声中可以入睡，但有开门的声音时即会惊醒；当周围的环境噪声较低时，蚊子在耳边飞动的声音也会使人不能入睡。这也说明人们对不同的声源也会有不同的反应。

1.4.3 噪声控制的基本原则及方法

噪声控制应坚持科学性、先进性和经济性的原则。科学性是指应首先正确分析发声机理和声源特性，然后采取有针对性的控制措施。先进性是设计追求的重要目标，但也应建立在有可能实施的基础上。有的技术单从噪声控制来看很先进，但影响了原有设备的技术性能，这样的方案就不可取。经济上的合理性也是设计追求的目标之一，噪声污染属于能量性污染，不是越低越好，而是只要达到控制标准的允许值就可以了。

通常情况下，噪声控制从声源控制、传输途径控制和接收器(受者)的防护三个方面进行，具体采用哪一种或哪几种，则应从经济、技术、满足要求上来考虑决定。

1. 声源控制

从治理噪声角度来讲，从声源上控制噪声是噪声控制中最根本和最有效的手段，也是近年来最受重视的问题。研究发声机理、限制噪声的发生是根本性措施。例如，选择低噪声的设备，改进机器设备的结构，改变操作工艺，减少振动、摩擦、碰撞，提高加工精度或装配精度等措施，都能达到从噪声源处控制噪声的目的。减少作用力也是一个方法，如改进机器的动平衡、隔离声源的振动部分等；使振动部分的振动减小也很重要，如使用阻尼材料、润滑剂，或改变共振频率、破坏共振等。调整设备操作程序也是控制声源的一个方面，如建筑施工机械或其他在居住区附近使用的设备要在夜间停止操作，不准汽车鸣笛，噪声大的设备用远距离操作等。

2. 传播途径控制

目前由于技术水平、经济条件等方面的限制，人们无法将噪声源的噪声降低到满意的程度，或是因为机器或工程完成后，再从声源上控制噪声就会有局限。但从传输途径处理却大有可为，因此传输途径中的噪声控制是最常用的办法，有下列几种。

1) 地址的选择

露天中，应尽量增加声源和接收器之间的距离，以使声衰减最大。因为很多噪声源不是均匀地向各方向辐射的，所以改变声源和接收器之间的相对取向，接收器所处的噪声级可能会显著减少。例如，航空港跑道取向的考虑对减少邻近城市的噪声有重要的作用。只要有可能，选择地址时应该尽量利用天然地形的有利条件，以增加接收器与噪声源之间的屏蔽作用。

2) 建筑物的布局

考虑到噪声源和需要安静的场所的相对位置，慎重地设计建筑物中的房间布置，可以减少原来必须采取的噪声控制措施，这是非常经济的。例如，把卧室、书房、客厅等需要安静的房间布置在远离噪声的一侧，而卫生间、厨房、储藏室可以布置在噪声较大的一侧。

3) 传输线路的偏斜

在这方面，当露天中的壁障尺度比要避免的噪声的波长大时，可以很有效。例如，与地平面成 40° 角的倾斜表面，曾应用于喷气式飞机发动机的噪声现场，可使高频噪声向天空反射。

4) 隔声

在噪声传播途径上采取隔声措施是控制噪声的有效方法之一。例如，设置隔声罩、隔声室、隔声屏、隔声棚、隔声门、隔声窗等。除采用砖、石、混凝土等材料隔声外，常用的是各种轻型拼装式隔声结构，钢板、铝板、不锈钢板等是应用最多的隔声板材。高压水泥压力板，又称为 FC 板，它具有防火、防水、不锈、强度高、加工性好等特点，可用于室内室外隔音，FC 穿孔板还可作为饰面材料。聚碳酸酯板，又称为 PC 板，是一种强度高、透明、耐冲击的新材料，广泛应用于道路声屏障、透明隔声、隔断、建筑装饰屋顶等处。阻尼钢板制成的隔声室、滚筒机外壳、球磨机外壳等，既隔声又阻尼，效果良好。另外，轻质隔声材料、接缝嵌合隔声材料等也有广泛应用。如果使用设计得当的隔声罩，可以提供相当多的噪声衰减。近几年研究出的环保隔声、减振材料，将碎木屑和橡胶屑用胶黏合在一起，用于楼层间的隔声或重型设备的垫脚，效果很好，如图 1-4 所示。

图 1-4 碎木屑和橡胶屑黏合而成的环保隔声材料

目前又出现了用高分子材料复合而成的隔声材料，其兼具阻尼性和环保阻燃性，在抗张、抗压、弯曲半径、应力开裂等方面性能均优于传统材料，并可任意裁剪，可粘贴、干式施工，还能有效改变材料的“吻合效应”。

5) 吸声

采用吸声结构、吸声材料降低反射引起的混响声，从而达到控制噪声的目的，也是噪声控制常用的方法之一。例如，在一个大车间中有很多工作的机器，这些声源发出的噪声将受到天花板、墙面和地板的反射。因此，采用在天花板上、墙面上敷设吸声材料或吸声结构，在地板上铺地毯等措施，可有效地降低反射声引起的混响声。如果噪声由通风管道传递，则可采用吸声管衬以形成沿路径的声衰减。我国研究人员对吸声机理、吸声结构、吸声材料等进行过很多试验研究，开发出了不少新产品，如各形空间吸声体(图 1-5)、高效吸声尖劈、木丝微孔复合吸声板(图 1-6)、HA 吸声板和狭缝吸声砖等。在吸声材料方面，除了已广泛使用的岩棉、矿棉、膨胀珍珠岩、陶土吸声砖，还有泡沫、布料、玻璃纤维、木丝吸声板(图 1-7)、铝纤维吸声板、聚酯纤维吸声板、密胺泡沫、柔性天花软膜、植物纤维素喷涂、CEMCOM-声控高效环保吸声降噪材料等。

(a)菱孔空间吸声体　(b)圆筒空间吸声体　(c)大小孔空间吸声体

图 1-5　空间吸声体系列

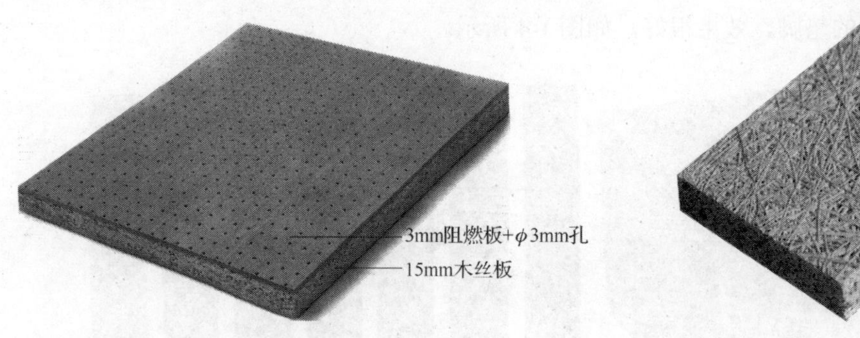

图 1-6　木丝微孔复合吸声板

图 1-7　木丝吸声板

CEMCOM-声控高效环保吸声降噪材料(图 1-8)是一种细孔、无机水泥组合物，它不含污染物，基本以水泥、天然矿物质加上其他化学材料经由特殊处理后，搅拌、制模成型，因此经久耐用，而且可塑性非常高，可调配成不同容重、形状、颜色、外观，以适应不同的安装及设计条件，能够满足实际应用的不同需要。与其他现有吸声隔音材料相比，CEMCOM-声控高效环保吸声降噪材料具有应用及安装简单、可预制或现场成型等优点，无有机成分，不含污染成分，能在露天环境中裸露使用，经久性强，抗自然老化，低容重，耐高温、低温，抗酸、碱侵蚀，防火，抗风雨侵蚀，易清洗，可安装附于新的或现有结构上，也可以嵌板模式独立成型。另外，该材料吸声频带宽，吸声量可达 NRC 0.85 以上，降噪系数(NRC)0.9 以上，隔声量 46dB。(在工程中常使用 NRC 粗略地评价在语言频率范围内的吸声性能，这一数值是材料在 250Hz、500Hz、1000Hz、2000Hz 四个频率吸声系数的算术平均值，四舍五入取整到 0.05。一般认为 NRC 小于 0.2 的材料是反射材料，NRC 大于等于 0.2 的材料才被认为是吸声材料。)

图 1-8　CEMCOM-声控高效环保吸声降噪材料

应用马大猷院士微穿孔板理论而设计安装的各种微穿孔板吸声结构，在游泳馆、体育馆、食品行业、医药行业、电子行业、电信行业中也都得到了广泛的应用。

6) 消声器

允许流动介质通过的同时有效抑制噪声传播的器件称为消声器。对于空气动力性噪声最有效的控制措施是加装各种类型的消声器。它安装在流动介质通过的管道(或通道)中，如通风机、鼓风机、空压机、发动机的进气或排气管道(通道)，通风空调风管等处，是一种特殊的声学和流体力学管道器件。消声器设置的目的是以最小的流动阻力代价实现抑制噪声传播的目标。

利用不连续结构，使能量向声源反射回去，可以阻挡沿声源至接收器路径上的声能流(即利用阻抗的“失配”)。在寓所中，可以采用分隔的建筑结构；在露天中，用类似的方法也可以阻挡声音的传播。例如，为了把通风机排气管辐射的噪声减至最少，排气管可设计成使其出口对风机噪声能量有最大的反射。

20 世纪 30 年代，发达国家开始在通风管道上安装消声器。随着内燃机等的大量使用，消声器技术迅速发展起来，消声器理论也逐渐完善，消声效果日益提高。60 年代，中国研制成功的新型微穿孔板消声器，可在水蒸气、短暂火焰、高温和高速气流等特殊条件下使用。70 年代，声学专家马大猷院士对控制喷流噪声进行了研究，创立了小孔喷注噪声和小孔喷注消声器理论，根据这一理论研制的小孔消声器已广泛使用。

消声器种类很多，如风机类消声器就包括高压离心式风机消声器、中低压离心式风机消声器、轴流风机消声器、罗茨风机消声器等。还有空压机消声器、排气放空消声器、柴油机汽油机消声器、蒸汽消声器、电动机消声器、各类消声弯头、有源管道消声器等。

值得指出的是，根据著名声学专家、中国科学院院士马大猷教授微穿孔板吸声结构理论而研制的微穿孔板消声器，是我国首创，居世界领先水平。微穿孔板消声器的特点是消声频带宽、抗潮湿、不怕水和雾、压力损失小、气流再生噪声低、洁净、不蛀、不霉、耐高速气流冲击等。它适用于医药、卫生、食品、净化、电子以及高级住宅、写字楼、宾馆等行业气流噪声的消声。另外，我国生产的小孔消声器，适用于发电厂、化工厂、制药厂等高温、高速、高压、大流量排气放空，其消声效果好，结构新颖，体积小，在国际上也处于领先地位。

7）绿化降噪

采用植树造林、植草坪、种树篱等绿化手段也可以减少噪声的干扰程度，而且绿色植物及花草对人的心理可产生一种安详、生机勃勃的感觉，使人心情舒畅，噪声的干扰也就感觉不到了。

早在20世纪40年代国外就有森林植物对声能衰减方面的研究，国内这方面的研究主要是在2000年以后展开的。应用最多的是道路沿线的绿化，其可降低交通噪声，还可以吸收部分汽车尾气，滤尘降尘，调节小气候，美化景观，同时对涵养水源、保持水土有重要作用。因此，在一般性降噪要求下，建植物防噪绿化带是目前公认的广泛使用的方法。

试验表明，绿化带降噪效果受绿化带结构特征影响很大，不同林种、不同林分结构的林带降噪特性和降噪效果是不同的，与林带宽度、高度、位置、配置方式及树木种类有密切关系。在城市中，林带宽度最好是 6～15m，郊区为 15～20m；多条窄林带的隔声效果比只有一条宽林带好；林带的高度大致为声源至受声区距离的两倍；林带的位置应尽量靠近声源，这样防声效果好。

8）声景观控制

声景观的概念是20世纪60年代末，由加拿大作曲家、音乐家莫雷·沙弗尔(R. Murray Schafer)首次提出的。它不同于传统的声学概念，而是相对于景观的概念，提出一种听觉景观的理念，主要研究人们对于声环境的感受以及声音如何影响人的主观感受，声景观也因此成为一个新的研究领域。

随着人们生活水平的不断提高，对周围声环境舒适度的要求也在不断提高，然而噪声源的持续增加使得噪声控制技术的发展远远比不上声环境的恶化速度。随着研究的深入，人们发现降低声压级不一定能提高城市中的声舒适度，当声压级低于一定数值时，人们的声舒适评价就不再取决于声压级，而是噪声类型、个人的特点以及其他因素的作用。

声景观的研究正是摒弃了以噪声为中心的研究思路，转而投向对环境中各个声源关系的研究。研究的重点也不再是单纯地以降低声压级为目标的噪声控制，而是注重各个声音之间的平衡以及声音与环境、与人的和谐。在研究方法上，声景观研究借鉴了心理学、社会学、生态学等方面的理论，注重听觉和非听觉因素在人对声音环境感知上的作用，力求通过声音环境的设计来提高整体环境的舒适度。应该说，声景观的研究为噪声控制提供了新方法，同时也更突出了人的感受在环境优化中的作用。

目前声景观设计已不是仅停留在研究层面上，也有一些实际运用案例。尤其是公共开放空间的景观设计，或多或少都包含一些声景观的设计。例如，根据不同水形态引起的声音给人的影响以及对噪声屏蔽的作用，可以将水景设计与声景观设计相结合；或者可以通过添加音乐来丰富声景观，利用建筑物对声音进行反射来营造特殊的场所感等；除此之外，在园林设计中也可以利用树林、草丛和水系等生态种群体现自然的声环境。图 1-9 所示磁器口古镇声景就是一个比较典型的声景观设计。

声景作为城市重要的环境要素，具有调节情绪、缓解释放压力、恢复心理疲劳的功能，能够对居民健康产生积极的影响。声景的健康效益是以后噪声控制研究所要追求的目标。

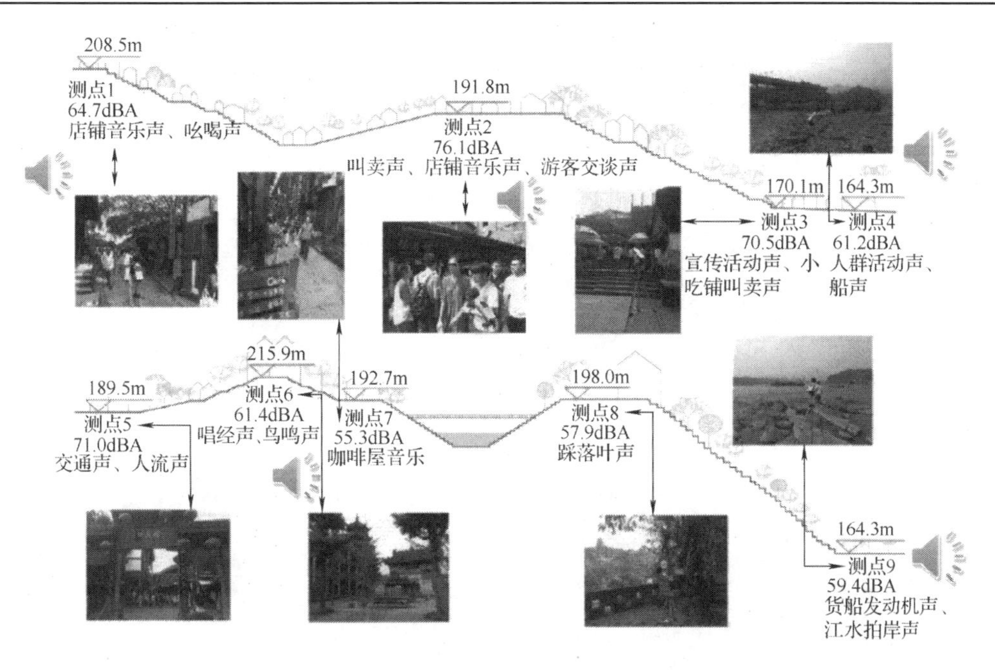

图 1-9 磁器口古镇声景

3. 接收器的防护措施

噪声控制的最后一环是接收器的防护，即个人防护。在其他技术措施不能有效地控制噪声时，或者只有少数人在吵闹的环境下工作时，个人防护乃是一种既经济又实用的有效方法。特别是从事铆焊、钣金工冷作、冲击、爆炸等工作的人员必须采取个人防护措施。

1) 对听觉和头部防护

对听觉的防护主要是耳塞、耳罩、防声棉、防声头盔等，图 1-10 给出了常用的几种耳塞、耳罩图片。

耳塞是插入外耳道的护耳器，按其制作方法和使用材料可分成如下三类。

(1) 预模式耳塞。用软塑料或软橡胶作为材质，用模具制造，具有一定的几何形状。

(2) 泡沫塑料耳塞。由特殊泡沫塑料制成，佩戴前用手捏细，放入耳道中可自行膨胀，将耳道充满。

(3) 人耳模耳塞。把在常温下能固化的硅橡胶之类的物质注入外耳道，凝固后成型。

良好的耳塞应具有隔声性能好、佩戴方便舒适、无毒、不影响通话和经济耐用等方面的性能，其中以隔声性和舒适性尤为重要。耳塞的隔声量为 15～27dB。

耳罩是将整个耳郭封闭起来的护耳装置。它根据隔声原理，阻挡外界噪声向耳内传送而起到护耳作用。耳罩主要由硬塑料、硬橡胶、金属板等制成的左右两个壳体，泡沫塑料外包聚氯乙烯薄膜制成的密封垫圈，弓架，吸声材料四部分组成，其平均隔声量为 15～25dB。

防声棉是用直径 1～3μm 的超细玻璃棉经过化学方法软化处理后制成的。使用时撕下一小块，用手卷成锥状，塞入耳内即可。这种防声棉的隔声比普通棉花效果好，且防声棉的隔声值随着频率的增加而提高。防声棉的隔声量为 15～20dB。

(a) 高效隔声耳罩

(b) 隔声耳塞

图 1-10　常用的几种耳罩、耳塞

强噪声会对人的头部神经系统造成严重的危害，为了保护头部免受噪声伤害，常采用佩戴防声头盔的方式。防声头盔有软式和硬式两种。软式防声头盔一般由人造革帽和耳罩组成，耳罩可以根据需要放下和翻到头上，这种帽子戴上较舒适。硬式防声头盔由玻璃钢制外壳，壳内紧贴一层柔软的泡沫塑料组成，两边装有耳罩。防声头盔的隔声量一般为 30～50dB。

2) 人的胸部防护

超过 140dB 的噪声不但对听觉、头部有严重的危害，而且对胸部、腹部各器官也有极其严重的危害，尤其对心脏。因此，在极强噪声环境下，要考虑人们的胸部防护。

防护衣通常是由玻璃钢或铝板、内衬多孔吸声材料制成的，可以防噪声、防冲击波。

1.4.4　噪声控制评价标准和法规

在科学技术飞速发展的今天，环境问题已被世界各国所关注。我国把环境保护作为一项基本国策，并且制定了《中华人民共和国环境噪声污染防治法》，这既是从大局、从长远出发的一种决策，又是从现实、从具体工程实施考虑的一种依据。噪声污染防治与水污染防治、大气污染防治、废弃物污染防治一样，是环境保护的重要内容之一。

制定噪声控制标准是一个相当复杂的问题，它与声学、心理学、生物学、卫生学等多种学科有关，并且与国家的科学技术水平和经济条件相关。1971 年国际标准化组织公布了噪声的容许标准，各国又根据本国的实际情况制定出本国噪声的容许标准。

噪声的标准一般分为三类：一是人的听力和健康保护标准；二是环境噪声容许标准；三是机电设备及其他产品的噪声控制标准。

噪声控制评价标准是在各种条件下为各种目的判断允许噪声级的标准。评价标准可以是人对振动的容忍程度、暴露于强噪声下对听力损伤的危险性、噪声下的可靠语言通信、各类建筑物的允许噪声级、居民对噪声的反应等。这种评价标准是统计性质的。例如，一个噪声级对某人的听力可构成损伤的危险，而对另一些人没有显著影响。而且人的反应也是随时间改变的，他们如何反应很大程度上取决于他们个人的经历以及他们所处的环境。

为了说明这种评价标准的统计性，考虑一个具有很高强度的连续噪声级的工厂，在这种环境中人们一天要停留八小时。这时，对于这种噪声频谱指明一个“安全”上限就可以建立一个听力损失评价标准。如果噪声级没有超过此上限，则工厂人数的99%不会有听力损伤的危险；但是，如果此上限升高了 XdB，则只有90%的人不受损伤。若噪声控制技术人员获得了下列资料：规定的不受损伤人数的百分率、每人暴露时间的长短、听力损失量，就可以利用这个评价标准决定必须将噪声减少到什么噪声级。此噪声级与适当测量得知的现有噪声级之差，就给出以分贝表示的必须提供的减噪量。然后，应用以后各章详细讨论的噪声控制技术，达到所需要的结果。

1.5 城市环境噪声

环境声学是研究噪声对人们生活和社会产生各种影响的科学。近几十年来，随着工业化的迅速发展，环境声学因环境噪声污染问题日趋严重而得到较快的发展。环境噪声对人们的影响很早就已引起各方面的关注，最早是在1930年，美国纽约市首次进行了城市的噪声调查，并建立起控制城市噪声的机构。而后，英国开展了噪声对人们的影响的调查工作。1938年，英国政府组织了专门委员会研究发展航空运输问题，当时已经注意到飞机噪声可能会成为最大的环境问题。但对于城市噪声的定量估计是在20世纪50年代初期才真正开始的。随着近代工业、交通运输、城市建设的发展和城市人口的增长，美国、苏联等一些国家在20世纪60～70年代短短十年里，大城市的噪声平均增加了10dB。据日本1966～1974年的全国公害诉讼案件统计，噪声干扰控告事件年年都占环境污染诉讼事件第一位，为事件总数的30%以上。因此，城市噪声的危害日趋严重。

中国对城市噪声的调查和研究开始于1973年，主要是进行交通噪声、区域环境噪声的调查和测量方法的研究。我国的噪声建议标准是1977年由马大猷院士提出来的。当时我国对噪声控制尚未建立完善的法令和措施，因此许多城市噪声危害程度已经非常严重。

在我国，2011年上半年，据三亚市综合行政执法局统计，三亚行政执法投诉台共受理投诉电话及上门投诉224件，其中，噪声扰民案件90件、其他投诉134件，噪声扰民投诉案件占各类投诉案件的40%以上。2012年7月的一段时间内，北京地区电话投诉统计显示，投诉工地施工、露天烧烤、广场跳舞、半夜鸡叫等噪声扰民问题，占各类投诉案件的35%以上。噪声已经成为城市居民生活中的“头号公敌”。现在，城市噪声污染已成为仅次于大气污染和水污染的第三大城市污染，对人们的日常生活和工作影响至深。某大型网站曾经的一项噪声污染调查显示，高达98%的网友表示自己曾受到噪声的干扰，有约63%的网友表示在生活中受到过三种以上噪声干扰。

另外，研究人员在对一些发生噪声投诉事件的地方进行噪声监测分析后，得出初步结论，即在诸多噪声投诉事件中，用等效连续A声级作为评价量，其结果并不高，多数情况并没有超出国家噪声标准，但受影响者的反应却非常强烈，有些受影响的群众甚至反映感觉简直要发疯了。其原因主要是有一些低频线谱或窄带噪声超出背景噪声很多，使人感觉很不舒服。有些受影响者在忍无可忍的情况下，将相关单位或法人告上了法庭，甚至有人在问题始终不能妥善解决的情况下，采取了比较极端的行为，由此引发了一系列的社会问题。因此，噪声扰民，尤其是低频噪声扰民问题，已经成为构建和谐社会的一个不容忽视的问题，应该引起各方面的关注。

城市环境噪声主要是由交通噪声、工业噪声、建筑施工噪声和社会噪声所组成的。

1.5.1 交通噪声

交通噪声主要来源于地面、水上和空中。这些声源流动性大，影响面广。随着社会经济的增长，近年来交通运输业得到了快速发展，交通运输工具成倍增长和公路、铁路、航运、高速公路、高架道路、地铁、轻轨的建设迅速发展，交通运输噪声也随之迅猛增加。

机场噪声是近年来国际上非常关心的环境问题之一。在国外由于航空事业很发达，民航大型机场多数在城市附近，例如，美国芝加哥市俄赫拉国际机场，飞机一年起落 70 多万次，来往乘客达 3600 万人次，平均每天起落近 2000 次，几乎 24 小时飞机噪声不断。

我国近几年的航空事业发展也很迅速，如北京首都国际机场，2013 年航班起降 60 多万次；上海浦东国际机场，2012 年航班起降近 40 万次；广州白云国际机场，2012 年航班起降 37.3 万次；还有福建的长乐国际机场、青岛流亭国际机场、哈尔滨太平国际机场等，每年的航运都很繁忙，航班起降次数在不断刷新。但由于这些机场都建在距离城区比较远的地方，飞机的起降噪声对周边环境的影响相对要小一些。因此，目前机场噪声问题还不是特别显著。

相对道路交通噪声，铁路运输噪声对环境的影响要小一些，但是随着客货运量的增加和提速，以及城市规模的扩大与发展，原先处于城市边缘的铁路线深入城市中心区域，铁路噪声的污染也日益凸显。现代火车的速度越来越快，这就要求设计更加安静的列车以及减振、吸声的枕木及铁轨。

比较起来，影响范围最广泛的还是城市道路交通噪声。城市道路交通噪声主要来自机动车辆本身的发动机、冷却风扇和进排气口装置，车轮与路面的摩擦噪声，高速行驶时车体带动空气形成的气流噪声以及鸣笛声。速度超过 60km/h 的车辆，轮胎与地面接触的噪声十分突出。美国车辆在匀速行驶时，在距离车道 15m 处测得 A 声级平均值如下。

卡车：

$$L_A = 83.6, \quad V < 48\text{km/h}$$

$$L_A = 87.5 + 20\lg(V/88), \quad V \geqslant 48\text{km/h} \tag{1-1}$$

小汽车：

$$L_A = 71.4 + 32\lg(V/88) \tag{1-2}$$

式中，V 为车速，km/h；L_A 为 A 声级，dBA。车速增加一倍，小汽车噪声将增加 9.6dB，卡车噪声则约增加 6dB。此外，交通噪声与道路上的车流量、道路宽窄、路面条件、两旁设施、车辆类型(重型卡车或轻型卧车等)的比例有关。图 1-11 给出了交通噪声与车流量的关系。测量地点为北京四条车道、绿化、两旁建筑结构不同的典型干线，测量点距离马路中心 12m，测量传声器放置在距离地面 1.5m 高处，重型车辆的比例是 30%～60%。

图 1-11 中的直线是由图上的有关测量数据点按数量统计的回归分析方法描出的近似回归线，其线性回归方程式为

$$L_{eq} = 50.2 + 8.8\lg Q \tag{1-3}$$

由式(1-3)可以看出，车流量 Q 增加一倍，噪声级 L_{eq} 值增加 2.7dB。

近几年我国家庭购买汽车的数量不断增长，使得许多城市道路上的车流量十分庞大，道路两旁的交通噪声明显提升。另外，为了解决城市交通拥堵情况，各大中城市还在不断地修建高架桥、环城高速路等，但在解决了拥堵、提高了车速的同时，也使得道路两旁的交通噪声明显加大，这已经严重影响到周边居民的生活和工作单位场所的环境。

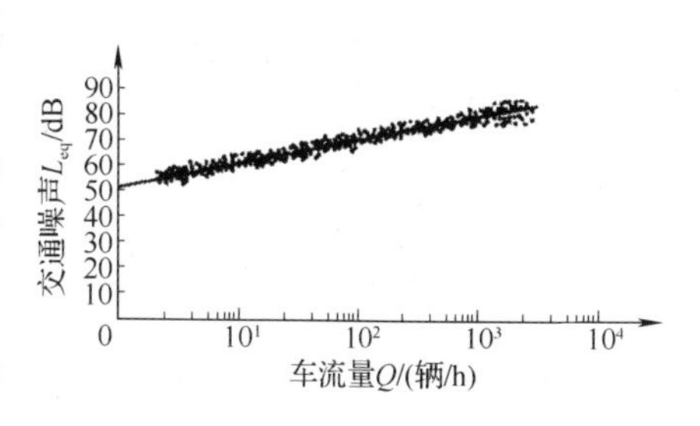

图 1-11 交通噪声与车流量的关系

例如，哈尔滨市文昌桥的建成，很大程度上缓解了东大直街至西大直街方向上的堵车情况，但是文昌桥西段正好经过了东北林业大学的教学楼，最近处直线距离教学楼边不足 30m。文昌桥西段的高架桥是双向 6 车道宽，桥面距离地面 8m 左右，桥的两侧还有引桥，由于桥上过往汽车的车速很快，流量也大，紧挨在旁边的教学楼内朝向高架桥一侧教室内的噪声已经达到了 65dBA(开窗情况)和 53dBA(关窗情况)。图 1-12 给出了东北林业大学旁文昌桥匝桥上车流噪声实测结果对比图。这样的交通噪声已经严重影响到老师上课和学生听课的效果了。为了解决文昌桥西段车辆噪声对东北林业大学毗邻高架桥教学楼一侧的影响问题，哈尔滨市城乡建设委员会投资在文昌桥西段高架桥上修建了声屏障，以降低道路交通噪声的影响。

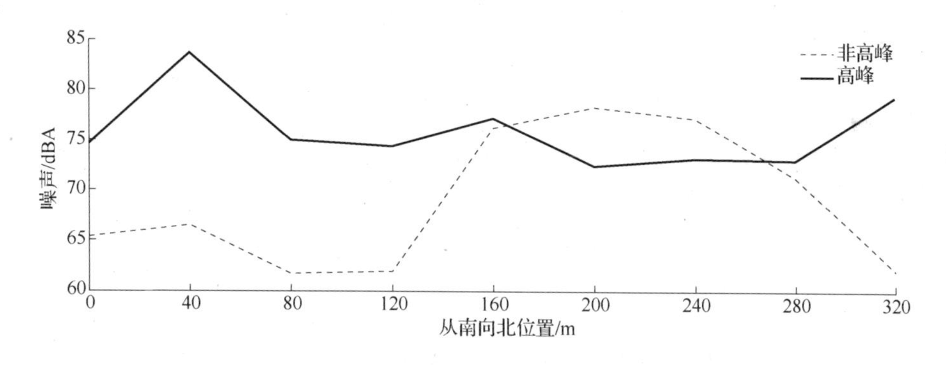

图 1-12 东北林业大学旁文昌桥匝桥上车流噪声对比图

目前全国百万人口以上城市，有 80%的路段和 90%的路口的通行能力已接近极限。再加上有些地方道路狭窄，交通管理不完善，车辆鸣笛频繁，造成交通噪声显著。

为此，国家对机动车辆、铁路机车、机动船舶、航空器等交通运输工具在运行时产生的干扰周围生活环境的噪声进行了许多限制，例如，禁止制造、销售或进口超过规定噪声限制的汽车，机动车辆应安装消声器，在规定的城区内禁鸣喇叭。经过敏感区的高速公路、城市高架和轻轨道路，应设置声屏障或者采取其他有效控制措施。在已有的城市交通干线两侧建设敏感建筑物的，应按规定间隔一定距离建造或采取减轻或避免交通噪声影响的措施。民用航空器不得飞越城市闹区上空。凡在航空器起飞、降落的周围建设噪声敏感建筑物的，建设单位应采取减轻或避免航空器运行时产生噪声影响的措施。凡穿越城市居民区、文教区的铁路，因铁路机车运行造成噪声污染的，铁路部门和其他有关部门应按规划要求采取有效措施，船舶的鸣笛声也应进行控制，以减轻环境噪声污染。国家还制定了限制机动车辆噪声标准，如《汽车定置噪声限值》(GB 16170—1996)、《汽车加速行驶车外噪声限值及测量方法》(GB 1495—2002)。

1.5.2 工业噪声

工业噪声是指工业企业在生产过程中使用的工艺性固定式生产设备或辅助生产设备产生的噪声，工业噪声不仅直接给工人带来危害，而且对附近居民的影响也很大，特别是分散在居民区的一些街道工厂更为严重。生产设备噪声的声级与设备种类、功率、型号、安装状况、运转状态以及周围环境条件有关。表 1-3 给出了部分工业设备的噪声级范围。

表 1-3 部分工业设备的噪声级范围

设备名称	噪声级范围/dB	设备名称	噪声级范围/dB	设备名称	噪声级范围/dB	设备名称	噪声级范围/dB
织布机	96～130	锻机	89～110	风铲(镐)	91～110	卷扬机	80～90
鼓风机	80～126	冲床	74～98	剪板机	91～95	退火炉	91～100
引风机	75～118	车床	75～95	粉碎机	91～105	拉伸机	91～95
空压机	73～116	砂轮	91～105	磨粉机	91～95	细纱机	91～95
破碎机	85～114	冲压机	91～95	冷冻机	91～95	整理机	70～75
球磨机	87～128	轧机	91～110	抛光机	96～105	木工圆锯	93～101
振动筛	93～130	发电机	71～106	锉锯机	96～100	木工带锯	95～105
蒸汽机	86～113	电动机	75～107	挤压机	96～100	飞机发动机	107～140

注：测距 1m，现场实测。

一般工厂车间内噪声大多为 75～105dB。像钢铁厂、机械加工厂、纺织厂等噪声级都很高，为 100～110dB；电子厂、食品厂等噪声级要低一些。为了限制工业企业噪声对外界的影响，国家还规定了《工业企业厂界环境噪声排放标准》(GB 12348—2008)，按不同功能区域的要求，噪声限值分为五种类型，每类都规定了昼间和夜间噪声标准值。

1.5.3 建筑施工噪声

建筑施工噪声主要来源于各种建筑机械。建筑施工虽然对某一地区是暂时的，但对整个城市来说就是长年不断的，兴建和维修工程对整个城市来说工程量巨大，范围很广，而且是经常性的。尤其在我国，这些年城市发展很快，城市区域的基本建设一直都很多，在施工过程中产生的噪声对周围环境的污染一直都存在。

建筑施工时，打桩机、混凝土搅拌机、推土机、运料机等的噪声都在 90dB 以上，表 1-4 给出了主要建筑施工机械的噪声级。所以建筑施工工地附近的噪声是很大的，施工机械和现场噪声在距离声源 10m 处的噪声级一般都在 85～105dB。为此，国家颁布了《建筑施工场界环境噪声排放标准》(GB 12523—2011）及系列《声学 机器和设备发射的噪声》测量方法国家标准，用以限制建筑施工噪声对环境的影响。施工单位在工程开工之前，一方面需要向工程所在地的政府环保主管部门申报该工程的项目名称、施工场所和期限、可能产生的环境噪声值；另一方面应采取防止施工噪声污染的技术措施。根据不同施工阶段作业所用机具可能产生的噪声对周围敏感区域的影响，施工机械噪声分为土石方噪声、打桩噪声、结构噪声、装修噪声等。昼间传至施工场地边界处的噪声应低于 70dBA，夜间禁止打桩施工。

表 1-4 建筑施工机械噪声 (单位：dB)

机械名称	距离声源 10m		距离声源 30m	
	范围	平均	范围	平均
打桩机	93～112	105	84～102	93
混凝土搅拌机	80～96	87	72～87	79
地螺钻	68～82	75	57～70	63
压缩机	82～98	88	73～86	78
破土机	80～92	85	74～80	76

1.5.4 社会噪声

社会噪声是指除工业噪声、建筑施工噪声和交通噪声之外的其他人为活动所产生的干扰周围生活环境的噪声。社会噪声所包括的范围相当广，例如，商业经营活动所用的固定设备产生的噪声——冷冻机、空调器、冷却塔、水泵、热泵机组、排油烟机、风机、空压机等；营业性文化娱乐场所产生的噪声——迪斯科舞厅、歌舞厅、卡拉 OK、KTV 包房等；商业性活动场所所用的音响设备产生的噪声；公共场所集会、娱乐活动所用的音响器材产生的噪声；居民住宅中家庭所用的乐器以及其他室内娱乐时产生的噪声；还有进行室内装修时产生的噪声。这几年，随着广场舞、街头舞的悄然兴起，社会噪声引发的矛盾比以前增加了不少。

社会噪声中还有一类不可忽视的噪声，即来源于家用电器的噪声，如空调、冰箱、洗衣机、微波炉等的噪声，它们的声级范围如表 1-5 所示。

表 1-5 家用电器噪声

名称	声级范围/dB	名称	声级范围/dB
洗衣机	50～70	窗式空调	50～65
除尘器	70～80	缝纫机	45～70
钢琴	60～95	吹风机	45～75
电视	55～80	高压锅(喷气)	58～65
电风扇	40～60	排油烟机	55～60
电冰箱	40～50	食品搅拌机	65～75

随着城市人口密度的增加，这类噪声污染越来越严重。根据我国城市噪声调查，大中型主要城市社会噪声的户外平均 A 声级是 55～60dB。超过国家一类区标准 55dB(A)，处于中等污染水平。区域环境噪声平均值超过 60dB(A)的城市占 10%；有 70%左右的城市处于中等污染水平；处于轻度污染的城市不超过 20%；有 2/3 的城市人口生活在高噪声的环境中。

以上四个方面的噪声，对城市环境的影响是与城市中的生产和人群生活活动规律有关的，不同功能区域的噪声级，24 小时变化规律是不同的。据统计，在影响城市环境的各种噪声来源中，工业噪声占 8%～10%，建筑施工噪声占 5%，交通噪声占 30%，社会噪声占 47%。社会噪声影响面最广，是干扰生活环境的主要噪声污染源。

因此，控制城市噪声除技术措施外，从城市噪声管理方面入手制定噪声标准与立法，以及合理考虑城市建设规划，也是十分重要且有效的。

习　题　1

1.1　什么是噪声?

1.2　噪声对人体的危害有哪些?

1.3　噪声控制的目的是什么?

1.4　噪声如何传输?

1.5　噪声控制的基本途径有哪些?

1.6　简述城市噪声的主要来源。

第 2 章　噪声控制基本知识

2.1　声音的基本性质

一提到声音，大家就会联想到人们用以表达感情、交流思想的语言声；各种动物用以传达信息的鸣叫声；和谐悦耳、陶冶人们精神的音乐声；扰人清梦、危害人们身心健康的机器声；声声入耳的风声、雨声、读书声；震耳欲聋的枪声、炮声、雷鸣声；在万籁俱寂的时候，甚至可以听到自己有节奏的心脏跳动声；而且在这些听得见的声音以外，还存在各种各样人耳感知不到的“次声”与“超声”。这些都说明自然界中充满着各式各样的声音，而人类就生活在这样一个无时无处不存在声音的世界中。

那么声音的本质是什么呢？从物理学的观点来讲，它是一种波动。从波动学的角度来讲，它和光有很多类似之处。不过光是一种电磁波，而声则是一种弹性波(机械波)。当机器振动时，会引起机器表面附近空气分子的振动，依靠空气的惯性和弹性性质，空气分子的振动就以波的形式向四周传播。这种波动进入人耳便被鼓膜接收，传入内耳转换成神经脉冲，由听觉神经传到脑组织，使人们感知到这机器发出的噪声。这种波动也可用传声器接收，转换成电信号被记录下来。

声波不仅可以在气体中传播，也可以在液体中和固体中传播。声波按其质点振动的方向可分为两种：一种是质点振动方向平行于声波传播方向的波，称为纵波或压缩波；另一种是质点振动方向垂直于声波传播方向的波，称为横波或切变波。在气体及液体中传播的声波一般为纵波，而在固体中传播的声波则既有纵波又有横波。

2.1.1　声波的波长、频率和声速

声波传播能量的方式是靠动量的传播，而不是靠物质的移动。质点的振动是靠质点之间的相互作用，影响到相邻的质点。这样振动就以恒定的速度向四周传播，形成波动。当声波的波阵面垂直于传播方向的平面时，就称为平面声波。平面波在数学上的处理比较简单，因此常常通过对平面波的详细分析来阐明声波的一些基本性质。

声音在空气中传播时，发声体的振动使周围的空气形成周期性的疏密相间层状态，这种疏密相间层状态在空气中由声源向外传播，形成空气中的声波，如图 2-1(a)所示。

在声波中，两个相邻密集或两个相邻稀疏间的距离称为波长。换句话说，振动经过一个周期，声波传播的距离称为波长，用希腊字母 λ 表示，单位是 m。每秒钟内介质质点振动的次数就是频率，用 f 表示，单位是 Hz，图 2-1(b)给出了空气中频率与波长的关系图。质点振动是周期性的，每重复一次所需的时间称为周期，用 T 表示，单位是 s。显然，有 $f=1/T$。频率和波长的乘积就是声速，声速用 c 表示，单位是 m/s，即

$$c=f\lambda \tag{2-1}$$

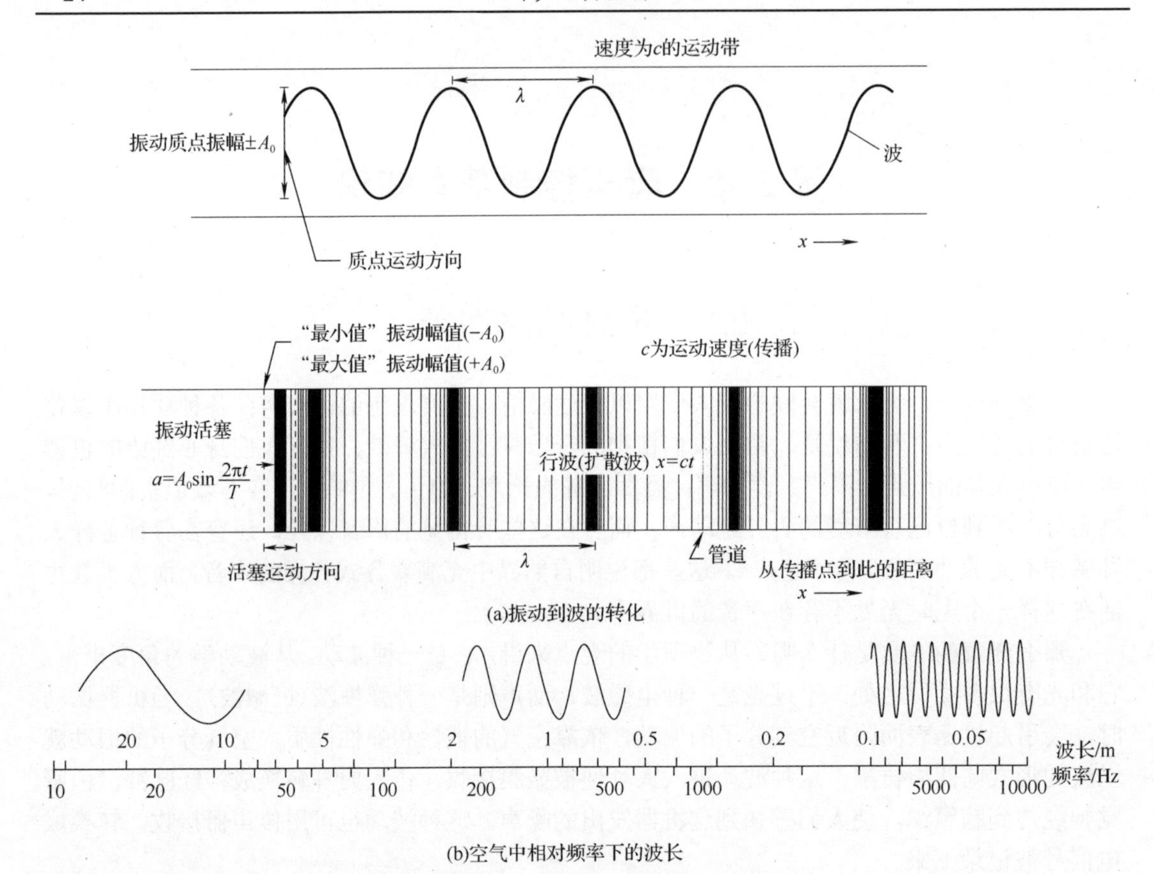

图 2-1　波长、频率和声速之间关系图

从式(2-1)可以看出，声波波长λ与频率f成反比。频率越高，波长越短；声源振动的频率决定了声波的波长。人耳对声波可听域的频率范围为 20～20000Hz，相应声波的波长为 17m～1.7cm。

声速是声波在介质中传播的速度，它与介质的温度有关，在空气中，声速与空气温度的关系是

$$c = 331.4 + 0.61t \tag{2-2}$$

式中，t为温度，℃。由式(2-2)可知，声速随温度有一定的变化，但在一般情况下这个变化值不大，因此常温下一般计算时可取 $c = 340\text{m/s}$。另外，在不同的介质中声速是不同的。例如，在水中的声速近似为 1500m/s，在钢铁中声速约为 5000m/s。

海水中声速与海水的温度、含盐度和静压力有关。欲求理论关系式较难，而根据海水中实测值所得到的经验公式较多。这里取 Wood 公式如下：

$$c_{海水} = 1450 + 4.21t - 0.037t^2 + 1.14(s - 35) + 0.018h$$

式中，t为温度，℃；s为含盐度(重量‰)；h为深度，m；$c_{海水}$为海水中声速，m/s。

2.1.2　平面声波

在“声学理论基础”课程中我们学过，在均匀的理想流体介质中的小振幅声波的波动方程是

$$\frac{\partial^2 p}{\partial x^2}+\frac{\partial^2 p}{\partial y^2}+\frac{\partial^2 p}{\partial z^2}=\frac{1}{c^2}\frac{\partial^2 p}{\partial t^2} \tag{2-3a}$$

或记为

$$\nabla^2 p=\frac{1}{c^2}\frac{\partial^2 p}{\partial t^2} \tag{2-3b}$$

式中，$\nabla^2=\frac{\partial^2}{\partial x^2}+\frac{\partial^2}{\partial y^2}+\frac{\partial^2}{\partial z^2}$，$\nabla$ 为直角坐标的拉普拉斯计算符号；c 为声速。式(2-3)表明声压 p 为空间坐标 (x,y,z) 和时间 t 的函数，记为 $p(x,y,z,t)$，表示不同的地点在不同时刻 t 的声压变化规律，单位为 Pa。

声波在空气中传播，振动声源处于三维空间中，振动将向四面八方传播。假定声场在空间的两个方向上是均匀的，则声压 p 只随另一个方向变化，如在垂直 x 轴的平面上不论 y、z 如何，p 都不变，即在同一 x 的平面上各点相位都相等。这时三维问题就只有一维了，可用一个坐标 x 来描述声场。于是式(2-3)变成

$$\frac{\partial^2 p}{\partial x^2}=\frac{1}{c^2}\frac{\partial^2 p}{\partial t^2} \tag{2-4}$$

式(2-4)表达的是沿 x 方向传播的声波方程。相位相等的共同面称为波阵面。所以平面波的波阵面为垂直于 x 轴的一系列平面，参见图 2-8。

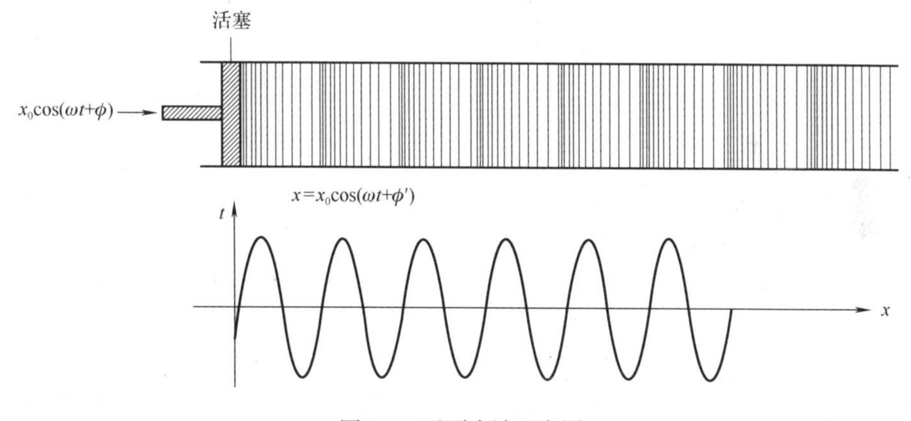

图 2-2　平面声波示意图

设一根均匀管子的一端有一个活塞沿管轴方向振动，管子的另一端伸向无穷。当活塞在平衡位置附近左右来回振动时，管内交替产生压缩与稀疏向右传播，这就是平面声波(这时管中同一截面上各质点振动具有同样的振幅与相位，并假设管子内壁是理想的光滑刚性壁，忽略管壁附近的黏滞力)，如图 2-2 所示。设声源只做单一频率的简谐振动，位移是时间的余弦函数，那么介质中各质点也随着做同一频率的简谐振动。设 $x=0$ 点处的声压为

$$p(0,t)=P_0\cos(\omega t) \tag{2-5}$$

式中，$\omega=2\pi f$ 为振动圆频率，f 为频率。那么声场中任一点 x 的声压为

$$p(x,t)=P_0\cos\left[\omega\left(t-\frac{x}{c}\right)\right] \tag{2-6}$$

式中，c 为介质中声波传播速度。为方便起见，定义 k 为波数，即

$$k=\frac{\omega}{c}=\frac{2\pi f}{c}=\frac{2\pi}{\lambda} \tag{2-7}$$

其物理意义是，长为2π m的距离上所含波长λ的数目。于是式(2-6)又可写成

$$p(x,t) = P_0\cos(\omega t - kx) \tag{2-8}$$

式(2-8)表示沿正x方向传播的简谐平面声波，P_0为声压幅值，$\omega t - kx$为其相位。x处t时刻的声压经过Δt时间后传播到$x+\Delta x$处，整个声压波形以速度c沿正x方向移动，声速c是波的相位传播速度，也是自由空间中声能量的传播速度。如图2-3所示，在声场中取一小体积元ΔV，由于受声波作用，在ΔV的两边所受声压分别为p和$p+\Delta p$，设ΔV的截面积为S，则体积元ΔV受到的总合力为

$$pS-(p+\Delta p)S=-S\Delta p$$

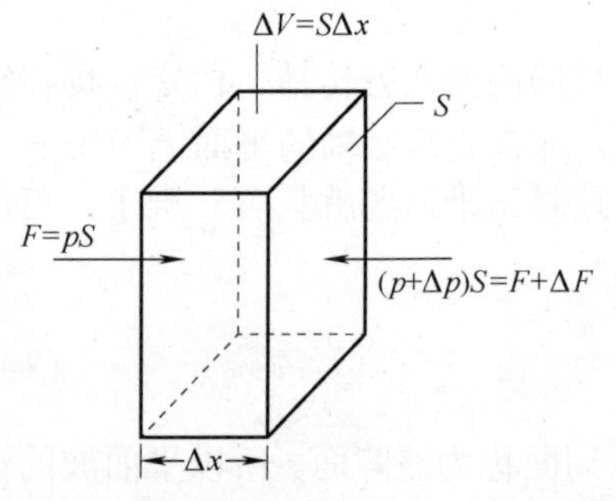

图2-3　声场中介质体积元ΔV受力示意图

由于该力的作用使体积元ΔV产生加速度，由牛顿第二定律得

$$-S\Delta p = \rho\Delta V\frac{\partial u}{\partial t}$$

式中，ρ为介质密度；$\frac{\partial u}{\partial t}$为加速度。又由于$\Delta V= S\Delta x$，所以

$$\frac{\Delta p}{\Delta x}=-\rho\frac{\partial u}{\partial t}$$

写成微分形式为

$$\frac{\partial p}{\partial x}=-\rho\frac{\partial u}{\partial t} \tag{2-9a}$$

写成积分形式为

$$u_x=-\frac{1}{\rho}\int\frac{\partial p}{\partial x}\mathrm{d}t \tag{2-9b}$$

式中，u的下标x表示振动速度沿x方向。将式(2-8)声压表达式代入式(2-9b)，经计算便得到沿正x方向传播的简谐平面声波的质点速度为

$$u_x=\frac{P_0}{\rho c}\cos(\omega t-kx)=U_0\cos(\omega t-kx) \tag{2-10}$$

式中，$U_0=\frac{P_0}{\rho c}$为质点振动幅值。可见质点振动速度u_x与声波传播速度c不同，它们的关系是：质点以振速u_x进行振动，而这种振动过程以声速c传播出去。

在声波传播过程中有一个很有用的量称为声阻抗率(介质特性阻抗)，定义为

$$Z_0=\frac{p}{u}=\rho c=\left[\frac{\text{kg}}{\text{m}^3}\times\frac{\text{m}}{\text{s}}\right]=\left[\frac{\text{kg}}{\text{sm}^2}\right]=[\text{Pa}\cdot\text{s/m}] \tag{2-11}$$

它是介质声学特性的重要参数。不同材料的ρ、c是不同的。在空气中：$\rho_0=1.29\text{kg/m}^3$，$c=331.4\text{m/s}$，$\rho_0 c=427.5\text{kg/(s}\cdot\text{m}^2)$（0℃时），$\rho c=412.3\text{kg/(s}\cdot\text{m}^2)$（20℃），$\rho c=400\text{kg/(s}\cdot\text{m}^2)$（39℃）；在水介质中：$\rho c=1.5\times10^6\text{kg/(s}\cdot\text{m}^2)$。

式(2-8)表示的是沿正x方向传播的平面简谐声波。将式中的k转换成$-k$(波向量)，就可得到沿负x方向传播的平面简谐声波为

$$p(x,t) = P_0\cos(\omega t + kx) \tag{2-12}$$

此时质点振动速度为

$$u_x=-\frac{P_0}{\rho c}\cos(\omega t+kx)=u(x,t) \tag{2-13}$$

2.1.3　声能量、声功率和声强

声波传播到原先静止的介质中，一方面使介质质点在平衡位置附近做往复振动，获得振动动能，同时在介质中产生了压缩和膨胀的疏密过程，使介质具有形变的势能，两部分能量之和就是由于声扰动介质得到的声能量，以声的波动形式传递出去。所以声波是介质质点振动能量的传播过程，这一能量可从力学中作用在物体上的力所做功的功率推导出。

力 F 作用在物体上所做功的功率 $W=Fu$，u 为物体的运动速度，现在作用力 F 为声压 p 所引起的，它作用在介质中的一小块体积 ΔV 上，如图 2-3 所示，则有 $F=pS$，于是得到声压作用在 ΔV 上所做功的瞬时声功率为

$$W=Spu \tag{2-14}$$

我们知道，声波作用于介质时，声压 p 与质点振速 u 都是交变的。一般地，人耳对于声的感觉是一个平均效应，听不出某一瞬时值，仪器测量的也是对一定时间的平均值，所以取 W 的时间平均值为

$$\overline{W}=\frac{1}{T}\int_0^T Spu\mathrm{d}t=\frac{S}{T}\int_0^T pu\mathrm{d}t \tag{2-15}$$

声功率：声源在单位时间内辐射的总能量称为该声源的声功率，单位为 W。式(2-15)中 T 为声波周期。将平面波的表达式，即式(2-8)和式(2-10)代入式(2-15)，有

$$\overline{W}=\frac{1}{2}SP_0U_0=S\frac{P_0^2}{2\rho c}=S\frac{\rho cU_0^2}{2}=SP_eU_e=S\frac{P_e^2}{\rho c}=S\rho cU_e^2 \tag{2-16}$$

式中，$P_e=\frac{P_0}{\sqrt{2}}$、$U_e=\frac{U_0}{\sqrt{2}}$ 分别为声压和质点振速的有效值，又称均方根值，即

$$P_e=\sqrt{\frac{1}{T}\int_0^T p^2\mathrm{d}t}=\frac{P_0}{\sqrt{2}}，\quad U_e=\frac{U_0}{\sqrt{2}}$$

声强：声场中某一点上单位面积所通过的能量流，称为声强，用 I 表示，单位为 $\mathrm{W/m^2}$，即

$$I=\frac{\overline{W}}{S}=\frac{P_e^2}{\rho c}=\rho cU_e^2=P_eU_e \tag{2-17}$$

声强既有大小又有方向，因此它是一个向量。但声压只有大小没有方向，它是一个标量。另外需要说明的一点是，声强是单位面积内通过的声功率的平均值。

声能密度：声场中，单位体积中所具有的声能量称为声能密度，用 ε 表示，单位为 $\mathrm{J/m^3}$。声能密度与声强的关系是

$$\varepsilon=\frac{I}{c}=\frac{P_e^2}{\rho c^2} \tag{2-18}$$

这样在小体积 ΔV 内的声能量是

$$\Delta E=\varepsilon\Delta V \tag{2-19}$$

对于平面声波，P_e、U_e 都是常数，不随距离变化，所以平均声能密度处处相等。这也是理想介质中平面声波声场的又一特性。上面的几个公式的形式虽是由平面波导出的，但对于球面波等声波也同样适用。

2.1.4 声波的反射、折射和透射

当平面波在空间传播到媒质的界面时，一般将会在原先的介质中产生反射声波，同时还有一部分声波将透射到界面另一侧的第二种介质中，如图 2-4 所示。

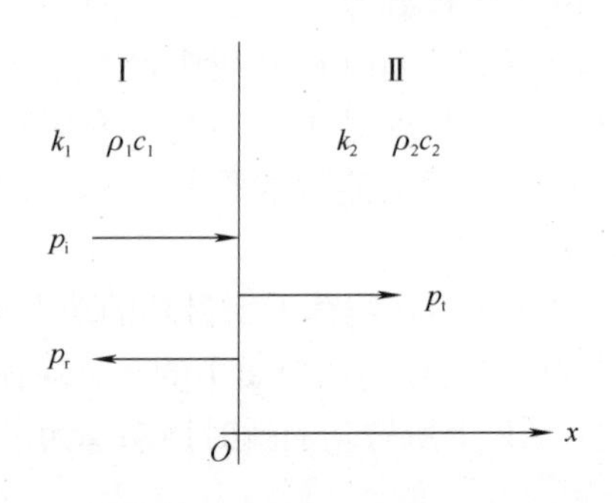

图 2-4 平面声波入射到两介质的分界面示意图

平面声波 p_i 垂直入射到两介质的分界面上 $(x=0)$，由于界面的反射，在介质 I 中除了入射波 p_i 外，还有反射波 p_r；这样介质 I 中的总声压为两个波的叠加：$p_1=p_i+p_r$；而在介质 II 中只有透射声波 p_t，即 $p_2=p_t$；由两介质的边界条件，声压在边界处处连续；质点法向振速连续，可知在 $x=0$ 处有

$$p_1=p_2 \tag{2-20a}$$

$$u_1=u_2 \tag{2-20b}$$

设介质 I 的特性阻抗为 $\rho_1 c_1$，介质 II 的特性阻抗为 $\rho_2 c_2$；入射平面声波 p_i 在介质 I 中沿正 x 方向传播；则有

$$p_i=P_i\cos(\omega t-k_1 x) \tag{2-21}$$

式中，P_i 为入射波声压幅值；$k_1=\dfrac{\omega}{c_1}$ 为 I 介质中的波数。当 p_i 入射到分界面 $(x=0)$ 时，在介质 I 中产生沿负 x 方向传播的反射波 p_r，在介质 II 中产生沿正 x 方向传播的透射声波 p_t，分别可表示为

$$p_r=P_r\cos(\omega t+k_1 x) \tag{2-22}$$

$$p_t=P_t\cos(\omega t-k_2 x) \tag{2-23}$$

这样，在介质 I 中总声压为

$$p_1=p_i+p_r=P_i\cos(\omega t-k_1 x)+P_r\cos(\omega t+k_1 x)$$

在介质 II 中总声压为

$$p_2=p_t=P_t\cos(\omega t-k_2 x)$$

由边界条件可知，$x=0$ 时，有

$$P_i+P_r=P_t \tag{2-24}$$

介质 I 中质点振速为

$$u_1=u_i+u_r=U_i\cos(\omega t-k_1 x)+U_r\cos(\omega t+k_1 x)$$
$$=\frac{P_i}{\rho_1 c_1}\cos(\omega t-k_1 x)-\frac{P_r}{\rho_1 c_1}\cos(\omega t+k_1 x)$$

介质 II 中质点振速为

$$u_2=u_t=U_t\cos(\omega t-k_2 x)=\frac{P_t}{\rho_2 c_2}\cos(\omega t-k_2 x)$$

代入边界条件，$x=0$ 时，有

$$U_i+U_r=U_t \tag{2-25}$$

或

$$\frac{1}{\rho_1 c_1}(P_i-P_r)=\frac{1}{\rho_2 c_2}P_t \tag{2-26}$$

这样，只要已知入射声波 p_i，便可由式(2-24)和式(2-26)求出反射声波 p_r 及透射声波 p_t，从而对整个声场的声压 p_1、p_2 的情况都能了解。

声压反射系数 r_P 为反射声压幅值与入射声压幅值之比，即

$$r_P=\frac{P_{\mathrm{r}}}{P_{\mathrm{i}}}=\frac{\rho_2c_2-\rho_1c_1}{\rho_2c_2+\rho_1c_1} \tag{2-27}$$

声压透射系数 τ_P 为透射声压幅值与入射声压幅值之比，即

$$\tau_P=\frac{P_{\mathrm{t}}}{P_{\mathrm{i}}}=\frac{2\rho_2c_2}{\rho_2c_2+\rho_1c_1} \tag{2-28}$$

可见它们与入射声波、反射声波、透射声波的大小无关，仅取决于两介质的特性阻抗。

同理，可求出声强反射系数 r_I 及透射系数 τ_I：

$$r_I=\frac{I_{\mathrm{r}}}{I_{\mathrm{i}}}=\frac{P_{\mathrm{r}}^2}{2\rho_1c_1}\bigg/\frac{P_{\mathrm{i}}^2}{2\rho_1c_1}=\left(\frac{P_{\mathrm{r}}}{P_{\mathrm{i}}}\right)^2=r_P^2=\left(\frac{\rho_2c_2-\rho_1c_1}{\rho_2c_2+\rho_1c_1}\right)^2 \tag{2-29}$$

$$\tau_I=\frac{I_{\mathrm{t}}}{I_{\mathrm{i}}}=\frac{P_{\mathrm{t}}^2}{2\rho_2c_2}\bigg/\frac{P_{\mathrm{i}}^2}{2\rho_1c_1}=\frac{\rho_1c_1}{\rho_2c_2}\left(\frac{P_{\mathrm{t}}}{P_{\mathrm{i}}}\right)^2=\frac{\rho_1c_1}{\rho_2c_2}\tau_P^2=\frac{4\rho_1c_1\rho_2c_2}{(\rho_2c_2+\rho_1c_1)^2} \tag{2-30}$$

将式(2-29)与式(2-30)相加，有

$$r_I+\tau_I=1 \tag{2-31}$$

符合能量守恒定律。

当 $\rho_2c_2>\rho_1c_1$ 时，介质Ⅱ比介质Ⅰ“硬些”；当 $\rho_2c_2\gg\rho_1c_1$ 时，可得 $r_P\approx1$，$\tau_P\approx2$ 和 $r_I\approx1$，$\tau_I\approx0$；例如，空气中声波入射到水界面上就近似于这种情况(水的特性阻抗要比空气的特性阻抗大 4000 倍左右)，这时介质Ⅱ相当于刚性反射体，在界面上入射声压与反射声压则大小相等，且相位相同。在界面上总声压达到极大，接近于 $2p_{\mathrm{i}}$，而质点振速为零。此时在介质Ⅰ中形成驻波；在介质Ⅱ中无透射声波；如人在空气中讲话，几乎没有什么声波透射到水中，坚实的墙面也和水面一样都是很好的刚性反射面。

当 $\rho_2c_2<\rho_1c_1$ 时称为“软”边界，若 $\rho_2c_2\ll\rho_1c_1$，则 $r_P\approx-1$，$\tau_P\approx0$ 和 $r_I\approx1$，$\tau_I\approx0$，这时在介质Ⅱ中也没有透射声波。在介质Ⅰ中，入射声压与反射声压在界面上反相，$p_{\mathrm{i}}=-p_{\mathrm{r}}$，故界面上总压力等于零，在介质Ⅰ中也产生驻波声场。

当平面声波不是垂直地入射到两介质的界面时，情况更复杂，如图 2-5 所示，入射声波 p_{i} 与法向成 θ_{i} 角入射到界面上，这时反射波 p_{r} 与法向成 θ_{r} 角。在介质Ⅱ中透射声波 p_{t} 与法向成 θ_{t} 角，入射波与透射波不再保持同一传播方向，形成了声波的折射。

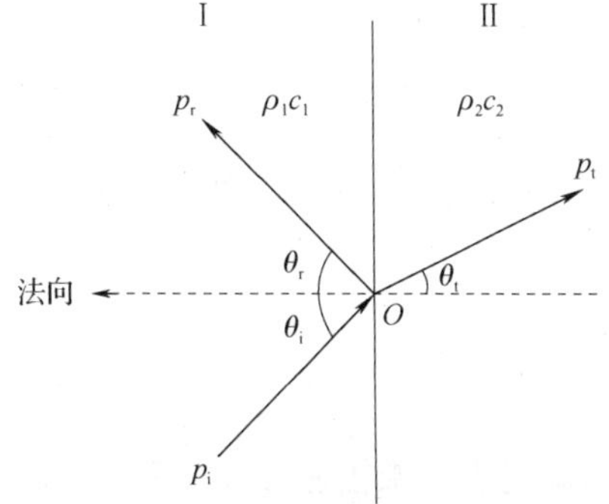

图 2-5　声波的折射

同样在界面上按照声压连续、法向质点振速连续的边界条件，可得到反射定律为

$$\theta_{\mathrm{i}}=\theta_{\mathrm{r}} \tag{2-32a}$$

折射定律为

$$\frac{\sin\theta_{\mathrm{i}}}{\sin\theta_{\mathrm{t}}}=\frac{k_2}{k_1}=\frac{c_1}{c_2}=n \tag{2-32b}$$

2.1.5　球面声波

球面波：波阵面是同心球面的波。在自由空间中，当声源的尺寸比波长小很多时，远离声源处的声场一般可作为平面波来处理。

1. 单极声源

当一个小球其面上的各点做同相位的振动时，它就向介质的四面八方辐射出声波，这种声波应该是球对称的，即声压的大小仅与到球心的距离 r 有关，在 r 点的声压可表示为

$$p(r,t)=\frac{A}{r}\cos(\omega t-kr)=P_0\cos(\omega t-kr) \tag{2-33}$$

式中，A 为与小球表面振幅及其面积有关的量。由式(2-9)可求得质点振速为

$$u_{\mathrm{r}}=-\frac{1}{\rho}\int\frac{\partial p}{\partial r}\mathrm{d}t=\frac{A}{r\rho c}\cos(\omega t-kr)+\frac{A}{r^2\rho\omega}\sin(\omega t-kr)$$

式中，r 为距离；当 $r\gg\lambda$，即 $kr\gg 1$ 时，有

$$u_{\mathrm{r}}=\frac{A}{r\rho c}\cos(\omega t-kr)$$

球面波声强为

$$I=\frac{1}{T}\int_0^T pu\mathrm{d}t=\frac{1}{2\rho c}\left(\frac{A}{r}\right)^2=\frac{P_0^2}{2\rho c}=\frac{P_{\mathrm{e}}^2}{\rho c} \tag{2-34}$$

式(2-34)在形式上与平面声波一样，但声压幅值 $P_0=\dfrac{A}{r}$，不再是一个常数，而是与 r 成反比的一个变量。

由于圆球面积 $S=4\pi r^2$，所以声源辐射的总功率为

$$W=IS=4\pi r^2\frac{1}{2\rho c}\left(\frac{A}{r}\right)^2=\frac{2\pi}{\rho c}A^2 \tag{2-35}$$

令声源体积速度的幅值为声源强度，用 Q 表示，$Q=4\pi a^2u$，式中 a 为小球半径，u 为球表面的速度幅值：

$$u|_{r=a}=\frac{A}{\rho ca}\cos(\omega t-ka)+\frac{A}{a^2\rho\omega}\sin(\omega t-ka)$$

设球半径很小，$ka\ll 1$，则上式中第一项可忽略，得

$$u=\frac{A}{a^2\rho\omega}$$

所以

$$Q=\frac{4\pi A}{\rho\omega} \tag{2-36}$$

将上式代入声压、声功率公式，得

$$p(r,t)=\frac{\rho fQ}{2r}\cos(\omega t-kr)=\frac{\rho ckQ}{4\pi r}\cos(\omega t-kr) \tag{2-37a}$$

$$W=\frac{\pi\rho f^2}{2c}Q^2 \tag{2-37b}$$

这就是点声源辐射公式，任何形状的声源，只要它的尺寸比波长小得多，都可以看作点声源。

2. 偶极声源(声偶极子)

两个相隔很近的声源 S_+ 和 S_-，它们的声压幅值相同，但相位恒相反，如图 2-6 所示。由这两个点声源构成的声源称为声偶极子。远离偶极子 R 点的声压为

$$p = \frac{\rho ckQ}{4\pi}\left[\frac{1}{r_+}\cos(\omega t - kr_+) - \frac{1}{r_-}\cos(\omega t - kr_-)\right] \tag{2-38}$$

由于两个声源的距离 l 很近，有 $r \gg l$；所以有 $r \approx r_+ \approx r_-$，又因为 $r_+ \approx r + \frac{1}{2}l\cos\theta$；$r_- \approx r - \frac{1}{2}l\cos\theta$；代入式(2-38)可得

$$p = \frac{\rho ckQ}{4\pi r}\left[2\sin\left(\frac{1}{2}kl\cos\theta\right)\sin(\omega t - kr)\right] \tag{2-39}$$

因假定 $kr \ll 1$；所以　$\sin\left(\frac{1}{2}kl\cos\theta\right) \approx \frac{1}{2}kl\cos\theta$

$$p \approx \frac{\rho ck^2 lQ}{4\pi r}\cos\theta\sin(\omega t - kr) \tag{2-40}$$

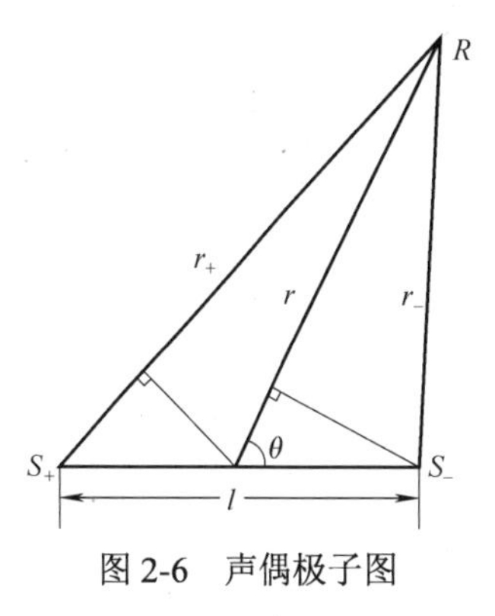

图 2-6　声偶极子图

比较式(2-37a)与式(2-40)可以看出，此时声压已不像点源那样均匀分布，而是具有很强的方向性。如图 2-7 所示，在偶极子轴向上声压最大，在垂直轴线的中线方向上声压为零。为了定量给出声源的这种随方向不同而引起的辐射不同的性质，定义一个指向性因数：在远场 $r \gg l$，与声源等距离的球面上的均方声压(声强)与声轴方向均方声压(声强)之比，定义为指向性因数，用 $D(\theta)$ 表示，即

$$D(\theta) = \frac{p_\theta^2(r,\theta)}{p_s^2(r,0)} = \frac{p_\theta^2}{p_s^2} \tag{2-41}$$

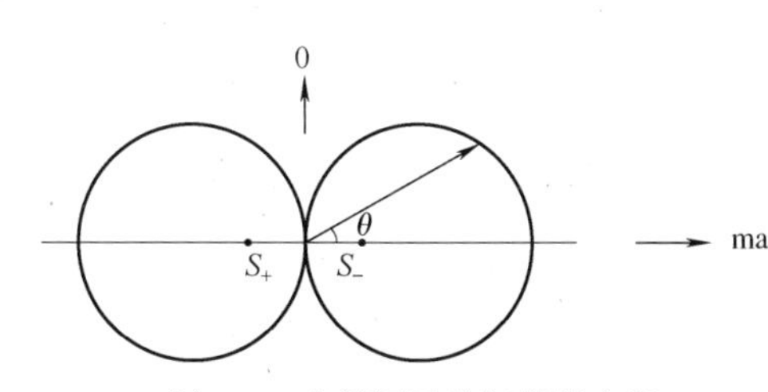

图 2-7　声偶极子的辐射指向性

式中，p_θ 和 p_s 分别为实际声源和无指向性声源的声压。对于声偶极子有

$$D(\theta) = \cos^2\theta$$

因式(2-40)比点声源多一个 $kl\cos\theta \leqslant kl \ll 1$ 的因子，所以对于同样强度的声源，声偶极子产生的声压比点声源产生的声压要小得多，因此声偶极子辐射效率很差。

2.1.6　声波的叠加和驻波

设声场中存在 p_1，p_2，…，p_n 共 n 个独立声波，在某点的总声压按叠加原理为

$$p = p_1 + p_2 + \cdots + p_n = \sum_{i=1}^{n} p_i \tag{2-42}$$

如两个声波频率相同，空间某点至两个声源的距离分别为 r_1 和 r_2，设 $\varphi_1 = kr_1 = \frac{2\pi}{\lambda}r_1$，$\varphi_2 = kr_2 = \frac{2\pi}{\lambda}r_2$，则

$$p_1 = P_1\cos(\omega t - \varphi_1),\quad p_2 = P_2\cos(\omega t - \varphi_2)$$

式中，P_1、P_2 分别为两个声波在此点的幅值，利用三角函数关系，由叠加原理可知这一点总声压为

$$p = p_1 + p_2 = P_1\cos(\omega t - \varphi_1) + P_2\cos(\omega t - \varphi_2) = P_T\cos(\omega t - \varphi_0) \tag{2-43}$$

式中，

$$P_T^2 = P_1^2 + P_2^2 + 2P_1P_2\cos(\varphi_2 - \varphi_1) \tag{2-44a}$$

$$\varphi_0 = \arctan\frac{P_1\sin\varphi_1 + P_2\sin\varphi_2}{P_1\cos\varphi_1 + P_2\cos\varphi_2} \tag{2-44b}$$

由于这两个波频率相同，所以它们之间的相位差为

$$\Delta\varphi = (\omega t - \varphi_1) - (\omega t - \varphi_2) = \varphi_2 - \varphi_1 = \frac{2\pi}{\lambda}(r_2 - r_1) \tag{2-45}$$

$\Delta\varphi$ 与时间无关，仅与空间位置有关，对于固定的地点，r_1、r_2 也一定，所以 $\Delta\varphi$ 为常数。若两个声波间的相位差保持固定，则会发生声波的干涉现象。

当 $\Delta\varphi = \varphi_2 - \varphi_1 = \pm 2k\pi\,(k = 0,1,2,\cdots)$ 时，$P_{T\max} = P_1 + P_2$，取极大值；当 $\Delta\varphi = \varphi_2 - \varphi_1 = \pm(2k+1)\pi\,(k = 0,1,2,\cdots)$ 时，$P_{T\min} = |P_1 - P_2|$，取极小值。这种 P_T 随着空间不同位置有极大值和极小值声压分布的声场，称驻波声场。当 P_1 和 P_2 相等时，$P_{T\max} = 2P_1$，$P_{T\min} = 0$，驻波现象最明显，驻波的极大值和极小值分别称为波腹和波节。

从能量上考虑，合成后总声场的密度为

$$\varepsilon_T = \varepsilon_1 + \varepsilon_2 + \frac{P_1P_2}{\rho c^2}\cos(\varphi_2 - \varphi_1) \tag{2-46}$$

式中，$\varepsilon_1 = \dfrac{P_1^2}{2\rho c^2}$；$\varepsilon_2 = \dfrac{P_2^2}{2\rho c^2}$。

在一般噪声问题中，所遇到的声波频率不同，或者不存在固定相位差，或者两者兼有，那么这两个波叠加后的声场将不会出现驻波现象。因为这时式(2-44a)、式(2-46)中两波的相位差 $\Delta\varphi = \varphi_2 - \varphi_1$ 不是一个固定的常数，而是随时间做随机变化的，不同的瞬时，$\Delta\varphi$ 呈现出不同的值，而人耳及声学测量仪器测出的均是一段时间的平均值，平均的效果是最后一项的 $\dfrac{1}{T}\int_0^T \cos\Delta\varphi \mathrm{d}t = 0$，因此有 $\varepsilon_T = \varepsilon_1 + \varepsilon_2$；即总声能量等于两个声波能量的叠加。

由于 $\varepsilon = \dfrac{P^2}{2\rho c^2}$，所以

$$P_{Te}^2 = P_{1e}^2 + P_{2e}^2 \tag{2-47}$$

式中，$P_{1e} = \dfrac{P_1}{\sqrt{2}}$，$P_{2e} = \dfrac{P_2}{\sqrt{2}}$ 分别为两个声波的声压有效值。一般声学仪器测出的都是有效值 P_e。对于多个声波，当它们的频率不同时，在每个声波间不会产生固定的相位差，此时的声波叠加都应当是能量的叠加。

2.1.7 声线和声像

声波在三维空间中传播，为了形象地描述声波的传播情况，常用声射线和声的波阵面来绘出声波的传播。

自声源画一些表示声波传播方向和传播途径的带有箭头的线称为声线或声射线。

声波在传播过程中，所有相位相同的介质质点形成的面称为声波的波阵面。

波阵面总是与传播方向垂直的，即声线与波阵面处处垂直，如图 2-8 和图 2-9 所示。

平面声波的传播方向总保持一个恒定方向，声线为相互平行的一系列直线，它的波阵面为与其声线相垂直的一系列平行平面。平面声波是最简单的声波形式。

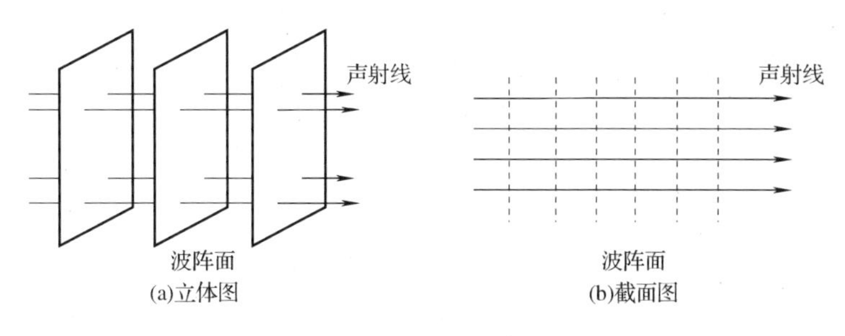

图 2-8　平面声波的声射线和波阵面

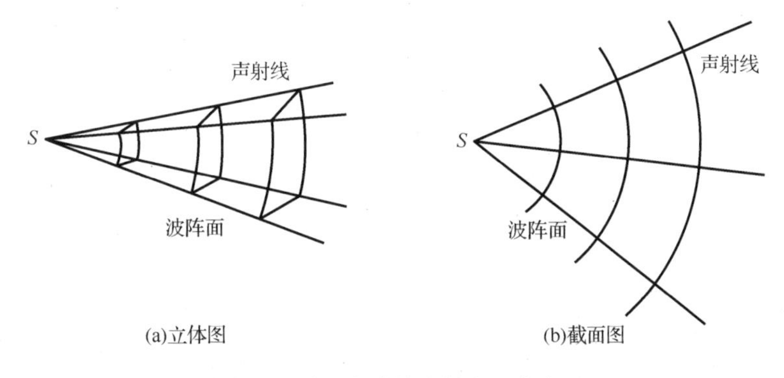

图 2-9　球面声波的声射线和波阵面

简单的球面波波阵面是以点声源 S 为中心的一系列的同心球面，它的声射线为球的半径线。球面波与平面波不同，在传播过程中其波阵面面积 $S=4\pi r^2$ 随半径 r 的增加而不断扩大，这样单位面积上的声能量随波阵面面积的不断扩大而逐渐减小，造成了声的几何衰减。当距离声源很远时，可视球面波的一部分为平面波。因球面波在各个半径方向上的传播都是一致的，所以可只取其中任一方向来描述声场，三维传播问题也可简化为一维问题。

当声波频率较高，传播途径中遇到的物体的几何尺寸比声波的波长长得多时，可暂且抛开声波的波动特性，直接用声线来解决声波问题，这与几何学中用光线处理问题相类似。

如图 2-10 所示，一点声源 S 位于一个很大的墙面附近，空间某点 R 的声压，除了由 S 发出的球面波直接入射到 R 点处，还有经墙反射到 R 点的反射声。可设墙为一个无限大刚性壁面，对入射波作完全刚性反射。反射波可视为由一个虚声源 S' 发出的，好像光线在镜中反射一样。虚声源 S' 称作声源 S 的声像，在 R 点接收到的声波则为点声源 S 发出的球面波与虚声源 S' 发出的球面波之和；所以 R 点的声压为

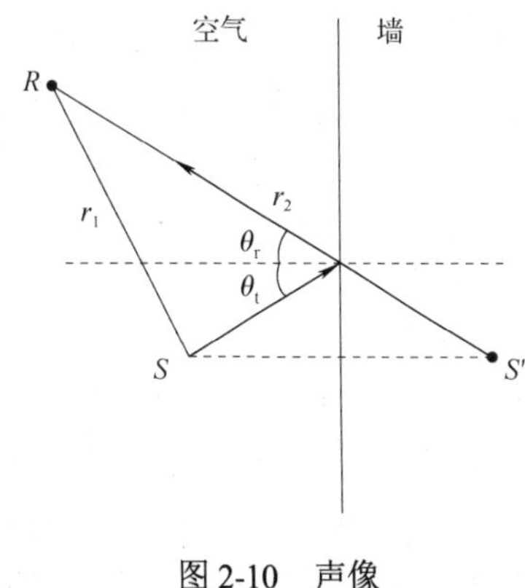

图 2-10　声像

$$p=p_d+p_r=p_S+p_{S'}=\frac{A}{r_1}\cos(\omega t-kr_1)+\frac{A}{r_2}\cos(\omega t-kr_2) \tag{2-48}$$

式中，p_d、p_r 分别为直达声和反射声声压；r_1、r_2 分别为 R 点到 S 和 S' 的距离。

当声波在空气中传播到墙面、水面等反射面时，由于它们的声阻抗率(特性阻抗) ρc 都比

空气大得多，可以认为是刚性界面，应用声像法来处理反射问题。尤其对一些不规则的反射面用波动方法难以处理，而用声像法却很简便。

2.2　级 和 分 贝

在我们所处的声学环境中，会遇到声强从弱到强范围很宽的各种声音。例如，人们通常讲话的声功率约为 10^{-5}W，而强力火箭的噪声的声功率可高达 10^9W，两者相差 10^{14} 数量级，声压一般也有 10^7 的数量级变化。对于如此广阔范围的能量变化，直接使用声功率和声压的数值很不方便。在声学的工程和实践中，习惯上使用声压和声强的对数值来衡量它们的大小，用对数标度以突出其数量级的变化要相对明了些；另外，人耳对声音的接收，并不是正比于强度的绝对值，而更接近于正比于其对数值。由于这两个原因，在声学中普遍使用对数标度来量度声压、声强、声功率，分别称为声压级、声强级和声功率级，单位用分贝(dB)表示。它是功率或能量关于同样物理量的基准值之比常用对数的 10 倍。表示这个概念的基本方程如下：

$$L_E = 10\lg\left(\frac{E}{E_{\text{ref}}}\right) \tag{2-49}$$

式中，L_E 为能量级或功率级，dB；E 为有关的能量或功率，W；E_{ref} 为有关的基准能量或功率，W。

在水声中，声压和声强的变化范围同样很宽广，因此也沿用空气声学中的声压级和声强级来度量它们的大小。

2.2.1　声压级、声强级和声功率级

1. *声压级*(L_P)*或* SPL

声压级定义：

$$L_P = 10\lg\left(\frac{p^2}{p_{\text{ref}}^2}\right) = 10\lg\left(\frac{p}{p_{\text{ref}}}\right)^2 \tag{2-50}$$

式中，L_P 为声压级，dB；p 为声压的有效值，Pa；p_{ref} 为基准声压(参考声压)，规定在空气中，$p_{\text{ref}} = 2\times10^{-5}\,\text{Pa}$，在水中，$p_{\text{ref}} = 10^{-6}\,\text{Pa}$。

这个数值是正常人耳对 1000Hz 声音刚刚能够觉察到的最低声压值，所以式(2-50)也可以写为

$$L_P = 20\lg p + 94 \tag{2-51}$$

注：

(1)式(2-50)中，能量与压力的平方成正比，因为分贝是能量之比，所以压力这一项必须平方。

(2)一般声学仪器测出的都是声压有效值 p_{e}，所以在后面的表示中除特别指出外，都用无下标的 p 来表示声压有效值 p_{e}，对其他量也类似。

例 2-1　在声场中测得某一点的声压为 2.5Pa，求这点的声压级。

解
$$L_P = 10\lg\left(\frac{p}{p_{\text{ref}}}\right)^2 = 20\lg\frac{2.5}{2\times10^{-5}} \approx 101.96\,(\text{dB})$$

在某些情况下，需要由声压级来确定声压，这可由式(2-50)推出

$$p = p_{\text{ref}}10^{\frac{L_P}{20}} \tag{2-52}$$

例 2-2　已知声场中某一点的声压级为 40.5dB，求这点的声压。

解
$$p = p_{\text{ref}}10^{\frac{L_P}{20}} = 2\times10^{(-5)}\times10^{\frac{40.5}{20}} \approx 2.12\times10^{-3}\,(\text{Pa})$$

2. *声强级*(L_I)*或* IL

声强级定义：
$$L_I = 10\lg\frac{I}{I_{\text{ref}}} \tag{2-53}$$

式中，L_I 为声强级，dB；I 为声强，W/m^2；I_{ref} 为参考声强，W/m^2；在空气中，参考声强取 $I_{\text{ref}} = 10^{-12}\text{W/m}^2$，是与空气中参考声压 $p_{\text{ref}} = 2\times10^{-5}\text{Pa}$ 相对应的参考声强。由 $I = \frac{p^2}{\rho c}$ 可求出参考声压下的参考声强为 $I_{\text{ref}} = \frac{p_{\text{ref}}^2}{(\rho c)_{\text{ref}}}$，式中 ρc 为介质特性阻抗。在空气声学中，由于标准状态下空气的介质特性阻抗 $\rho c = 400\text{Pa}\cdot\text{s/m}$，对应于参考声压 $p_{\text{ref}} = 2\times10^{-5}\text{Pa}$ 的参考声强值 $I_{\text{ref}} = (2\times10^{-5})^2/400 = 10^{-12}(\text{W/m}^2)$。

于是

$$L_I = 10\lg\frac{I}{I_{\text{ref}}} = 10\lg\left[\frac{p^2/\rho c}{p_{\text{ref}}^2/(\rho c)_{\text{ref}}}\right] = L_P + 10\lg\frac{(\rho c)_{\text{ref}}}{\rho c} = L_P + \Delta L \tag{2-54}$$

在一般情况下，$\Delta L = 10\lg\frac{400}{\rho c}$ 的值很小，因此声压级 $L_P \approx L_I$ 声强级。若在特殊情况下，如高温、低温或高山地区，则 L_P 与 L_I 的差别可以通过查特性阻抗计算出来。

在水中，参考声强取 $I_{\text{ref}} = 6.76\times10^{-19}\text{W/m}^2$，是与水中参考声压 $p_{\text{ref}} = 10^{-6}\text{Pa}$ 相对应的参考声强。由 $I = \frac{p^2}{\rho c}$ 可求出参考声压下的参考声强为 $I_{\text{ref}} = \frac{p_{\text{ref}}^2}{(\rho c)_{\text{ref}}}$；式中，$\rho c$ 为水的特性阻抗。在水中，由于标准状态下水的介质特性阻抗 $\rho c = 1.48\times10^6\text{Pa}\cdot\text{s/m}$，对应于参考声压 $p_{\text{ref}} = 10^{-6}\text{Pa}$ 的参考声强值 $I_{\text{ref}} = \frac{(10^{-6})^2}{1.48\times10^6} = 0.676\times10^{-18}(\text{W/m}^2)$（淡水）。

3. *声功率级*(L_W)*或* PWL

声功率级定义：
$$L_W = 10\lg\frac{W}{W_{\text{ref}}} \tag{2-55}$$

式中，L_W 为声功率级，dB；W 为声源辐射声功率，W；W_{ref} 为参考声功率，W。在空气中，$W_{\text{ref}} = 10^{-12}\text{W}$；这样式(2-55)又可写成

$$L_W = 10\lg W + 120 \tag{2-56}$$

由声强与声功率的关系 $I = \frac{W}{S}$，以及在空气中 $L_P \approx L_I$，单位为 dB，可得

$$L_P \approx L_I = 10\ \lg\left(\frac{W}{S}\frac{1}{I_{\text{ref}}}\right) = 10\ \lg\left(\frac{W}{W_{\text{ref}}}\frac{W_{\text{ref}}}{I_{\text{ref}}}\frac{1}{S}\right)$$

将 $W_{\text{ref}} = 10^{-12}\,\text{W}$、$I_{\text{ref}} = 10^{-12}\,\text{W/m}^2$ 代入上式，可得

$$L_P \approx L_I = L_W - 10\ \lg S \tag{2-57}$$

这就是空气中声压级、声强级与声功率级之间的关系，但应用的条件必须是自由声场，即除了声源发声外，其他声音和反射声的影响均小到可以忽略。在自由场和半自由场测量机器噪声声功率方法的原理就是如此。

例 2-3　测得距离点声源较远的 r 处的声压级为 L_P，求该声源的声功率 W。

解　对点声源发出的球面波：因 $S = 4\pi r^2$，所以将 $I = \dfrac{W}{4\pi r^2}$ 代入式(2-57)有

$$L_W = L_P + 10\ \lg S = L_P + 10\ \lg r^2 + 10\ \lg 4\pi = L_P + 20\ \lg r + 11$$

$$W = W_{\text{ref}} \times 10^{0.1L_W} = W_{\text{ref}} \times 10^{0.1(L_P + 20\lg r + 11)}$$

设 $r = 5\text{m}$，$L_P = 75\text{dB}$，则可求得声功率级 $L_W \approx 100\ \text{dB}$；声功率为

$$W \approx 10^{-12} \times 10^{0.1L_W} = 1 \times 10^{-2}(\text{W})$$

注：对于一定的声源，其声功率是不变的，而声压级、声强级都随着测点的不同而变化。

例 2-4　已知一点声源的声功率级 $L_W = 140\text{dB}$，求距离点声源分别为 5m、10m、100m 远处的声压级。

解　方法 1：按式 $L_P = L_W - 20\ \lg r - 11$，得

$$r = 5\text{m},\quad L_P = 115\text{dB}$$
$$r = 10\text{m},\quad L_P = 109\text{dB}$$
$$r = 100\text{m},\quad L_P = 89\text{dB}$$

方法 2：由 $L_P = L_W - 20\ \lg r - 11$，也可得出对同一点声源，距离声源 r_1 处声压级 L_{P1}，距离声源 r_2 处的声压级 L_{P2} 的关系为

$$L_{P1} - L_{P2} = 20\ \lg\frac{r_2}{r_1} \tag{2-58}$$

利用式（2-58）r_1 处的声压级 L_{P1} 可以推算出 r_2 处的声压级 L_{P2}。

注：式(2-58)只适用于球面波。

2.2.2　分贝的相加与“相减”

在工业噪声问题的求解中，常遇到分贝的加法或减法。因为在噪声控制问题中，仅受到单一噪声源影响而需进行降噪的情况是很少见的。常遇到的情况是，在一个声场中同时有多个噪声源存在，因此我们研究的声压级、声功率级常是由几个噪声源合成的。为了了解分贝加法的基础，必须注意分贝的含义(应用声能量叠加的概念)。

例 2-5　有两台风机，在某点产生的声压级分别为 L_{P1} 和 L_{P2}；求这两个点源在该点产生的总声压级。

解　应用能量叠加的概念：

$$p_{\text{总}}^2 = p_1^2 + p_2^2$$

式中，p_1、p_2 分别为两个声源在测点处产生的声压，所以

$$L_{P总} = 10\lg\frac{p_{总}^2}{p_{ref}^2} = 10\lg\frac{p_1^2 + p_2^2}{p_{ref}^2} = 10\lg(10^{0.1L_{P1}} + 10^{0.1L_{P2}})$$

当 $L_{P1} = L_{P2} = L_P$ 时，有

$$L_{P总} = 10\lg\frac{2p^2}{p_{ref}^2} = 20\lg\frac{p}{p_{ref}} + 10\lg2 = L_P + 3$$

将上式推广到 n 个噪声源的情况：

$$L_{P总} = 10\lg\left(\sum_{i=1}^{n}10^{0.1L_{Pi}}\right) \tag{2-59}$$

例 2-6　有 n 个相同的声源，各个声源在测点产生的声压级均为 L_P，求 n 个声源同时发声时的总声压级。

解　将 $L_{P1} = L_{P2} = \cdots = L_{Pn}$ 代入式(2-59)得

$$L_{P总} = 10\lg(n10^{0.1L_P}) = L_P + 10\lg n \tag{2-60}$$

当很多不同的声源进行叠加时，用公式计算其总声压级相当烦琐，通常都用查分贝和的增值图或表进行计算，如表 2-1 所示。

表 2-1　分贝和增值表

$\Delta L_P = L_1 - L_2$/dB	0	1	2	3	4	5	6	7	8	9
ΔL/dB	3.0	2.5	2.1	1.8	1.5	1.2	1.0	0.8	0.6	0.5
$\Delta L_P = L_1 - L_2$/dB	10	11	12	13	14	15	16	17	18	19
ΔL/dB	0.4	0.3	0.3	0.2	0.2	0.1	0.1	0.1	0.1	0.1

因

$$\begin{aligned} L_{P总} &= 10\lg[10^{0.1L_{P1}} + 10^{0.1(L_{P1}-\Delta L_P)}] = 10\lg[10^{0.1L_{P1}}(1 + 10^{-0.1\Delta L_P})] \\ &= L_{P1} + 10\lg(1 + 10^{-0.1\Delta L_P}) = L_{P1} + \Delta L \end{aligned} \tag{2-61}$$

$$L_{P1} \geqslant L_{P2},\ \Delta L_P = L_{P1} - L_{P2}$$

所以

$$\Delta L = 10\lg(1 + 10^{-0.1\Delta L_P}) \tag{2-62}$$

利用式(2-62)可以绘成图 2-11 所示的分贝相加曲线。

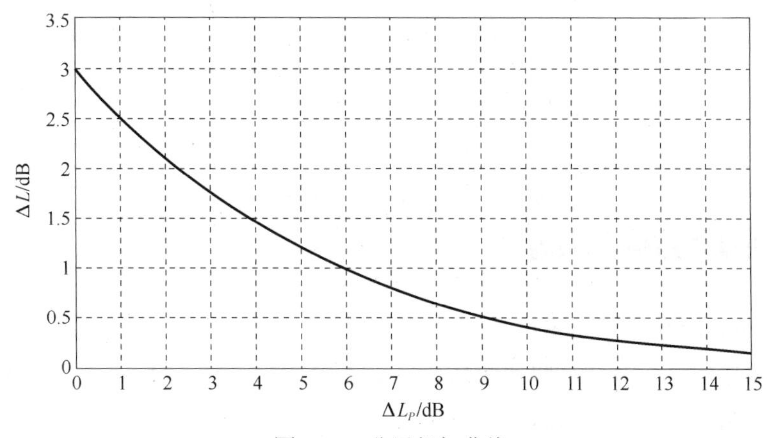

图 2-11　分贝相加曲线

例 2-7　已知声压级 L_{P1} 比另一声压级高出 2.5dB，即 $\Delta L_p = L_{P1} - L_{P2} = 2.5\text{dB}$，求总声压级。

解　从图 2-11 横坐标 2.5dB 处向上作垂直线与曲线交于一点，该点的纵坐标为 1.9dB，则得到 $\Delta L = 1.9\text{dB}$，所以总声压级 $L_{P总} = L_{P1}+1.9\text{dB}$。

从图 2-11 可以看出：两声压级相差越大，则总声压级增加得越小。当两个声压级相差 10dB 以上时，增加值可以忽略不计。对于多个声压级叠加时，常常从其中较大的声压级开始，这样在叠加过程中当叠加到声压级大于后面尚未叠加的声压级 10dB 以上时，如果未叠加的声压级数目不多，则后面的增加值可以忽略不计。

分贝的“叠加”不仅仅局限于两个声源或更多的声源发出的声音，对同一个声源发声也有分贝“叠加”问题。一般声源发声所包含的不只是单一频率的成分，它发出的是各种频率合成的声波，而频率不同的声波是不发生干涉的，它们之间的叠加也遵循能量相加的原则。所以，如果已知声源所发出的声波各频率成分的声压级，则可按上面所列公式或图表得出其总声压级。图 2-12 为东北林业大学邻近文昌桥附近噪声改造时测试的数据，图中右侧 L 为 16Hz～20kHz 范围线性总声压级，A 为经过 A 计权后的总声压级。

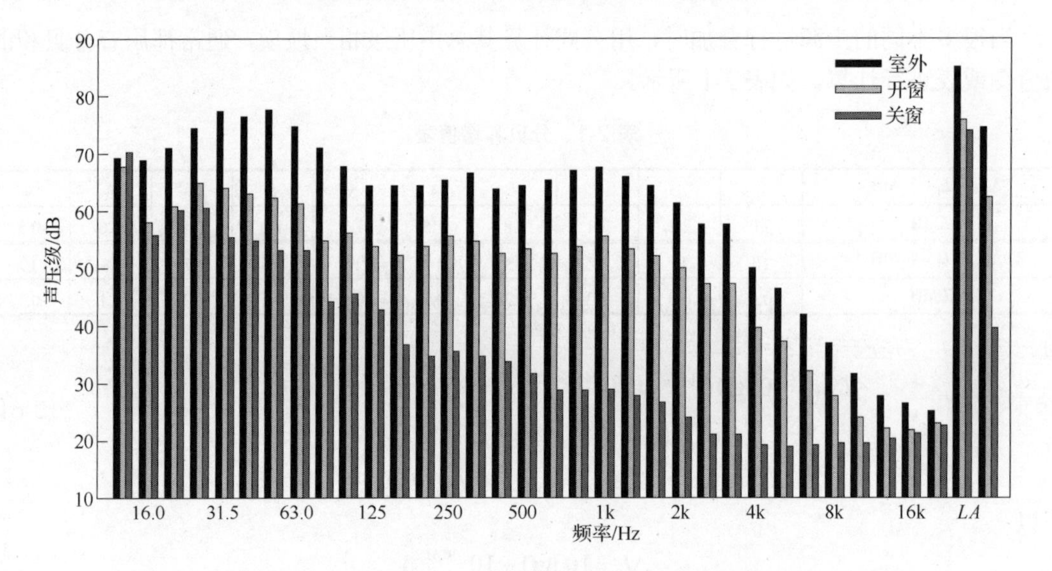

图 2-12　三种不同 1/3 倍频程噪声谱及其叠加后的结果

在测量噪声的过程中，往往会受到其他外界噪声的干扰，称存在背景噪声。例如，测得某车间内一台机器运行时包括背景噪声在内的总声压级为 L_{PT}，在机器停止工作时，测得背景噪声声压级为 L_{PB}，那么如何从这一测量结果中得出这一机器所产生的真实声压级？这一问题实际上就是从 L_{PT} 中扣去因 L_{PB} 所引起的增加值，是分贝的“相减”问题。

由式

$$L_{PT} = 10\lg(10^{0.1L_{PS}} + 10^{0.1L_{PB}})$$

可以得到被测机器产生的声压级为

$$L_{PS} = 10\lg(10^{0.1L_{PT}} - 10^{0.1L_{PB}}) \tag{2-63}$$

式中，L_{PS} 为机器自身所产生的声压级，dB。

如果令总声压级 L_{PT} 与背景噪声声压级 L_{PB} 的差值为 $\Delta L_{PB} = L_{PT} - L_{PB}$，则总声压级 L_{PT} 与被测机器声压级 L_{PS} 的差值 ΔL_{PS} 可以从式(2-63)得出，为

$$\Delta L_{PS} = L_{PT} - L_{PS} = -10\lg(1-10^{-0.1\Delta L_{PB}}) = -10\lg(1-10^{-0.1(L_{PT}-L_{PB})}) \tag{2-64}$$

例如，$L_{PT}=91\text{dB}$，$L_{PB}=83\text{dB}$，则可按式(2-63)计算出 $L_{PS}=90.3\text{dB}$。另外，也可按式(2-64)进行计算：$\Delta L_{PB}=L_{PT}-L_{PB}=8\text{dB}$，求得 $\Delta L_{PS}=0.7\text{dB}$，从而可得出 $L_{PS}=L_{PT}-\Delta L_{PS}=90.3\text{dB}$。

式(2-64)也可绘成 ΔL_{PS} 与 ΔL_{PB} 的关系曲线，称为分贝“相减”曲线，如图 2-13 所示。从图中虽然可以查到 L_{PT} 和 L_{PB} 相差 1dB(即 $\Delta L_{PB}=1\text{dB}$ 的修正值 ΔL_{PS}，但背景噪声和所测量的噪声通常都有一定的涨落，所以实际上当测量的总声压级 L_{PT} 高出背景噪声声压级 L_{PB} 不到 3dB($\Delta L_{PB}<3\text{dB}$)时，所测量的结果是不可靠的。

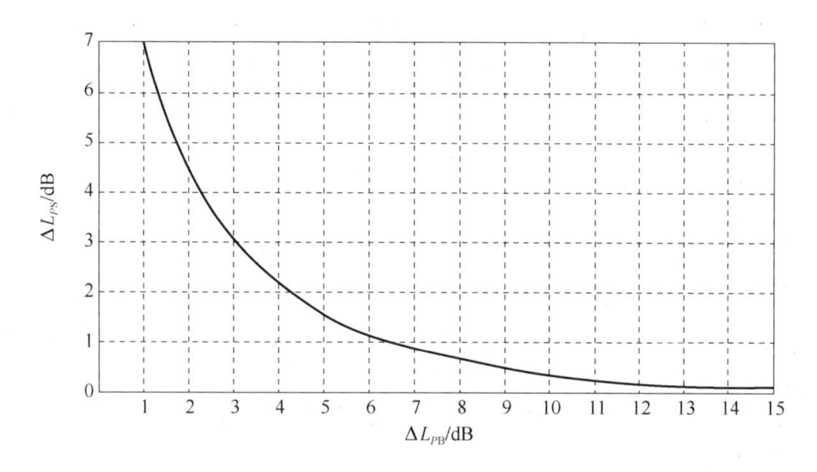

图 2-13　分贝相减曲线

例 2-8　在厂房内测得某机器的声压级为 94dB，厂房内背景噪声声压级是 88dB，求这一机器的实际声压级。

解　$L_{PT}=94\text{dB}$，$L_{PB}=88\text{dB}$，按式(2-64)计算得

$$\Delta L_{PS} = -10\lg(1-10^{-0.1\times(94-88)}) = 1.26(\text{dB})$$

所以

$$L_{PS} = L_{PT} - \Delta L_{PS} = 94 - 1.26 = 92.74(\text{dB})$$

或从图 2-13 中，由 $\Delta L_{PB}=94-88=6\ (\text{dB})$，查出 ΔL_{PS}=1.3dB，也同样可以得到

$$L_{PS} = L_{PT} - \Delta L_{PS} = 94 - 1.3 = 92.7(\text{dB})$$

如果测量的是多频率复合噪声的声压级，则在测量背景噪声和机器噪声时，应分别按各个频带进行测量，对每一频带声压级逐一加以修正。

以上所讲的都是以声压级来推导公式和举例的，但实际上由于出发点是采用能量叠加的概念，所以以上所列的这些关于分贝“相加”和“相减”的公式也都适用于声强级和声功率级，而不仅局限于声压级。

注：一般情况下，背景噪声级至少应比所考虑的声源的声压级低 6dB 以上，也就是信噪比应大于 6dB，否则测量的结果是不可靠的。

2.2.3　声音的频谱

声音听起来有的尖锐，有的低沉，我们说它们的音调不同，音调是人耳对声音的主观感受，在客观上它取决于声源振动的频率。人耳能听到的声频范围一般是 20～20000Hz，这个

范围内的声音称为可听声，在噪声控制工程中，所讨论的主要就是可听声。

就声音的本质来说，声音强度和频率是客观存在的，为了了解某噪声所发出的声音特性，就需要客观地对它进行详细的分析。例如，在同一地点，声压随时间变化都是正弦形式的，如图 2-14 所示，那么这声音是只含有单一频率的纯音。

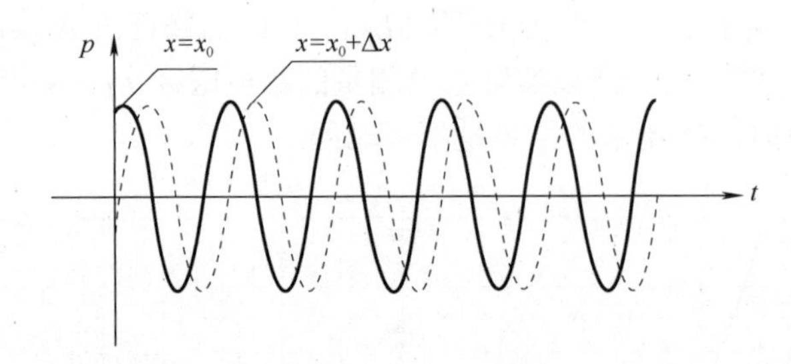

图 2-14　某一定点处声压 p 随时间 t 的变化曲线

实际上，只有音叉、音频振荡器等少数声源才能发出纯音。一般的声音，尤其是噪声都是由许多频率声波组成的复合声。不同的声音，其含有的频率成分及各个频率上的能量分布是不同的，这种频率成分与能量分布的关系称为声的频谱。声音的频率特性常用频谱来描述。各个频率或各个频段上的声能量分布绘成的图形称为频谱图。

在噪声控制等声学问题中，频谱图的构成通常是以频率为横坐标，且以频率的对数为标度，用声压级(或声强级、声功率级)作为纵坐标，单位是 dB。

图 2-15 是几种典型噪声源的频谱，有不连续的线谱，有宽频率连续谱，也有连续谱中夹杂有能量较高的线谱的复合频谱，这些频谱反映了噪声能量在各个频率上的分布特性。

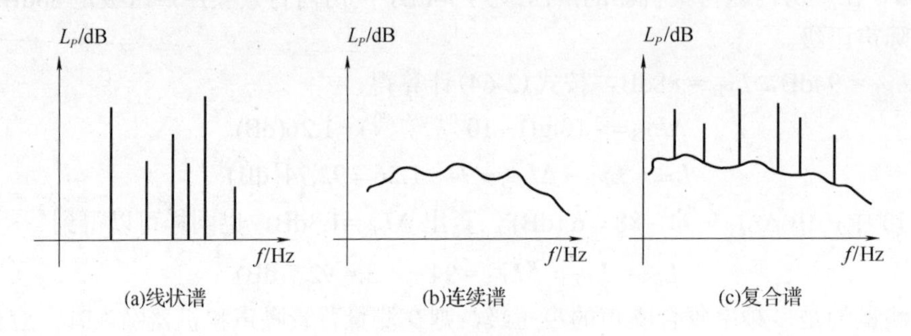

图 2-15　噪声的频谱图

由声波传播的性质可以知道，频率不同的声波是不发生干涉的，所以总的声能量是各个频率分量上的能量叠加之和。在进行频谱分析时，一般并不需要每一个频率上的声能量的详细分布。通常情况下是在连续频率范围内把它划分为若干个相连的小段，每段称为频带或频程，每个频带内的声能量被认为是均匀的，然后研究不同频带上的分布情况。

划分频带的常用方法有两种，一种是保持频带宽度 $\Delta f = f_2 - f_1$ 恒定，f_1 为频带的下限频率，f_2 为上限频率，这种恒定带宽频带划分方法常用于频谱的窄带分析，鉴于人耳对频率的响应特性，更多的是用另一种相对恒定带宽频带，因为人耳对不同频率的声音进行比较时，有意义的是两个频率的比值，而不是它们之间的差值，所以相对恒定带宽频带的划分是保持频带上、下限之比为常数。频带的具体划分是假定上、下截止频率各为 f_1 和 f_2 的频带，$f_2 > f_1$，

其中心频率为f_0，它们之间的关系为

$$f_2 = 2^n f_1 \tag{2-65}$$

式中，n为倍频程数。$n=1$就是上、下截止频率的关系为 1 倍频程，$n=1/3$就是上、下截止频率的关系为 1/3 倍频程。中心频率f_0规定为上、下截止频率的几何平均值，即

$$f_0 = \sqrt{f_1 f_2} \tag{2-66}$$

只要知道倍频程数和中心频率或任一截止频率，便可由式(2-65)和式(2-66)算出另一截止频率。声学中常用的 1 倍频程及 1/3 倍频程划分见表 2-2。

表 2-2　1 倍频程和 1/3 倍频程频率范围表　（单位：Hz）

1 倍频程频率范围			1/3 倍频程频率范围		
下限频率f_1	中心频率f_0	上限频率f_2	下限频率f_1	中心频率f_0	上限频率f_2
			17.82	20	22.45
22.3	31.5	44.5	22.27	25	28.06
			28.06	31.5	35.3
			35.64	40	44.9
44.6	63	89	44.6	50	56.1
			56.1	63	70.7
			71.3	80	89.8
89	125	177	89.1	100	112
			111	125	140
			142.6	160	179.6
177	250	354	176	200	224
			223	250	280
			281	315	353
354	500	707	356	400	449
			446	500	561
			561	630	707
707	1000	1414	731	800	898
			891	1000	1122
			1114	1250	1403
1414	2000	2828	1426	1600	1796
			1782	2000	2245
			2227	2500	2806
2828	4000	5656	2806	3150	3530
			3564	4000	4490
			4455	5000	5610
5656	8000	11312	5613	6300	7070
			7128	8000	8980
			8910	10000	11220
11312	16000	22624	11137	12500	14030
			14256	16000	17960

例 2-9 测量某机器发出的噪声，各频带的声压级数据如表 2-3 所示，测量时采取包络面测量方法，包络面面积 $S = 60\text{m}^2$，求声源的总声功率级。

表 2-3 声压级数据

f_0 频带中心频率/Hz	63	125	250	500	1000	2000	4000	8000
L_P 测量声压级/dB	83.2	88.6	85.5	85.0	81.9	78.0	73.0	72.4

解 如表 2-3 所示，利用前面学过的分贝相加，对各频率成分的声压级进行叠加，求得总声压级为

$$L_{P总} = 10\lg\left(\sum_{i=1}^{8} 10^{0.1L_{Pi}}\right)$$

$$= 10\lg(10^{8.32} + 10^{8.86} + 10^{8.55} + 10^{8.50} + 10^{8.19} + 10^{7.8} + 10^{7.3} + 10^{7.24}) = 92.7(\text{dB})$$

可以看出 $L_{P总}$ 比最高一个频率分量的声压级 88.6dB (125Hz) 高出 4.1dB。由声压级和声功率级的关系可求出：

$$L_W = L_{P总} + 10\lg S = 92.7 + 10\lg 60 \approx 110.5\,(\text{dB})$$

另外，还可用查分贝相加曲线的方法求得其总声压级。先将声压级从大到小依次排列，然后利用分贝相加曲线图分别进行两个声压级的叠加，一般是由大到小依次叠加，最后得到总声压级为 92.7dB。具体如下：

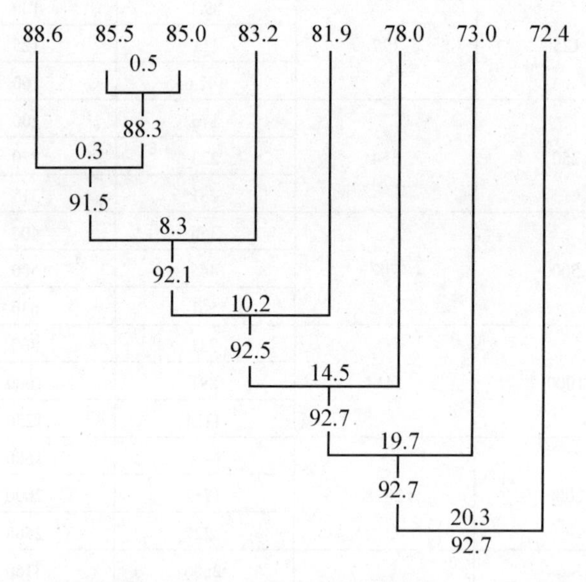

从本例中可以看出，由前面五个较大的声压级进行叠加后，声压级已达 92.5dB，后面三个较小的声压级因与 92.5dB 的差值已超过 14.5dB，如果略去误差也就在 0.2dB。

2.3 听觉、听力损伤和噪声的评价方法

2.3.1 人耳听觉特性

研究噪声控制最终要涉及人们的听觉器官——耳朵。人耳感觉声音是一个很复杂的过程，

它依赖于声音的频率和压力幅值。客观上的声压和频率反映到人们的主观心理上并不完全一致，那么人们对客观的声音如何评定和如何度量呢？为了回答这个问题，我们先从人耳是怎样听闻的讲起。

人耳是声音的接收器，它具有很高的灵敏度，它能够承受自然界最强和最弱的声压，其声压幅度相差数百万倍(10^6)，同时也能分辨 20～20000Hz 频率范围的声音，因此它不仅是一个极端灵敏的感音器官，而且具有频率分析器的作用。人耳特别有辨别响度、音调和音色的本领，当然这些功能与耳朵的构造以及它在一定程度上与大脑神经系统的作用相结合有关。

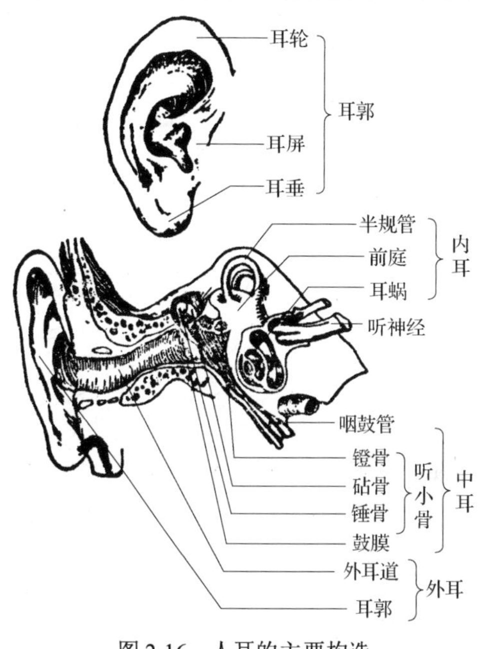

图 2-16　人耳的主要构造

我们知道，人耳听觉器官位于头颅的较深部位，外界的声波必须进入内耳后，由听神经传入大脑，人们才有听的感觉。声波进入内耳，主要是通过外耳和中耳腔，这种传导方式称为空气传导，如图 2-16 所示；另外还有一条次要的途径是通过颅骨，习惯上称为骨传导，由骨传导的声能量很小，但是空气传导一旦有了故障，骨传导便成为声音的主要传播途径。

2.3.2　响度级与等响曲线

前面已经讲过，人耳接收到声振动，主观上产生的响度感觉近似地与声的强度的对数成正比。专门的研究表明，人耳对于不同频率声音的主观感觉是不一样的，显然人耳对于声的响应已不纯粹是一个物理问题了。人耳对声音强弱的主观感觉为声音的响亮程度，声音越强，听起来感到越响亮，对于不同频率的声音，借助相对比较的方法，可以确定它们是否“一样响”。我们以具有给定声压级的 1000Hz 纯音作为基准，改变其他频率纯音的声压级，使它们听起来与基准纯音一样响。以声压级为纵坐标、频率为横坐标，可以得到相应的一条曲线，称为等响曲线，如图 2-17 所示。这是根据大量实测结果绘出的一组反映人耳主观感觉的等响曲线。在同一条等响曲线上，反映声音客观强弱的声压级一般并不相同，但人耳主观感觉上却认为是一样响的。例如，67dB、100Hz 的纯音，听起来与 60dB、1000Hz 纯音等响。

为了使人耳对频率的响应与客观量声压级联系起来，采取响度级来定量地描述这种关系。响度级定义为：等响的 1000Hz 纯音的声压级，响度级记为 L_N，单位是方(phon)。

因此，在频率为 1000Hz 时，分贝数(客观量如声压级)与方数(主观量)是相等的，在其他频率时两者一般并不相等。由等响曲线可以得出各个频率的声音在不同的声压级时，人们主观感觉的响度级是多少。从频率上看，人耳能听到的声音在 20～20000Hz 的频率范围内，低于 20Hz 和高于 20000Hz 的声音人耳都听不到，它们分别称为次声和超声。另外，即使在 20～20000Hz 的声频范围内，也不是任意大小的声音都能被人耳所听到的。图 2-17 中最下面的一条虚线表示人耳刚刚能听到的声音的强弱，称为听阈，低于这条曲线的声音人耳一般是听不到的。图中 120dB 曲线是痛觉的界限，称为痛阈，超过此曲线的声音，人耳一般也听不到，感觉到的是疼痛。介于听阈和痛阈之间的声音为人耳可听声，从曲线中可看出，人耳能感受到声音的能量范围达 10^{12} 倍，相当于 120dB 的变化范围(一般仪器的动态范围小于 97dB)。

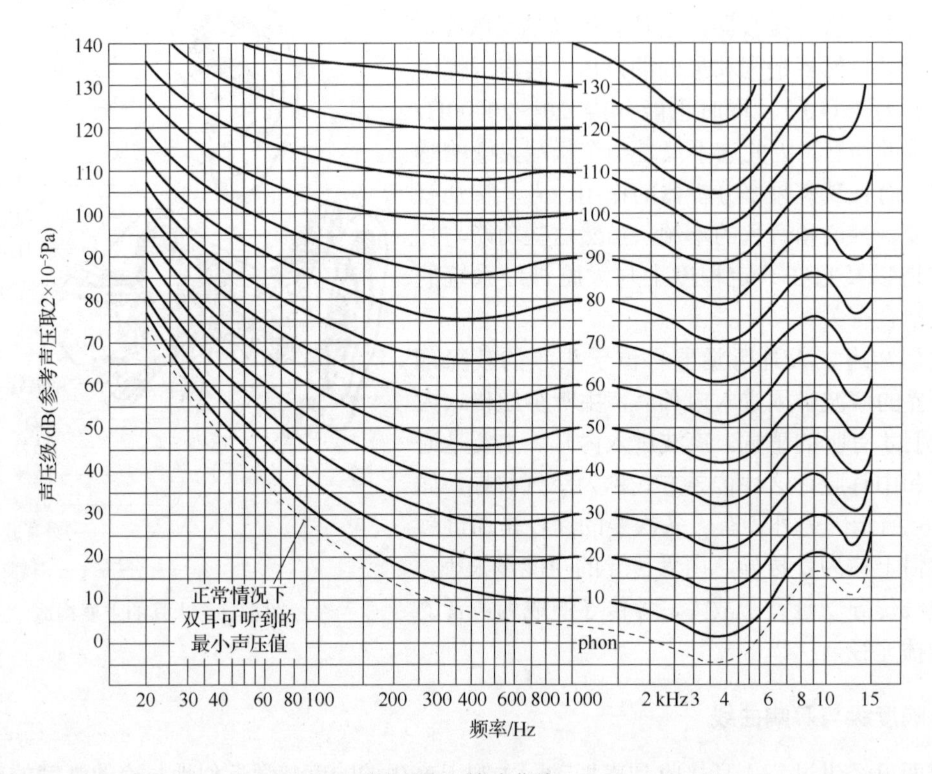

图 2-17 等响曲线

响度级记为 L_N，单位为方（phon），也是一种对数标度的单位，不同响度级的声音并不能直接互相比较。例如，响度级由 40phon 增加到 80phon，方数增加一倍，并不意味着声音听起来加倍响。定量地反映声音响亮程度的主观量称为响度，它与正常听力者对该声音的主观感受量成正比。也就是说，当声音的响度加倍时，该声音听起来就加倍响。

响度记为 N，单位为宋(son)。规定响度级为 40phon 时响度为 1son。根据心理声学实验结果表明，响度级每增加 10phon，响度约增加一倍。例如，响度级由 40phon 增加到 50phon 时，响度加倍，即由 1son 增大为 2son。响度级由 50phon 增加到 60phon 时，响度再加倍，即由 2son 增至 4son。以此类推，可得响度与响度级的关系为

响度：
$$N = 2^{0.1(L_N - 40)} \tag{2-67}$$

响度级：
$$L_N = 40 + 10\log_2 N \tag{2-68}$$

式中，N 为响度，son；L_N 为响度级，phon。

用响度的变化来反映减噪措施的主观效果比较直观，能使一般人更易于理解和接受，从这一点看，用响度作为噪声评价的指标是可取的。

例 2-10 一台辐射中频(f =1000~1250Hz) 噪声的机器，在房间内某点产生的声压级为 105dB，经噪声治理后，该点声压级降低为 80dB，试估计减噪的主观效果。

解 在中频范围等响曲线比较平坦，如图 2-17 所示的等响曲线。可设噪声治理前与噪声

治理以后的响度级分别为 105phon 和 80phon。由式(2-67)可算得噪声治理以前和噪声治理以后的响度分别为

$$N_1 = 2^{0.1(105-40)} \approx 90\ (\text{son}),\quad N_2 = 2^{0.1(80-40)} \approx 16\ (\text{son})$$

噪声治理以后响度降低了 $\dfrac{N_1 - N_2}{N_1} = \dfrac{90-16}{90} \approx 82\%$，即主观上感到噪声减少了 82%，还剩下 18%。

值得注意的是，响度涉及人的主观评价，所以两个声音叠加时，不能简单地将其响度进行代数相加，必须借助经验公式，对不同频率的声音进行相应的修正，然后才能求出总响度。这就使得响度的计算不但麻烦而且逻辑上不够严密。因此，在噪声控制中采用响度级作为评价方法带有较大的局限性。

2.3.3　计权声级

由等响曲线可以看出，人耳对 1000～5000Hz 的声音比较敏感，而对 100Hz 以下的可听声不敏感，且频率越低越不敏感，即声压级相同的声音由于频率不同所产生的主观感觉不一样。

为了使声音的客观量度和人耳听觉主观感受近似取得一致，在一般测量声压级的仪器中(如声级计)，除了能直接测量总声级 L_P 外(线性挡)，通常还有 A、B、C 三挡，分别模拟人耳对 40phon、70phon、100phon 纯音的响应特性设置计权网络，使测量时接收到的声信号经网络滤波后，按频率获得不同程度的衰减。几种计权网络的频率响应曲线如图 2-18 所示，可以看出，A 计权网络在低频范围衰减相当大，相当于低声压级时反转的等响曲线；B 计权网络相当于中等声压级的反转等响曲线；而 C 计权网络则相当于高声压级的反转等响曲线；另一特殊的 D 计权网络主要用于测量航空噪声。

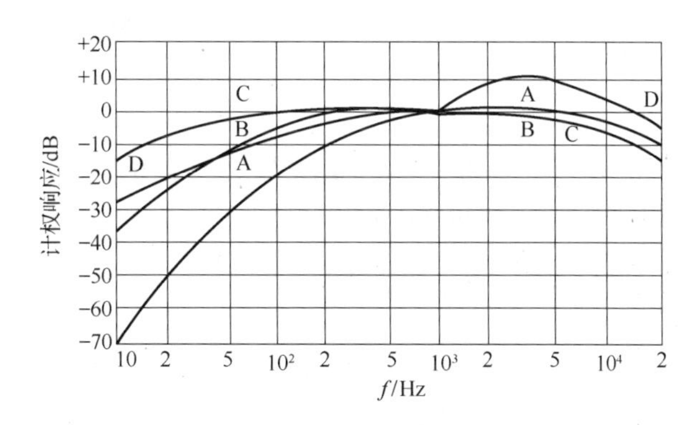

图 2-18　计权网络响应特性

现今，A 计权应用最广（表 2-4 给出了 A 计权响应与频率的关系），而 B 计权和 C 计权因为与主观感觉不能很好地对应起来，用得比较少。B 计权和 C 计权不能与主观感觉相符合的原因之一是，等响曲线是基于用纯音实验的结果，但大多数的声音并非纯音，而是由很多单音组成的复杂信号。A 计权、B 计权、C 计权测得的分贝数为声压级，其单位分别以分贝 A(dBA)、分贝 B(dBB)、分贝 C(dBC)表示，用 L 计权网络测得的声压级以分贝(dB)表示。

表 2-4　A 计权响应与频率的关系(按 1/3 倍频程中心频率)

频率/Hz	A 计权响应/dB	频率/Hz	A 计权响应/dB	频率/Hz	A 计权响应/dB
20	−50.5	200	−10.9	2000	1.2
25	−44.7	250	−8.6	2500	1.3
31	−39.4	315	−6.6	3150	1.2
40	−34.6	400	−4.8	4000	1.0
50	−30.2	500	−3.2	5000	0.5
63	−26.2	630	−1.9	6300	−0.1
80	−22.5	800	−0.8	8000	−1.1
100	−19.1	1000	0.0	10000	−2.5
125	−16.1	1250	0.6	12500	−4.3
160	−13.4	1600	1.0	16000	−6.6

当噪声的 1 倍频程声压级或 1/3 倍频程声压级为已知时，相应的 A 声级（dBA）可以由下面的公式计算：

$$L_{\mathrm{A}} = 10\lg\left[\sum_{i=1}^{n}10^{0.1(L_{Pi}+\Delta L_{\mathrm{A}i})}\right] \tag{2-69}$$

式中，L_{Pi} 为第 i 个频程的声压级；ΔL_{Ai} 为相应的 A 计权网络的衰减值，简称 A 修正，并以 dB 为单位。

例 2-11　测量某机器发出的噪声，各频带的声压级数据如表 2-5 所示，测量时采取包络面测量方法，包络面面积为 $S = 60\mathrm{m}^2$，求 A 计权声级。

表 2-5　例 2-11 用表

f_0 频带中心频率/Hz	63	125	250	500	1000	2000	4000	8000
L_P 测量声压级/dB	83.2	88.6	85.5	85.0	81.9	78.0	73.0	72.4

解

$$\begin{aligned}L_{\mathrm{A}} = 10\lg[&10^{0.1(83.2-26.2)}+10^{0.1(88.6-16.1)}+10^{0.1(85.5-8.6)}+10^{0.1(85.0-3.2)}\\&+10^{0.1(81.9-0)}+10^{0.1(78.0+1.2)}+10^{0.1(73.0+1.0)}+10^{0.1(72.4-1.1)}]\approx 86.95(\mathrm{dBA})\end{aligned}$$

而其线性声压级(L 计权)见例 2-9，为 92.7dB。

2.3.4　噪声评价方法

噪声对人的危害和影响包括许多方面。多年来各国学者对噪声的危害和影响程度进行了大量的研究，提出了各种评价指标和方法，以及所允许的数值和范围。在这方面，大致可概括为与人耳听觉特征有关的评价量、与心理情绪有关的评价量、与人体健康有关的标准(工厂噪声)、与室内人们活动有关的评价量等几方面。这些不同的评价量各适用于不同的环境、时间、噪声源特性和评价对象。由于环境噪声的复杂性，历来提出的评价量很多，这里仅择其主要而且已基本被公认的一些评价量进行介绍。

1. 响度级

响度级在前面已经介绍过，这是描述人耳对不同频率和强度的声音的一种主观评价量，用一组等响曲线对不同的声音作出主观上的比较。

2. A 计权声级

这是声级计根据响度级为 40phon 的等响曲线设计的滤波电路，称 A 计权网络，对入射于传声器上的声音经过这一网络修正后所得的声级。

3. 等效连续声级

A 计权声级对于稳定的宽频带噪声是一种较好的评价方法，但对于一个声级起伏或不连续的噪声，A 计权声级就显得不合适了。对于室外环境噪声，如交通噪声，噪声级是随时间变化的，当有汽车通过时，噪声可能达 85～90dBA，但没有车辆通过时可能只有 50～55dBA，这时就很难说这个地方的交通噪声到底是多少分贝。又如，一台机器虽然其声级是稳定的，但它是间歇地工作，而另一台机器噪声级虽与之相同，但一直连续地工作，那么这两台机器对人的影响就不一样。因为在相同时间内作用于人的噪声能量不相同。于是提出了用噪声能量按时间平均的方法来评价噪声对人的影响，即等能量声级，又称等效连续声级，用符号 L_{eq} 表示，单位为 dBA，即

$$L_{eq} = 10\lg\left(\frac{1}{T}\int_0^T 10^{\frac{L_A}{10}}\mathrm{d}t\right) \tag{2-70}$$

式中，T 为总时间；L_A 为随时间 t 变化的 A 声级，dBA。如果噪声是稳态的，等效声级就是该噪声的 A 声级。

例 2-12　某街道的每小时平均 A 声级随时间变化的实测结果如表 2-6 所示，计算 24 小时内的等效声级。

表 2-6　A 声级随时间变化的实测结果

时间/h	平均 A 声级/dBA	时间/h	平均 A 声级/dBA
0～5	44	13～18	68
5～7	55	18～21	62
7～11	70	21～23	55
11～13	65	23～24	48

解　利用式(2-70)得

$$\begin{aligned} L_{eq} &= 10\lg\left[\frac{1}{24}(5\times10^{4.4} + 2\times10^{5.5} + 4\times10^{7.0} + 2\times10^{6.5} + 5\times10^{6.8} + 3\times10^{6.2} + 2\times10^{5.5} + 10^{4.8})\right] \\ &= 65.44(\text{dBA}) \end{aligned}$$

用等效声级衡量噪声对人的影响是比较合理的，因为它考虑了噪声能量的累积效应。例如，人们在 8 小时工作时间内能够容忍的稳态噪声的 A 声级为 90dBA，如果噪声源发出的声功率加倍，A 声级将增加 3dBA，人们将不能容忍。但假如 8 小时内只有 4 小时在噪声环境下工作，人们所承受的噪声总能量将保持在原来的水平上，因此可以容忍。这时按 8 小时进行平均，可得等效声级仍为 90dBA。

4. 语言干扰级

语言干扰级作为一种对清晰度指数的简易转换，最初主要用于飞机客舱噪声的评价，现已广泛用于其他许多场合。语言干扰级是600～4800Hz三个倍频带声压级的算术平均值，以后又经过修正被500Hz、1000Hz和2000Hz三个倍频带中心频率声压级的平均值取代，称为更佳语言干扰级(PSIL)。国际标准ISO 1999－1975E中规定，对语言清晰度影响最大的频率是500Hz、1000Hz、2000Hz，以这些频率为中心频率的三个倍频程声压级的算术平均值作为衡量噪声对语言干扰的评价数，称为更加语言干扰级，记为PSIL(dB)。它与语言干扰级关系为

$$PSIL = SIL+3$$

PSIL、讲话声音的大小、背景噪声三者之间的关系见表2-7。

表2-7　更佳语言干扰级

讲话者与听者间的距离/m	PSIL/dB			
	声音正常	声音提高	声音很响	声音非常响
0.15	74	80	86	92
0.30	68	74	80	86
0.60	62	68	74	80
1.20	56	62	68	74
1.80	52	58	64	70
3.70	46	52	58	64

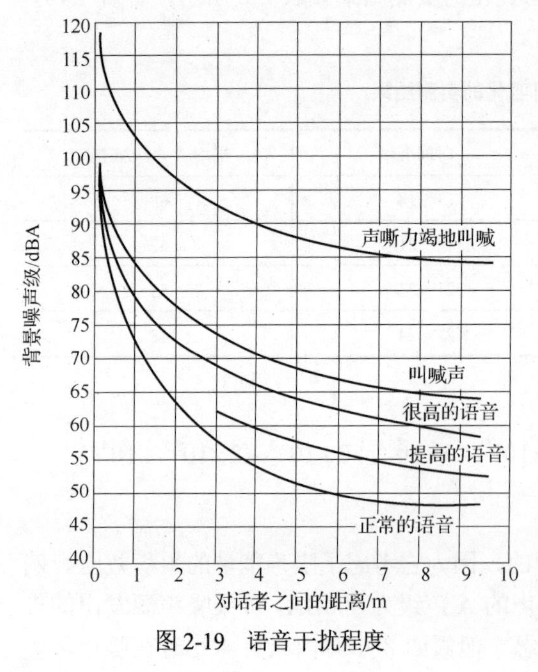

图2-19　语音干扰程度

表2-7中所列出的两个人之间的距离和相应干扰级(作为背景噪声级)情况下，只是勉强地保证有效的语言通信。测试条件是讲话者与听者面对面，用意想不到的字，并假定附近没有反射面加强语言声级。

例如，两个人相距0.15m，以正常声音对话，能保证听懂话的干扰级(作为背景噪声级)只允许74dB；远隔3.7m对话，只允许干扰级46dB。如果干扰级再高，就必须提高讲话声音才能听懂讲话。假设距离增大，如从0.15m增大到0.30m，原来干扰级74dB可用正常声音进行对讲，而现在要听懂对话就必须提高声音。

对于语言交谈，用图2-19以A计权背景噪声级作为干扰级更为方便。例如，由图2-19可知，教室中正常的讲课要使距离为6m的学生听得清楚，则背景噪声A计权声级必须在50dB以下。

5. 噪声掩蔽

当噪声很响且使人们听不清楚其他声音时，我们就说后者被噪声掩蔽了。噪声的存在降

低了人耳对另外一个声音听觉的灵敏度，因此使听阈发生迁移，这种现象称为掩蔽。

噪声对语言的掩蔽作用：在较高的噪声环境中，人们谈话就会感到吃力，在电话通话中为了克服噪声的掩蔽作用，就必须提高讲话的声级。但是对于频率在 200Hz 以下或 7000Hz 以上的噪声，即使声压级高一些，也不会对语言交谈产生很大的干扰，其主要原因是语言的频谱声能主要集中在以 500Hz、1000Hz 和 2000Hz 为中心的三个倍频程中。

6. 史蒂文斯(Stevens)法计算响度

前面所讨论的一些评价量主要是建立测量到的声压级与纯音或窄带信号的主观感觉响度之间的关系，然而大多数实际噪声源产生的声音频率范围都是很宽的，为了计算这一复杂噪声的响度，Stevens 在对大量听力正常人的主观测试基础上，提出了等响度指数曲线图，见图 2-20。

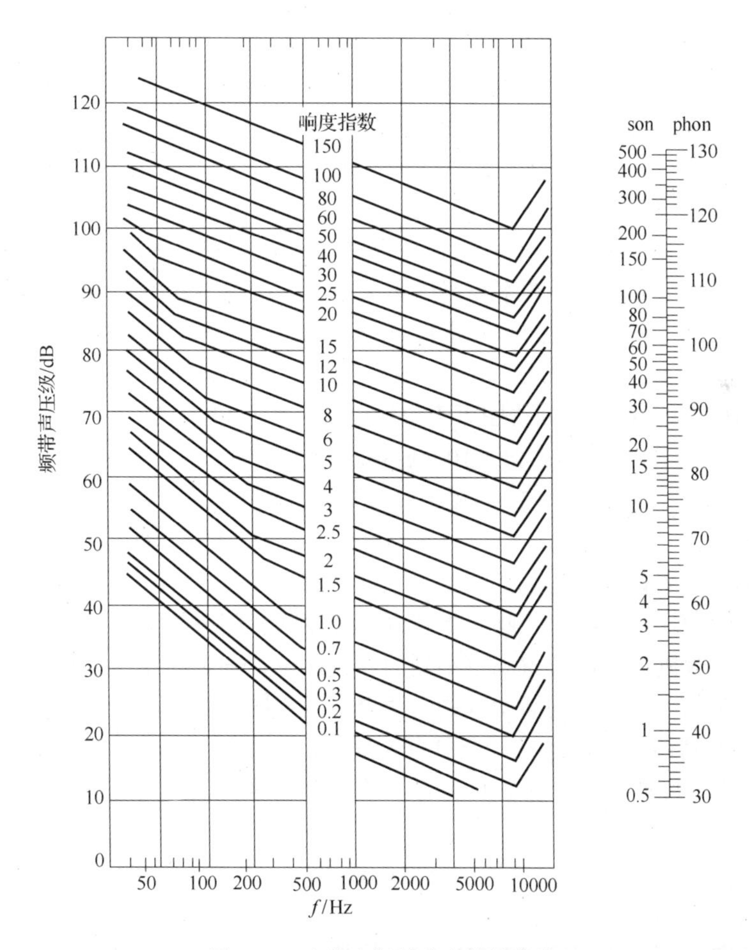

图 2-20　史蒂文斯等响度指数曲线

这一方法是假定在一个扩散声场内，它的响度指数由对应于该中心频率和频带声压级的响度指数曲线来确定。这一响度指数代表该频带对总响度的作用，但各频带的响度指数中以最大响度指数对总响度的作用比其他频带指数作用大，因此计算总响度时最大响度指数的计权数为 1，而其他响度指数的计权数小于 1，其值随频带的宽度而异。

对响度的计算方法：首先在图 2-20 中，根据各中心频率和频带声压级分别确定各频带的响度指数。在各指数中找出最大的一个指数 S_m，然后在各指数总和中除去最大的指数，乘以计权数 F，最后与 S_m 相加，即总响度为

$$S_t = S_m + F(S - S_m) \tag{2-71}$$

式中，$S=\sum_{i=1}^{n} S_i$ 为各频带响度指数的总和（包括 S_m 在内）；F 为带宽修正因子。F 的取值见表 2-8。

表 2-8 频带宽度与修正因子之间的关系

倍频带宽	1/1	1/2	1/3
带宽修正因子 F	0.30	0.20	0.15

例 2-13 由表 2-9 所给出的某声音频率与声压级关系，求出这一声音的响度。

表 2-9 某声音频率与声压级关系

中心频率/Hz	63	125	250	500	1000	2000	4000	8000
声压级/dB	77	82	78	73	75	76	80	60
响度指数/son	6	11	10	9	12	16	25	8

解 由表 2-9 给出的各中心频率和声压级关系，可在图 2-20 中查出相应的响度指数，如表 2-9 最后一行所示。其中最大的响度指数 $S_m = 25\text{son}$，于是总响度可得

$$S_t = 25 + 0.3 \times (97 - 25) = 46.6(\text{son})$$

有了总响度，由图 2-20 右边的列线图可查出响度级；也可以用式(2-68)计算出响度级为

$$L_N = 40 + 10\log_2 46.6 \approx 95.42(\text{phon})$$

7. 感觉噪声级(PNL)

确定噪声对人的干扰程度比确定响度复杂得多，因为这里包含了心理因素的影响。例如，一般都认为高频噪声比同样的低频噪声更吵闹，强度随时间激烈变化的噪声比强度相对稳定的同一声音觉得更吵闹，声源位置观察不到的声音比位置确定的噪声更吵闹。噪声的干扰又与一天中噪声出现的时间和人的活动有关。两个声强相同的声音，其中一个包含纯音或声能集中在窄频带内，则该声音将比另一个更令人烦恼。克里脱(Kryter)考虑了这些因素的一部分，提出了等感觉噪度曲线，如图 2-21 所示。由这些曲线可以确定感觉噪度与声压级、频带的关系。

感觉噪度的单位是呐(noy)，类似于响度指数宋，一个感觉噪度为 3noy 的声音与一个比 1noy 响三倍的声音一样吵闹。

感觉噪度的定义：中心频率为 1000Hz 的倍频带，声压级为 40dB，规定其感觉噪度为 1noy。感觉噪度可转换到类似 dB 指标，称为感觉噪声级 L_{PN}，单位用 PNdB 表示，也可写为 dB。感觉噪度加倍，感觉噪声级 L_{PN} 增加 10dB。总的感觉噪度 N_t（单位为 noy）可用式(2-72)将各频带的感觉噪度加以计权，然后相加而求得

$$N_t = N_m + F(N - N_m) \tag{2-72}$$

式中，N_m 为 N_i 的最大值；$N=\sum_{i=1}^{n}N_i$ 为各频带噪度之和(包括 N_m 在内)；F 为与频带有关的加权数，称为带宽修正因子。1/1 倍频带 $F=0.3$，1/3 倍频带 $F=0.15$。

感觉噪声级 L_{PN} (PNdB) 与总的感觉噪度 N_t (noy) 的关系可由下式来确定：

总的感觉噪度：
$$N_t = 2^{(L_{PN}-40)/10} \tag{2-73a}$$
感觉噪声级：
$$L_{PN} = 33.21\lg N_t + 40 \tag{2-73b}$$
可以看出，计算响度的“宋”与噪度的“呐”相似，响度级的“方”与感觉噪声级的“分贝”相似。

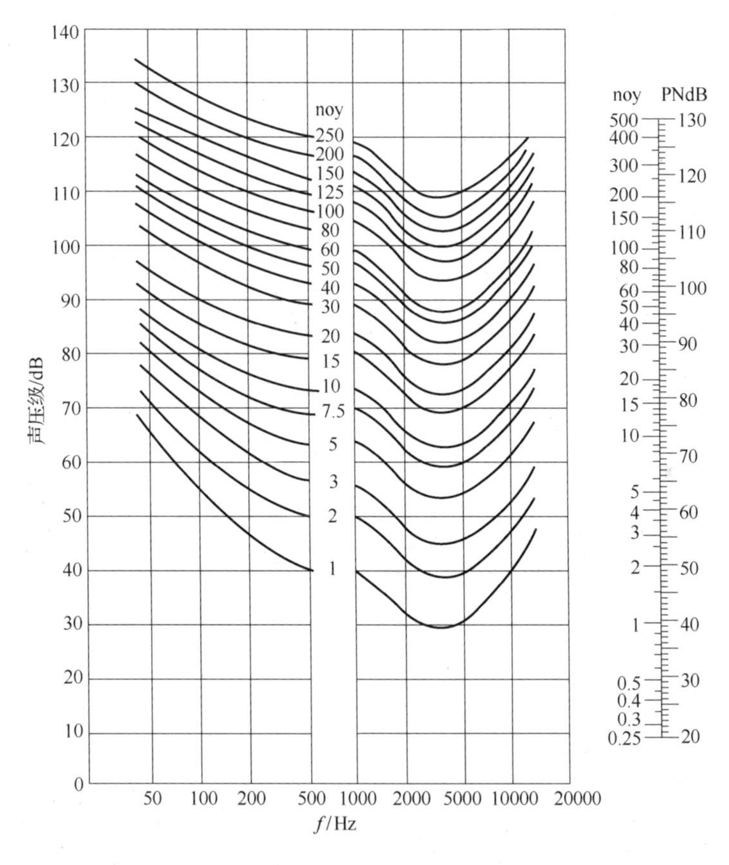

图 2-21　等感觉噪度曲线

8. 更佳噪声标准曲线

由 Beranek 提出的噪声标准(NC)曲线，最早在美国得到普遍推广应用。它是以语言干扰级和响度级为基础的，可作为评价各类室内噪声环境的一种方法。实践证明，NC 曲线尚有一些不足之处，于是对这些曲线进行了修正，提出了新的更佳噪声标准(PNC)曲线，见图 2-22。

这些曲线不但适用于对室内活动场所稳态环境噪声的评价，也可用于设计中以噪声控制为主要目的的许多场合。PNC 曲线的使用方法是对实际存在的或建筑设计中将出现的环境噪声，取频率从 31.5～8000Hz 共 8 个倍频带的声压级，由 PNC 曲线分别得到对应的 PNC 号数，其中最大的号数即该环境噪声的评价值。例如，PNC-35 表示这一环境噪声或建筑设计中噪声将达到 PNC-35 标准。表 2-10 给出了不同环境中推荐的 PNC 值。

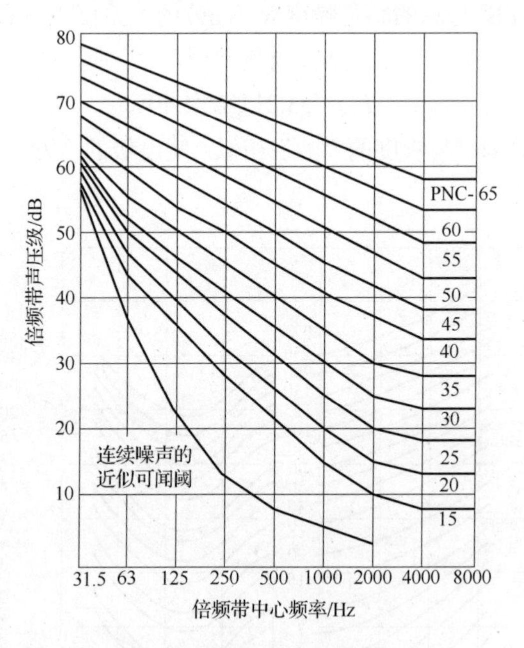

图 2-22　更佳噪声标准曲线

表 2-10　各类环境的 PNC 曲线推荐值

空间类型(和声学上的要求)	PNC 曲线推荐值
音乐厅、歌剧院(能听到微弱的音乐声)	10～20
播音室、录音室(使用时远离传声器)	10～20
大型观众厅、大剧院(优良的听闻条件)	不超过 20
广播、电视和录音室(使用时靠近传声器)	不超过 25
小型音乐厅、剧院、音乐排练厅、大会堂和会议室(具有良好的听闻效果)，或行政办公室和 50 人的会议室(不用扩声设备)	不超过 35
卧室、宿舍、医院、住宅、公寓、旅馆、公路旅馆等(适宜睡眠、休息、休养)	25～40
单人办公室、小会议室、教室、图书馆等(具有良好的听闻条件)	30～40
起居室和住宅中类似的房间(作为交谈或听收音机和电视)	30～40
大的办公室、接待区域，商店、食堂、饭店等(要求比较好的听闻条件)	35～45
休息(接待)室、实验室、制图室、普通秘书室(有清晰的听闻条件)	40～50
维修车间、办公室和计算机设备室、厨房和洗衣店(中等清晰的听闻条件)，车间、汽车库、发电厂控制室等(能比较满意地听语音和电话通信)	50～60

9. 累积百分声级(L_x)

现实生活中，许多环境噪声是属于非稳态的。如前面讲的，可用等效连续声级 L_{eq} 表达其大小，但是对噪声随机的起伏程度却没有表达出来。因此，需用统计方法，以噪声级出现的时间概率或者累积概率来表示。目前主要采用累积概率的统计方法，也就是用累积百分声

级 L_x 表示，单位为 dBA。

L_x 是表示 x %的测量时间内所超过的噪声级。例如，$L_{10}=70$dBA，表示在整个测量时间内有 10%的时间其噪声级超过 70dBA，其余 90%的时间则噪声级低于 70dBA。同理，$L_{50}=60$dBA 表示有 50%的时间噪声级超过 60dBA；L_{90}=50dBA 表示有 90%的时间噪声级超过 50dBA，只有 10%的时间噪声级低于 50dBA。因此，L_{90} 相当于本底噪声级，L_{50} 相当于中值噪声级，L_{10} 相当于峰值噪声级。如果某声级的统计特性符合正态分布，那么等效声级也可用式(2-74)累积百分声级近似得出

$$L_{eq} \approx L_{50} + \frac{(L_{10} - L_{90})^2}{60} \tag{2-74}$$

10. 交通噪声指数(TNI)

交通噪声指数 TNI，单位为 dBA，是对机动车辆噪声的评价标准(而且只限于交通车辆比较多的地段和时间内)，计算方法为

$$\mathrm{TNI} = 4(L_{10} - L_{90}) + L_{90} - 30 \tag{2-75}$$

式中，第一项表示“噪声气候”的范围和说明噪声的起伏变化程度；第二项表示本底噪声；第三项为修正值。

11. 噪声污染级(L_{NP})

噪声污染级也是用以评价噪声引起人们烦恼程度的一种方法，不过它是用噪声的能量平均值和标准偏差来表示的。标准偏差实际上也是表达噪声起伏的一种形式。标准偏差越大，表示噪声离散程度越大，其表达式为

$$L_{NP} = L_{eq} + K\sigma \tag{2-76a}$$

式中，右边第一项是等效连续声级的量度，第二项是由于声级的起伏而增加的烦扰，K 为一个常数，经一些测量和对噪声主观反应的调查研究，得出 $K=2.56$ 最合适，σ 为标准偏差，其表达式为

$$\sigma = \sqrt{\frac{1}{n-1}\sum_{i=1}^{n}(L_i - \bar{L})^2} \tag{2-76b}$$

式中，L_i 为第 i 个声级值；$\bar{L}$ 为所测 n 个声级算术平均值；n 为取样总数。

噪声污染级适用于对许多公共噪声的评价，例如，用来评价航空或道路交通噪声是非常合适的。

12. 昼夜等效声级(L_{DN})

美国环境保护局已引用昼夜等效声级 L_{DN}(单位为 dBA)作为在整个特定时间的公共噪声暴露的单一数值量度。为了考虑噪声出现在夜间对人们烦恼的增加，规定夜间(22:00～07:00)测得的 L_{eq} 值需加权 10dBA 作为修正值。L_{DN} 主要用于预计人们昼夜长时间暴露在环境噪声中所受的影响。根据上述规定，L_{DN} 可以写成如下关系式：

$$L_{DN} = 10\lg[0.625 \times 10^{0.1L_d} + 0.375 \times 10^{0.1(L_n+10)}] \tag{2-77}$$

式中，L_d 为白天(07:00～22:00)的等效声级值；L_n 为夜间(22:00～07:00)的等效声级值。

13. 噪声冲击指数(NII)

合理地评价噪声对环境的影响，除噪声级的分布外，还应考虑受某一声级影响的人口数，即人口密度这一因素。人口密度越高，噪声影响也越大。噪声对人们生活和社会环境的影响可用噪声冲击的总计权人口数(TWP)来描述：

$$\mathrm{TWP}=\sum_i W_i P_i$$

式中，P_i为全年或某段时间内第i等级范围内(如 60～65dBA)昼夜等效声级影响的人口数；W_i为该等级的计权因子，如表 2-11 所示。当然由于不同的国家或地区因生活习惯和环境的差异，各等级的计权值可能有所不同。从 TWP 表达式可以看出高噪声级对少数人的冲击可等量于低噪声级对多数人的冲击。将上式的噪声冲击除以暴露在该环境噪声下的总人数$\sum_i P_i$，即

$$\mathrm{NII}=\frac{\mathrm{TWP}}{\sum_i P_i} \tag{2-78}$$

称为噪声冲击指数，也就是平均每人受到的冲击量。NII 可用作对声环境质量的评价和不同环境的相互比较，以及供城市规划布局中考虑噪声对环境的影响，并作出选择。

表 2-11　不同 L_{DN} 范围的 W_i 值

L_{DN}范围/dBA	W_i	L_{DN}范围/dBA	W_i
35～40	0.01	65～70	0.54
40～45	0.02	70～75	0.83
45～50	0.05	75～80	1.20
50～55	0.09	80～85	1.70
55～60	0.18	85～90	2.31
60～65	0.32		

2.4　噪声控制标准

科学技术是第一生产力，而技术标准则是科学技术发展的基础。标准化工作为科学技术和社会经济发展提供技术导向与规范，为重大工程项目实施提供技术保障，同时也传播新技术、新方法和新产品，规范市场技术秩序。我国于 1957 年设立了国家技术委员会标准局，1978 年 9 月正式加入国际标准化组织；1980 年 11 月 21 日正式成立了全国声学标准化技术委员会(简称：声标委，英文缩写：SAC TC17)，负责对口 ISO TC43 的第 17 个专业标准化技术委员会。

目前我国已制定了噪声标准近 80 项，涉及环境噪声的描述、测量与评价，低噪声工作场所设计指南系列标准，工作环境中噪声暴露的测量与评价，用于环境评价的多声源工厂声功率级的测定、开放式厂房的噪声控制设计规程，噪声源声功率级测定系列标准(包括声压法、声强法、标准声源比较法、振速法)，机器和设备发射的噪声测定系列标准，机器和设备噪声标示，管道消声器插入损失测量标准、消声器噪声控制指南，隔声罩和隔声间控制噪声指南

及隔声性能测定，户外声屏障、室内屏障插入损失测定、可移动屏障声衰减测量，办公室和车间内声屏障控制噪声，机器设备规定的噪声辐射值的统计学方法测定系列标准，包括计算机、程控交换机及其外部设备在内的信息和通信设备发射噪声测量，汽车等机动车辆噪声测量、飞机舱内噪声测量、铁路机车车辆噪声测量，道路表面对交通噪声影响的测量，家用电器声功率测量、管道内风机噪声测量，风道末端装置、末端单元、风道闸门和阀噪声声功率级测定，机床、农林拖拉机噪声测量，听觉报警器发射量测定，应用社会调查和社会声学调查评价噪声烦恼度等。

这些噪声标准的制定为我国环境噪声评价和测量、改善人居和工作声学环境、控制各类噪声源和传播途径、规范产品噪声辐射量的测量和标示、规范隔声和消声产品的设计和声学性能测量、确定机器设备噪声对操作者的影响奠定了良好的基础。

2.4.1　噪声容许标准

制定各种噪声容许标准的两个基本准则如下。

1．可容忍准则

在工业生产中，大多数情况下，把噪声降低到一个很低的水平是不现实的。所以，在制定标准时的出发点，并不是“最佳”，而是可以容忍。这种情况下，噪声对于人的有害影响仍是存在的，只是不会产生明显的不良后果。所以这种标准实际上是一种噪声容许标准。当然，由于各个国家的物质文明和精神文明程度不一样，这个噪声标准也不尽相同。因此，在噪声控制工程中，首先的着眼点是“卫生标准”。

2．由 dBA 来计量声级(准则)

多年来的研究和实践表明，用 A 计权网络测得的声级与由宽频率范围噪声引起的烦恼和对听力危害程度的相关性较好，为世界各国声学界和医学界所公认，得到了极为广泛的应用。

我国的《声环境质量标准》《工业企业噪声卫生标准》等都是采用 dBA 准则制定的。

2.4.2　工业企业噪声卫生标准

该标准是我国卫生部和国家劳动总局 1980 年 1 月颁发的标准。标准规定：对于新建、扩建和改建的工业企业，八小时工作时间内工人工作地点的稳态连续噪声级不得大于 85dBA，对于现有工业企业，考虑到技术条件和现实可能性，则不得大于 90dBA，并逐步向 85dBA 过渡。对每天接触噪声不到八小时的工种，噪声标准可按等能量原则相应放宽，但接触的连续噪声级最高不得超过 115dBA。反之，当工作地点的噪声级超过标准时，噪声暴露的时间应按标准相应减少，如表 2-12 所示。

表 2-12　车间内部容许噪声级　（单位：dBA）

每个工作日噪声暴露时间/h	8	4	2	1	1/2	1/4	1/8	1/16
新建企业容许噪声级/dBA	85	88	91	94	97	100	103	106
现有企业容许噪声级/dBA	90	93	96	99	102	105	108	111
最高噪声级/dBA	不得超过 115							

实验表明，保护听力可以保护健康，噪声如不致引起永久性耳聋也就不致引起人的生理或病理变化。例如，现有工业企业的噪声标准规定，在 93dBA 噪声环境中工作的时间只容许四小时，其余四小时必须在不大于 90dBA 的噪声环境中工作。

对于非稳态噪声的工作环境或工作位置流动的情况，根据检测规范的规定，应测量等效连续声级，或测量不同的 A 声级和相应的暴露时间，然后按如下方法计算等效连续 A 声级或计算噪声暴露率。

等效连续A声级的计算是先将一个工作日(八小时)内所测得的各A声级从小到大分成八段排列，每段相差 5dBA，以其算术平均的中心声级表示，如 80dBA 表示 78～82dBA 的声级范围，85dBA 表示 83～87dBA 的声级范围，依次类推。低于 78dBA 的声级可以不予考虑，则一个工作日的等效连续声级为

$$L_{eq}=80+10\lg\left(\frac{1}{480}\sum_{i=1}^{n}10^{\frac{n-1}{2}}T_n\right) \tag{2-79}$$

式中，n 为中心声级的段数，$n=1$～8；T_n 表示第 n 段中心声级在一个工作日内所累积的暴露时间，min，如表 2-13 所示。

表 2-13　各段中心声级和暴露时间

n(段数)	1	2	3	4	5	6	7	8
中心声级 L_i/dBA	80	85	90	95	100	105	110	115
暴露时间 T_n/min	T_1	T_2	T_3	T_4	T_5	T_6	T_7	T_8

例 2-14　某车间中，工作人员在一个工作日内噪声暴露累积时间分别为 90dBA 计 4 小时，75dBA 计 2 小时，100dBA 计 2 小时，求该车间的等效连续声级。

解
$$L_{eq}=80+10\lg\left[\frac{1}{480}\times(10^{\frac{3-1}{2}}\times240+10^{\frac{5-1}{2}}\times120)\right]\approx94.77(\text{dBA})$$

已超过表 2-12 中所规定的限制值。

多年来，大量的研究资料企图将噪声暴露与听力损失之间的关系用公式的方法表示。例如，美国劳动部在 1970 年颁布的《职业安全与健康保护法》(OSHA 标准)规定了允许的噪声暴露剂量计算方法。按照标准每日的噪声暴露可能由几个不同级的噪声及不同的暴露时间构成。这时必须考虑不同时间的综合效果而不是单项效果。

噪声暴露率的计算是将暴露声级的时数除以该暴露声级的允许工作的时数，设暴露在 L_i 声级的时数为 C_i，L_i 声级允许暴露时数为 T_i（从表 2-13 查出），则按每天八小时工作可算出噪声暴露率。即每日噪声剂量 D 定义为

$$D=\frac{C_1}{T_1}+\frac{C_2}{T_2}+\cdots+\frac{C_n}{T_n} \tag{2-80}$$

式中，C_i 为在给定噪声级上实际的总暴露时间；T_i 为在该级上的允许暴露时间，$i=1,2,\cdots,n$。

例 2-15　已知一组工人暴露于噪声的时间如表 2-14 所示，问该日噪声剂量是否超过标准？

表 2-14　工人暴露于噪声的时间

暴露级/dBA	85	90	92	95
暴露时间/h	3	2	1	0.5

解　$D=\frac{3}{8}+\frac{2}{2}+\frac{1}{2}+\frac{0.5}{1}=2.375>1$，超标(按新建企业标准)

$D=\frac{2}{8}+\frac{1}{4}+\frac{0.5}{2}=0.75<1$，符合标准(按现有企业标准)

《工业企业噪声卫生标准》对噪声源的频谱特性未作明确的规定，国际标准化组织曾先后建议噪声评价数 N-85(相当于噪声级 90dBA)，N-80(相当于噪声级 85dBA)作为听力损失的危险标准。这与我国的标准是一致的，可以作为使用时的参考。

N-80 和 N-85 评价曲线所对应的各倍频程的声压级如表 2-15 所示。

表 2-15　N-80 和 N-85 评价曲线的各倍频程的声压级

倍频程中心频率/Hz	63	125	250	500	1000	2000	4000	8000
倍频程声压级/dB(N-80)	99	91	86	83	80	78	76	75
倍频程声压级/dB(N-85)	103	96	91	88	85	83	81	80

由冲压、捶打、爆炸等产生的每次持续时间很短的噪声称为脉冲噪声，它对听力和人体的影响与脉冲的峰值、持续时间、脉冲次数、重复率、频率等因素有关。一般要求每个脉冲声压级不超过 140dB。美国 1977 年颁布的噪声标准中，有关对脉冲噪声的限制为脉冲或冲击数每增加 10 倍，容许脉冲声压级应降低 10dB。但脉冲声压级达到 140dB 时，每天不能超过 100 次，这一规定可以用式(2-81)表示：

$$N_i=\frac{10^2}{10^{0.1\times(L_i-140)}} \tag{2-81}$$

式中，N_i为在 L_i声压级允许的冲击次数。脉冲声也可用类似连续稳态声级的方法，定出脉冲噪声暴露率 D_i：

$$D_i=\frac{n_1}{N_1}+\frac{n_2}{N_2}+\cdots=\sum_i\frac{n_i}{N_i} \tag{2-82}$$

式中，n_i为实际脉冲噪声峰值声压级 L_i出现的次数；N_i为声压级为 L_i的脉冲每天允许的撞击次数(见式(2-81))。D_i应小于 1，$D_i>1$ 表明脉冲噪声已超过每天允许剂量。对既有连续稳态噪声又有脉冲噪声的混合声场中允许的总暴露 D_T应为

$$D_T=D+D_i\leqslant 1 \tag{2-83}$$

式中，D 为连续稳态声级下的噪声暴露率，见式(2-80)。

大量试验表明，在 80dBA 和 85dBA 的噪声环境中长期工作，仍有少数人产生噪声性耳聋。理想的听力保护标准应是 70dBA。但在考虑实际标准时，要兼顾保护大多数人不受危害和经济上的合理性。世界上大多数国家采用每天 8 小时(或每周 40 小时)、噪声级为 90dBA 的标准，少数国家采用 85dBA 的标准，若噪声暴露时间减半，则按等能量原则允许提高若干 dBA。表 2-16 是部分国家相应暴露时间的允许噪声级。

2.4.3　环境噪声标准

为保护人的健康和安宁，使人们的交谈、娱乐、学习、睡眠等日常活动不受噪声的干扰，从而建立一个良好的工作和生活环境，世界卫生组织(World Health Organization，WHO)于 1993 年发表了一个噪声限值指南，见表 2-17。它认为大多数人不感觉烦恼的噪声级应该是 $L_{Aeq}\leqslant$50dB，大多数人白天不觉得严重烦恼的户外噪声应该是 $L_{Aeq}\leqslant$55dB，夜间应该满足

L_{Aeq}≤45dB，这样便能够保证卧室内的噪声 L_{Aeq}≤30dB。

表 2-16　一些国家的听力保护标准

国家	稳态噪声级/dBA	暴露时间	最高限值/dBA	时间减半可提高限值/dB	脉冲峰值声压级/dB	允许脉冲次数
德国	90	8 h/d				
法国	90	40 h/w				
比利时	94	40 h/w	110	5	140	100
英国	90	8 h/d	135	3	150	
丹麦	90	40 h/w	115	3		
瑞典	85	40 h/w	115	3		
美国	90	8 h/d	115	5	140	100
澳大利亚	90	8 h/d	115	3		

表 2-17　环境噪声指导限值 L_{Aeq}　　（单位：dBA）

<table>
<tr><th colspan="2" rowspan="2">场所</th><th colspan="2">白天</th><th colspan="2">夜间</th></tr>
<tr><th>室内</th><th>户外</th><th>室内</th><th>户外</th></tr>
<tr><td colspan="2">住宅</td><td>50</td><td>55</td><td></td><td></td></tr>
<tr><td colspan="2">卧室</td><td></td><td></td><td>30</td><td>45</td></tr>
<tr><td colspan="2">学校</td><td>35</td><td>55</td><td></td><td></td></tr>
<tr><td rowspan="2">医院病房</td><td>普通</td><td colspan="2">35</td><td colspan="2">35，最高 40</td></tr>
<tr><td>监护</td><td colspan="2">30</td><td colspan="2">30，最高 40</td></tr>
<tr><td colspan="2">音乐厅</td><td colspan="2">100(4h)</td><td colspan="2">100(4h)</td></tr>
<tr><td colspan="2">迪斯科舞厅</td><td colspan="2">90(4h)</td><td colspan="2">90(4h)</td></tr>
</table>

在环境噪声方面，中国科学院声学研究所也提出了关于我国环境噪声标准的建议值，如表 2-18 所示。其中，“理想值”是指达到满意效果的值；“最高值”是指不能超过的限度，否则将造成明显的干扰或危害。

表 2-18　噪声允许范围　　（单位：dBA）

人的活动	最高值	理想值
体力劳动(听力保护)	90	70
脑力劳动(语言清晰度)	60	40
睡眠	50	30

我国目前使用的是 2008 年 10 月 1 日实施的《声环境质量标准》(GB 3096—2008)，该标准是对《城市区域环境噪声标准》(GB 3096—1993)和《城市区域环境噪声测量方法》(GB/T 14623—1993)的修订。

世界上各个国家的环境噪声标准并不完全一致，就是同一个国家也因各地区情况不一样而有较大差别。而且标准的规定方式有的是按地区性质，如工业区、商业区、住宅区等分类制定允许声级，有的是根据房间的用途规定容许声级，并对不同的时间(如白天和夜间、夏天和冬天)

以及不同的噪声特性进行修正。以下就国际标准化组织和我国的环境噪声标准进行简略介绍。

1971 年 ISO 提出的环境噪声容许标准中规定：住宅区室外环境噪声的容许声级为 35～45dBA，对于不同的时间，按表 2-19 进行修正；对于不同的地区，按表 2-20 进行修正。非住宅区的室内噪声容许标准见表 2-21。我国目前使用的是《声环境质量标准》(GB 3096—2008)，见表 2-22。

表 2-19　不同时间的声级修正值

时间	修正值/dBA
白天	0
晚上	-5
深夜	-15～-10

表 2-20　不同地区的声级修正值

地区	修正值/dBA
农村住宅，医疗地区	0
郊区住宅，小马路	+5
市区住宅	+10
附近有工厂，或沿主要大街	+15
城市中心	+20
工业地区	+25

表 2-21　非住宅区的室内噪声容许标准

场所	容许噪声级/dBA
办公室、会议室等	35
餐厅、带打字机的办公室、体育馆	45
大的打字机室	55
车间(根据不同用途)	40～75

表 2-22　我国城市区域环境噪声限值(GB 3096—2008)　(单位：dBA)

声环境功能区类别		时段	
		昼间	夜间
0 类		50	40
1 类		55	45
2 类		60	50
3 类		65	55
4 类	4a 类	70	55
	4b 类	70	60

2.4.4　机器、产品噪声允许标准

《工业企业噪声卫生标准》和《声环境质量标准》分别以保护人体健康与保障人们有一个比较安宁的生活环境为目的，对环境的噪声加以限制，这也是一种环境质量指标。但从积

极的方面考虑，显然应在噪声辐射之前就对其加以限制，即控制污染源。为了保护工作人员的健康，国家对如机械设备、交通运输工具、工程机械设备以及家电产品等都制定了相应的噪声标准。例如，《汽车加速行驶车外噪声限值及测量方法》（GB 1495—2002）(该标准的噪声限值代替《机动车辆允许噪声》（GB 1495—1979）中的汽车噪声限值)。凡超过标准的产品一律视为不合格产品。

表 2-23 所示的汽车加速行驶车外噪声限值就是一例。

表 2-23　汽车加速行驶车外噪声限值

汽车分类		噪声限值/dBA	
		第一阶段	第二阶段
		2002.10.1～2004.12.30 期间生产的汽车	2005.1.1 以后生产的汽车
M1		77	74
M2 (GVM≤3.50t) 或 N1 (GVM≤3.50t)	GVM≤2t	78	76
	2t<GVM≤3.50t	79	77
M2 (3.5t<GVM≤5t) 或 M3 (GVM>5t)	P<150kW	82	80
	P≥150kW	85	83
N2 (3.5t<GVM≤12t) 或 N2 (GVM>12t)	P<75kW	83	81
	75kW≤P<150kW	86	83
	P≥150kW	88	84

注：GVM 指车辆总重量。

M1、M2 (GVM≤3.50t) 和 N1 类汽车装用直喷式柴油机时，其限值增加 1dBA。

对于越野汽车，其 GVM>2t 时：如果 P<150kW，其限值增加 1dBA；如果 P≥150kW，其限值增加 2dBA。

M1 类汽车，若其变速器前进挡多于四个，P>140kW，P/GVM 大于 75kW/t，并且用第三挡测试时其尾端出线的速度大于 61km/h，则其阻值增加 1dBA。

《声学　机器和设备噪声发射值的标示和验证》（GB/T 14574—2000）(等同于 ISO 4871：1996) 中给出了机器设备噪声发射标定值的实例，如表 2-24 和表 2-25 所示。

《家用和类似用途电器噪声限值》（GB 19606—2004）中给出了常用家电的噪声限值，如表 2-26～表 2-29 所示。

微波炉的噪声限值为 68dBA（声功率级）。

表 2-24　单值的噪声发射标示值

在测量噪声发射值时，应说明相应的测量噪声标准及运行工况。如无以上两项说明，应列出详细的运行工况		
机器型号、运行条件及其他有关内容：类型为 999，型号为 11-TC，50Hz，230V，额定负载		
单值的噪声发射标示值（依据本标准）		
	运行工况 I	运行工况 II
A 计权声功率级 L_{WAd}（基准 1pW）/dB	90	97
工作者位置 A 计权声压级 L_{PAd}（基准 20μPa）/dB	80	88

注：单值噪声发射标示值是测量值和相关的不确定度之和，它们表示在测量中可能出现的测量值的范围的上限；

测量依据相关的噪声试验规程和基础标准。

表 2-25　双值噪声发射标示值

如果没有噪声试验规程，或者不按相关的试验规程给出运行工况，则需给出更详细的运行工况的说明		
机器型号、运行条件及其他有关内容：类型为 990，型号为 11-TC，50Hz，230V，额定负载		
双值噪声发射标示值（依据本标准）		
	运行工况 I	运行工况 II
被测的 A 计权声功率级 L_{WAd}(基准 1pW)/dB	88	95
不确定度 K_{WA}/dB	2	2
工作者位置 A 计权声压级 L_{PA}(基准 20μPa)/dB	78	86
不确定度 K_{PA}/dB	2	2

注：噪声发射测量值和其相关的不确定度值之和，它们表示在测量中可能出现的测量值的范围的上限；
测量依据相关的噪声试验规程和基础标准。

表 2-26　电冰箱噪声限值

容积/L	直冷式电冰箱噪声限值/dBA	风冷式电冰箱噪声限值/dBA	冷柜噪声限值/dBA
≤250	45	47	47
＞250	48	52	55

表 2-27　空调器噪声限值

额定制冷量/kW	室内噪声限值/dBA		室外噪声限值/dBA	
	整体式	分体式	整体式	分体式
<2.5	52	40	57	52
2.5～4.5	55	45	60	55
＞4.5～7.1	60	52	65	60
＞7.1～14	—	55	—	65
＞14～28	—	63	—	68

表 2-28　排油烟机噪声限值

风量/(m^3/min)	噪声/dBA
≥7～10	71
≥10～12	72
≥12	73

表 2-29　电风扇噪声限值

台扇、壁扇、台地扇、落地扇		吊扇	
规格/mm	噪声/dBA	规格/mm	噪声/dBA
≤200	59	≤900	62
＞200～250	61	＞900～1050	65
＞250～300	63	＞1050～1200	67
＞300～350	65	＞1200～1400	70
＞350～400	67	＞1400～1500	72
＞400～500	70	＞1500～1800	75
＞500～600	73		

2.5　噪声测量及仪器

2.5.1　概述

噪声测量不仅是噪声控制工程的主要技术步骤，也是环境保护、劳动保护工作中监测噪声是否符合有关规定的手段。评价各种机械设备和汽车、火车、轮船等交通运输工具的噪声，不仅是它们本身的重要质量指标，而且涉及对环境的污染和职工健康的影响。噪声测量已涉及国家经济和社会发展的许多领域。噪声仪器的使用者也从为数有限的专业工作者普及到各个领域从事新产品、新材料、新工艺研究和工程设计的科技工作者，以及从事噪声控制和监测的非专业工作者。

噪声测量可分为以下几类：就测量对象而言，可以分为设备本身(噪声源)特性测量和噪声环境的特征测量；就噪声随时间变化的特性，可以分为稳态噪声和非稳态噪声，非稳态噪声又可以分为周期性变化噪声、无规变化噪声、脉冲声等；就噪声源的频率特性而言，可以分为宽带噪声、窄带噪声以及线谱噪声；从测量要求的精度来看，可以分为精密测量、工程测量和普查等。

在进行任何噪声测量前，首先应明确测量的对象、目的，以及为达此目的所必需的测量数据。仔细考虑选择合适的噪声测量仪器和测量方法，以保证达到预定测量要求。

多数情况下的测量都是在现场进行的，如测量环境噪声、社会生活噪声等，那么对测量仪器的要求最好是便携式的，以便于在现场操作和校准。

最简单的噪声测量是测量线性声压级。A 计权声压级应用最为广泛，许多国家和国际标准都以 A 声级作为基本评价量。

如果需要进行噪声频率分析，应根据应用场合及所希望的分辨率，选择标准的倍频程带宽或 1/3 倍频程带宽进行测量。对于含有明显纯音成分或者不规则频谱的噪声则要用窄带分析。如果需要对噪声进行详细的分析研究，则要采用快速傅里叶变换技术进行测量分析。

评定噪声环境、制定噪声级标准等都需要进行噪声测量。噪声测量的另一目的是测定某一机器或部件的噪声级并查明其噪声源。这对评价机器的品质、控制其噪声是必不可少的。声学测量还被广泛地应用于研究吸声材料和吸声结构、隔声构件、各种消声结构或元件的声学特性。大型、重要设备的工作状态监测也离不开噪声测量。

声音的主要特征为声压、频率、质点振速和声功率、声强等。其中声压及其频率分布是两个主要参数，也是测量的主要对象。

为了精确地测量声源辐射的声压，必须有精密的传声器和放大器、记录仪器以及特定的声学测量环境，三者缺一不可。为了了解噪声随频率的变化情况，还需要将记录的噪声送入频谱分析仪器中进行进一步的分析。这些频谱分析系统都采用高速计算机及快速傅里叶变换技术，能够快速地甚至实时地得到噪声的各种信息。图 2-23 为噪声测量基本系统示意图。

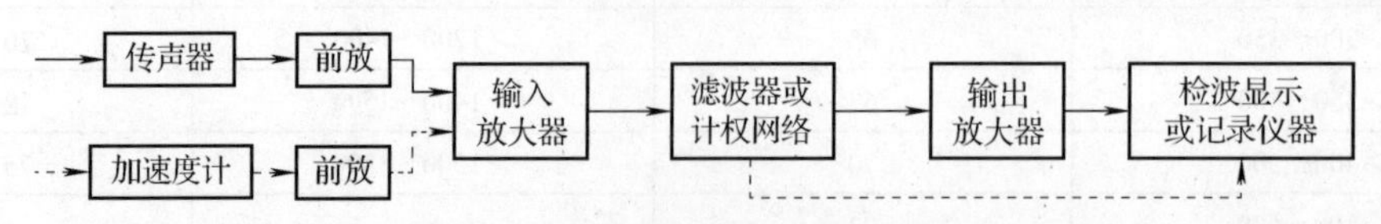

图 2-23　噪声测量基本系统示意图

除了声压和频率测量，不少机器设备允许声级的指标用它的声功率级表示，此外由于声强测量有其独特的优点，尤其随着快速傅里叶变换技术的出现和计算机的发展，声强窄带谱分析的处理得到了较好的解决，声强测量也受到普遍的重视。

2.5.2　噪声测量环境

1. 近场和远场

当声音以平面波的形式传播时，声压与质点振速同相，此时声强为

$$I = pu = p^2/(\rho c)$$

但大多数声源并不辐射平面声波，声压与质点的振速不同相。靠近声源测得的声压可能有很大的起伏，而随距离的变化声压有许多分布很密的最大、最小值。这个靠近声源的区域称为近场。

由于近场声压的波动性，所以一般不能以近场测得的声压级来估计声源的声功率，也不能用它来预测远场的声压级。声源的近场范围是声频率和声源尺寸的函数。根据经验，近场范围通常取为 1～2 倍的声源特征尺寸。另外，测点位置与声中心(近似取为声源的几何中心)的距离 r，必须大于感兴趣频率波长，$r > \lambda = c/f$，以忽略近场效应。

在远离声源的地方，质点振速和声压有相位相同的简单关系，这一区域通常称为远场。远场具有如下特性。

(1) 当声源辐射球面声波时，声压与测点到声源中心的距离 r 成反比：$p \propto \frac{1}{r}$。

(2) 声压与声强符合 $I = \frac{p^2}{\rho c}$ 的关系。

在远场中，测点与声源的距离每增加一倍，声压下降一半，即声压级衰减 6dB。因此，可以用远场的声压级来估计声源的声功率，也可以用远场中一处的声压级预计另一位置的声压级。

$$\Delta L = L_{P1} - L_{P2} = 20\lg\frac{r_2}{r_1} = 20\lg\frac{2r_1}{r_1} = 20\lg 2 = 6(\text{dB})$$

2. 自由声场和混响声场

上面所述的近场和远场都是在忽略外界干涉的情况下讨论的。实际上，声波从声源向外辐射时，声能的一部分在传播过程中总要遇到障碍物，并被反射回声源处。在离声源较近处，声场中只有声源直接辐射的直达声，就称其为声源的自由声场或直达声场；相反，在干涉声起主要效应的区域，直达声不起作用，就称其为声源的混响声场。可以知道，自由声场是只有直达声而无反射声的声场。在实际环境中要获得这样的声场是很困难的，要做到绝对没有反射声的影响也是不可能的。只能使反射声尽可能小，直至与直达声相比可以忽略不计，即可以获得一个近似的自由声场。在实际测量中获得自由声场的方法很多。例如，可以将声源悬吊于半空中，周围远离反射面，这时声源辐射的声场就是自由声场，但这种方法易受气候影响。有条件的地方可以建立具有自由声场特性的实验室——消声室。但消声室的建立需要大量的资金。

3. 现场测量

精密的噪声测量与分析或声源声学特性研究等工作，需要在专门的实验室——消声室、混响室或隔声室内进行。但有些设备或环境噪声的测量则必须在现场进行。在现场条件下，噪声测量仪器的使用正确与否，以及与环境有关的某些因素都会影响到测量结果的准确性。为此，在测量时应注意以下几方面。

1) 测点的选择及声源附近反射的影响

在现场测量机器噪声时，由于安装机器的厂房既不是消声室，也不是混响室，由机器辐射的噪声随距离的变化情况如图 2-24 所示。在靠近机器附近是近场区，这个区域大致可以这样确定，当测量距离小于机器所发射噪声的最低频率的波长时，或者小于机器最大尺度的 2 倍时(两者之间以大的为准)，可以认为是近场区。在近场区以外则是自由场区，在这区域中测点与声源的距离增加一倍，声压降低 6dB，现场测量应选择在这个区域进行。当测点距离声源太远且距离墙壁或其他物体太近时，反射很强，这个区域称为混响区。

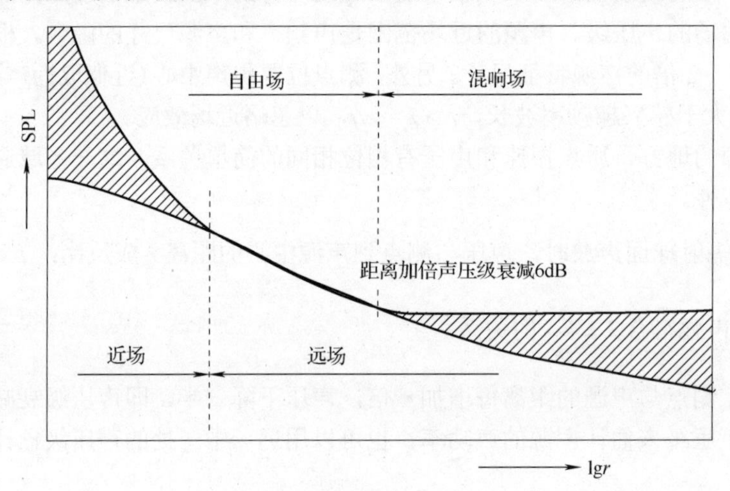

图 2-24　机器辐射噪声声场分布

由于反射波的存在，它可能与直达声波相互干涉，形成驻波。当发现有驻波时，应采取修正方法来估算声级。若驻波的最大值与最小值之差小于 6dB，则取这两个值的平均值；若差大于 6dB，则取比最大声级小 3dB 的数值。

2) 背景噪声影响的修正

背景噪声，就是指在测试环境中除去待测声波外的所有声波(包括接收仪器的电噪声)。在测试中应估计背景噪声所引起的误差并进行适当修正。由前面的声学基础知识可知，两声级相加不是简单的代数和，而是能量相加(可利用图 2-11 分贝相加曲线图进行修正)。背景噪声与机器声级的差值越大，对测量的影响越小。

3) 噪声级波动

大多数机器的噪声级随时间变化，这将导致测量时声级计指示波动。实际测量时记下声级计读数最高值 L_h 和最低值 L_l。声级计读数平均值近似算法有以下几种。

(1) 当波动值 $|L_h - L_l| \leqslant 3$ dB 时，取读数最高和最低值的平均值。

(2) 当波动值大于 3dB、小于 10dB 时，只要大部分时间仍留在某一区域附近，可按这一区域的上、下限值进行平均取得恰当的读数。

(3)波动范围大于 3dB 且小于 10dB，没有明显的停留区域，起伏又比较平均，这时不能用声压级上、下限进行算术平均，只能按能量相加平均。

4)声级计外形及人体的影响

便携式声级计往往将传声器直接安装在声级计上，这时由于声级计外形的影响，可能给测量带来误差。声级计的体积越大，影响越大；频率越高，影响越大。因此在实际使用时，应尽量使声级计及人体远离传声器，可以借助延长杆与延长电缆达到。

5)传声器的指向性

根据适用入射方向，传声器可分为两种，一种是垂直入射型传声器，这种传声器在声波垂直入射时具有平坦的频率响应；另一种是无规入射型传声器，即在声波无规入射时具有平坦的频率响应。

在自由场中测量噪声时，传声器位置应能使其获得最平坦的自由场响应。假如采用垂直入射型传声器，传声器的轴线应对着声源，也就是传声器的轴向与声波入射方向一致。如果使用无规入射型传声器，则传声器的轴线应与声波入射方向成 90°。

6)环境的影响

当环境温度、湿度及大气压力变化时，传声器及仪器的灵敏度可能会受到影响，制造厂商一般都给出它们的影响误差。

一般要求当大气压力变化 10%时，对 0 型和 1 型声级计，整机灵敏度变化不大于 0.3dB，对 2 型和 3 型声级计，整体灵敏度变化不大于 0.5dB。但是在高海拔处，灵敏度可能受到比较大的影响，在高频段尤其显著。

一般的声级计都设计成可以在-10～+50℃保持准确的工作，在制造厂商规定的温度范围内，相对于 20℃时的指示，0 型和 1 型声级计灵敏度变化不大于±0.5dB，2 型和 3 型声级计灵敏度变化不大于±1dB。但是，应小心避免突然的温度变化，因为这会引起传声器内部水气凝结。

另外，在大多数情况下，90%以下的相对湿度对声级计和传声器的影响很小，以 65%相对湿度的指标为参考，对 0 型、1 型和 2 型声级计，灵敏度变化不大于±0.5dB，对 3 型声级计灵敏度变化不大于±1dB。不过，应该当心不要让声级计和传声器直接暴露在雨雪中。

声级计用来测量电力设备的噪声时，静电和一般磁场对声级计的影响是微小的，可以忽略不计；但是强的电磁场可能对声级计引起干扰，从而影响测量的准确性。可以改变声级计的方位(不改变传声器的位置)并注意给出的声级是否有明显的变化。如果发现磁场干扰较大，应当变换声级计的方位或选择到距离磁场更远处进行测量。

当声级计置于振动环境中(例如，在行驶中的汽车或火车上)进行测量时，振动将影响测量的准确性。当振动方向与传声器膜片垂直时，影响尤其严重。

7)测量仪器的校准

为了保证测量的准确性，仪器使用前及使用后要进行校准。声学校准时，能对从传声器、前置放大器、放大器、计权网络直到检波指示器的整个噪声测量仪器进行校准，因此校准的准确性较高。

4. 附件的选用

噪声测量仪器通常具有各种附件，正确选用这些附件可以避免环境的影响，并满足其他

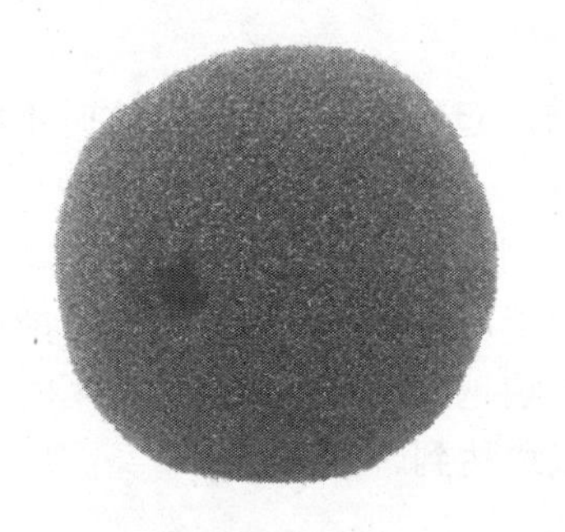
图 2-25　风罩

测量需要。

1) 风罩

风罩是一种用多孔的泡沫塑料或尼龙细网做成的球，如图 2-25 所示，可用来降低风噪声的影响。当风吹到传声器上时，传声器膜片上压力会产生变化，从而引起风噪声。将风罩套在电容传声器头上，就可以大大衰减风噪声，而对声音却无衰减，从而提高了在有风环境下测量的准确性。这种风罩一般用于野外测量，但当风速大于 5m/s 时，一般不应进行测量。

风罩对风噪声的减少量与风速和频率有关，图 2-26(a) 和 (b) 分别给出了丹麦 B&K 公司传声器有无风罩情况下，测得的风噪声随风速和频率变化的情况。

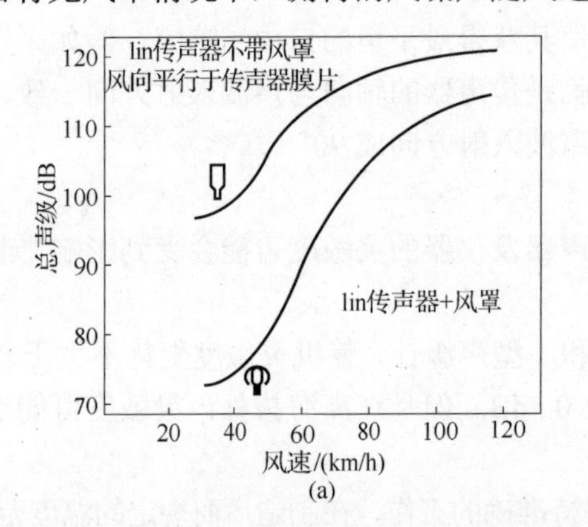

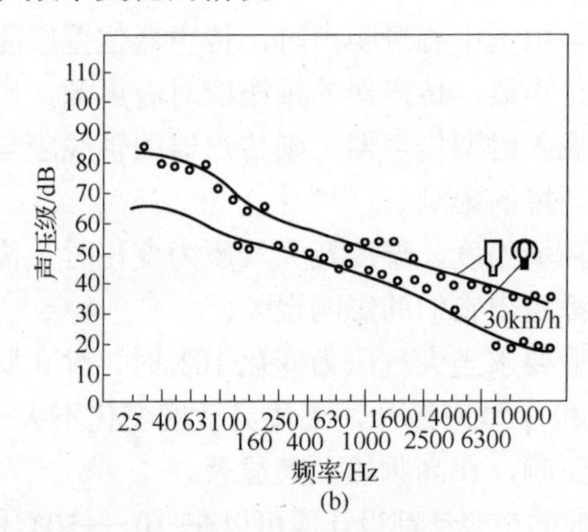

图 2-26　20Hz～20kHz 风噪声与风速的关系以及风噪声与频率的关系

(风向平行于传声器膜片，以 1/3 倍频程滤波器测试。参考声压为 2×10^{-5}Pa)

2) 鼻锥

当传声器受高速风影响时，在传声器上将会因湍流而产生噪声，这时可以用鼻锥代替正常保护栅来降低风噪声，如图 2-27 所示。鼻锥尤其适宜在固定风向和固定风速的情况下使用，在风洞中测量噪声时使用比较多。鼻锥做成流线型是为了尽可能减小空气阻力，四周的金属网允许声波透入传声器膜片上，金属丝网里面截断的锥体减小了膜片前腔的空气容积。鼻锥除了降低风噪声影响，也明显改善了传声器的全方向特性。

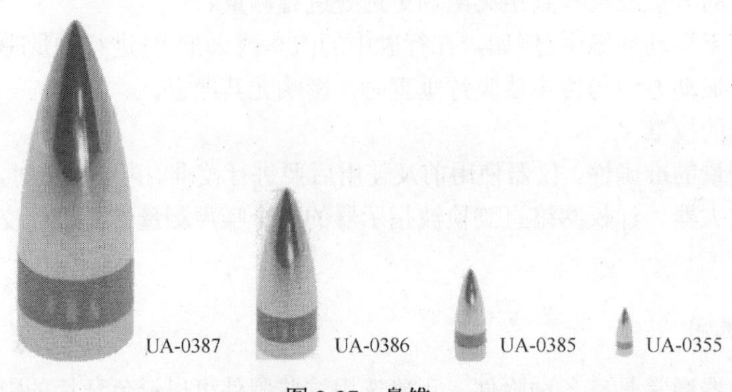

图 2-27　鼻锥

3) 延伸杆

延伸杆的作用是把传声器延伸到声级计一定距离以外，这样声级计外壳及人体对测量的影响可以减小。为了减小延伸杆接线的分布电容对传声器灵敏度的影响，延伸杆做成双层屏蔽结构，里面屏蔽层接到前置放大器的输出，由此减小分布电容的影响，保证测量的准确性。

4) 延长电缆

为了将传声器放到更远的地方，可以用延长电缆。目前常用的是多芯延长电缆，这种延长电缆连接在前置放大器与声级计之间，由于前置放大器的输出阻抗较低，因此可以使用较长的延长电缆。

5) 三脚架

三脚架主要用来支撑声级计或传声器，其结构要牢固可靠。

2.5.3　噪声测量常用仪器

噪声测量是环境噪声监测、控制以及研究的重要手段。环境噪声的测量大部分是在现场进行的，条件很复杂，声级变化无常，因此根据不同的测量目的和要求，可选择不同的测量仪器和不同的测量方法。

在进行噪声和振动测量时，选用什么测量仪器才能得到所需要的结果，这是个重要问题，因此要求测试人员对声学测量仪器应有所了解，以便能正确使用。

目前用于噪声测量的系统多种多样，由于它们的功能和用途不同，包含的内部连接的仪器(或电路)也各不相同。但是噪声或振动测量仪器，不管其如何复杂和先进，每个系统基本上都是由传感器、分析部分和读数显示部分组成的，如图 2-28 所示。

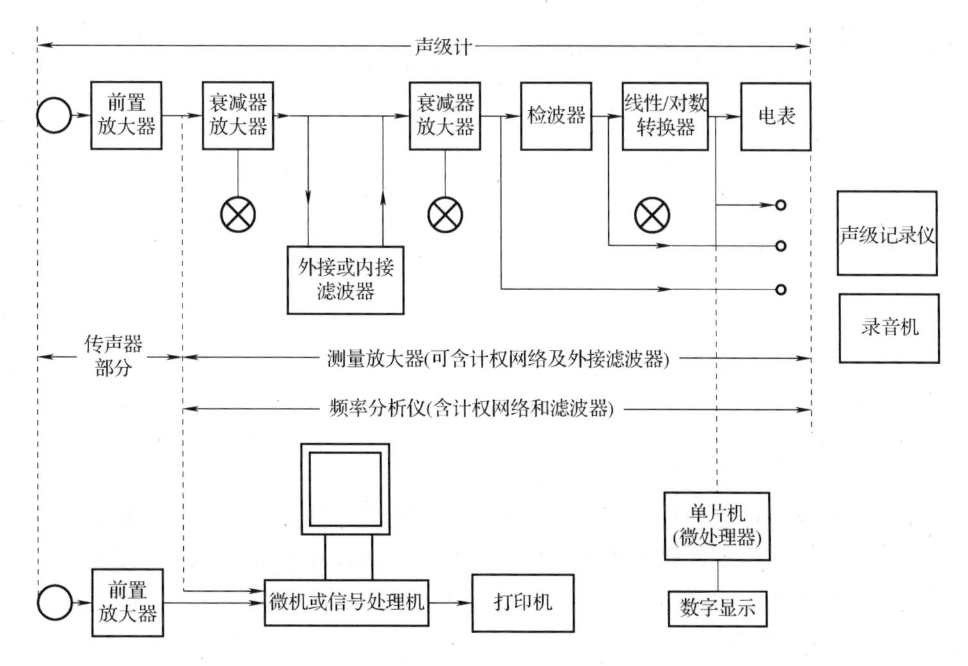

图 2-28　噪声测量系统组成框图

传感器通常是传声器，目前用得最多的是电容传声器，在声强测量中使用两个传声器组成声强探头。由于电容传声器阻抗较高，必须通过前置放大器进行阻抗变换后才能连接到其他仪器上。

系统中有各种不同的电路用来对信号进行放大、衰减、计权、积分等。通常分析部分是最复杂的，最简单的情况是按照某个频率计权网络对输入信号的频率成分进行计权，或者以1倍频程、1/3倍频程或窄频带进行滤波。

输出部分包括检波器和指示器，指示器以前多用电表，现在已基本被数字显示器替代了，而且CRT显示器、点阵式LED及打印机等都可包含在噪声测量系统中。

由于电子计算机和大规模集成电路的飞速发展，单片机、微型计算机和信号处理器在噪声测量系统中获得了广泛的应用，这使噪声测量仪器实现了智能化、数字化、实时分析。噪声测量仪器的功能大大增强，分析处理的速度大大提高，有力地推动了噪声控制事业的发展。

1. 传声器及前置放大器

传声器是将声信号转换为相应的电信号的电声换能器，可以直接测量声场声压。一个理想的声学测量用的传声器应具有如下特性：①传声器的尺寸与所测的声波波长相比应很小，从而使它在声场中引起的绕射与反射影响可以忽略；②它的膜片应有高的声学阻抗，这样它所吸收声场中的能量可以忽略不计；③电噪声较低；④自由场电压灵敏度高，且与声压无关，频率响应特性宽，动态范围大，输出的电信号和声压之间没有相位漂移；⑤它的输出应当不受温度、湿度、磁场、大气压和风速的影响，并能长期保持稳定。常见的传声器如图2-29所示。

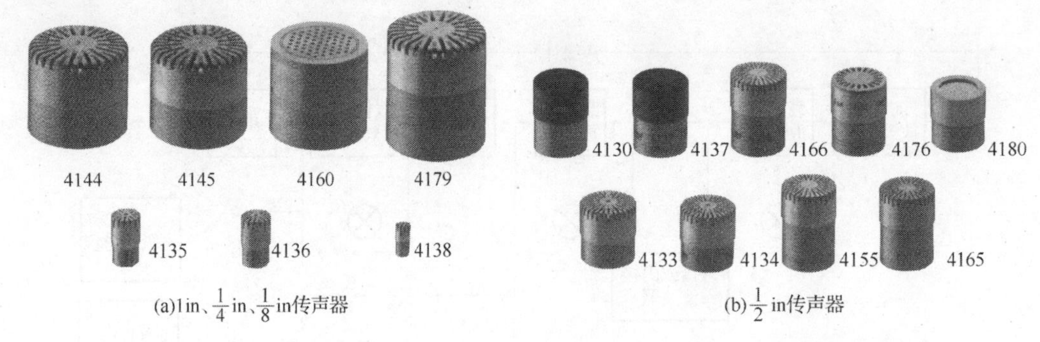

图2-29　传统的1in(1in=2.54cm)、1/2in、1/4in和1/8in传声器

传声器的类型也很多，如电容(静电)式、压电(晶体、陶瓷)式、电动(动圈)式、驻极体式等。

电容式传声器具有接近理想传声器所要求的各种特性，如频率范围宽、频率响应平直、灵敏度变化小、长时间稳定性好等优点，故可在精密声级计和标准声级计中使用它。但此传声器也有缺点：内阻高，需要用阻抗变换器与后面的放大器或衰减器匹配，而且需要加一个较高的极化电压(一般为200V)才能正常工作。近年来生产了一种低极化电压(28V)的电容式传声器，但灵敏度要相应低些。另外，这类传感器比较娇贵，其膜片容易损坏，故使用时要特别小心。

由于传声器的输出阻抗极高，需要接前置放大器才能进行数据采集，所以体积小而坚固，本底噪声低，动态范围宽的不锈钢前置放大器是精确测试所必需的。常用的前置放大器样式如图 2-30 所示。

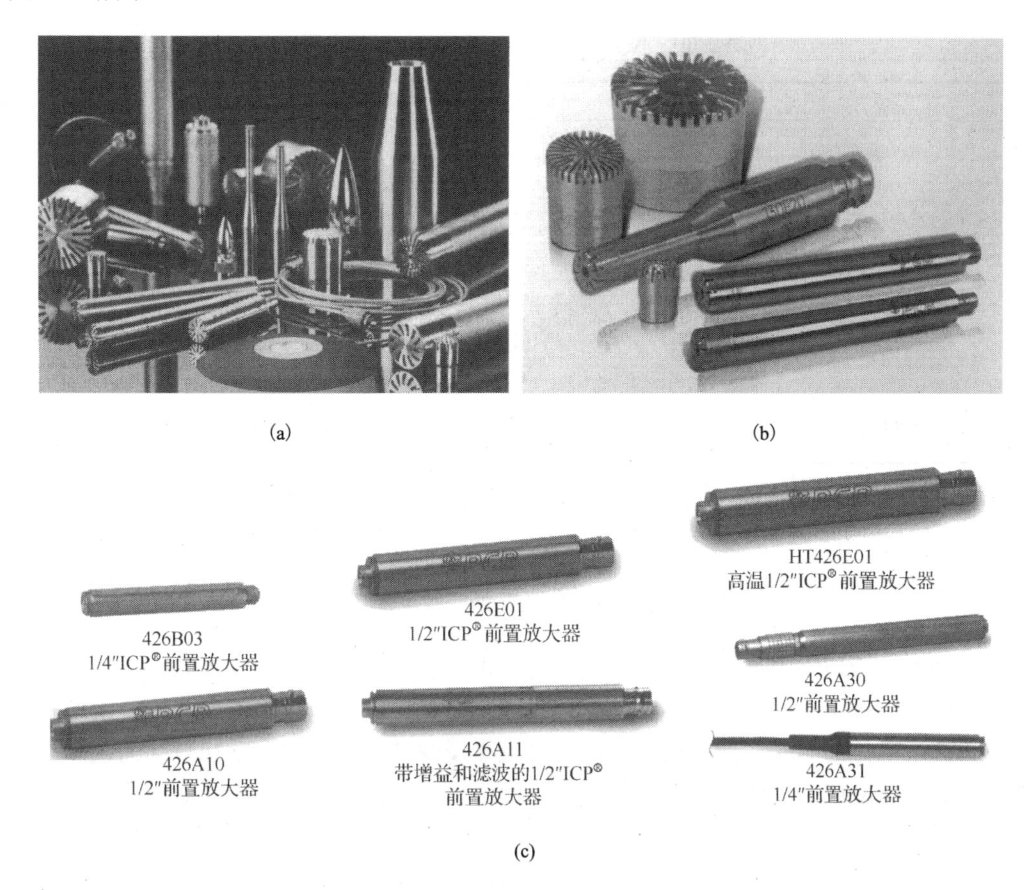

(a)　(b)

(c)

图 2-30　多种型号的前置放大器

压电式传声器是靠具有压电效应的晶体在声音作用下变形而引起电压输出的换能器。这种传声器结构简单，价格便宜，频率响应也较平直，但是受温度影响较大，稳定性差一些，灵敏度较低，与同尺寸的电容式传声器相比，灵敏度要低 20dB 以上，一般都用在普通声级计中。

电动式传声器也称动圈式传声器，它主要由与线圈连在一起的振膜及磁体组成。当传声器接收到声音后，传声器的振膜发生振动，使线圈在磁场中运动，从而线圈中产生了交变电压输出。电动式传声器的固有噪声较小，输出阻抗低，不需要阻抗变换器，可以直接连接到放大器或衰减器，因此电路比较简单。但是它的体积较大，频率响应不平直，易受电磁场干扰。

2. 振动传感器

振动实际上是一种交变运动，可用位移、速度、加速度随时间变化来描述。根据被测振动运动是位移、速度还是加速度，可以将振动传感器分为位移传感器、速度传感器和加速度传感器。由于位移和速度分别可由速度和加速度积分所得，因而速度传感器还可以用于测量位移，加速度传感器也可用来测量速度和位移。位移、速度和加速度三者之间的变换关系见表 2-30。

表 2-30　位移、速度、加速度间的变换关系

已知量	变换为		
	S	V	a
s $s=S_0\sin(\omega t)$	—	$v=\dfrac{ds}{dt}$ $v=\omega S_0\cos(\omega t)$	$a=\dfrac{d^2s}{dt^2}$ $a=\omega^2 S_0\sin(\omega t)$
v $v=V_0\sin(\omega t)$	$s=\int v dt$ $s=\dfrac{1}{\omega}V_0\cos(\omega t)$	—	$a=\dfrac{dv}{dt}$ $a=\omega V_0\cos(\omega t)$
a $a=A_0\sin(\omega t)$	$s=\iint a\, dt^2$ $s=\dfrac{1}{\omega^2}A_0\sin(\omega t)$	$v=\int a dt$ $v=\dfrac{1}{\omega}A_0\cos(\omega t)$	—

振动传感器的技术性能主要有频率特性、灵敏度、动态范围、幅值线性度及横向灵敏度等。

和传声器一样，根据换能原理不同，振动传感器也有各种类型，如电磁式、压电式、动圈式等。

在振动测量领域中，目前应用最广泛的是压电式加速度计，这是因为它具有如下优点：测量的频带范围较宽，动态范围较大，体积小，重量轻，结构简单，使用方便。压电式加速度计可以测量物体的绝对振动。它的输出信号直接反映被测物体的振动加速度的大小，如果需要测量振动速度或振动位移，必须配用积分网络，积分输出信号。由于压电式加速度计本身的阻抗很高，故在一般使用情况下，必须配用阻抗变换器或与电荷放大器一起使用。

按照不同用途还可将加速度计分为通用型加速度计、结构和模态分析用加速度计、高温时用加速度计和高灵敏度加速度计。常用的多种通用型加速度计外观如图 2-31 所示。

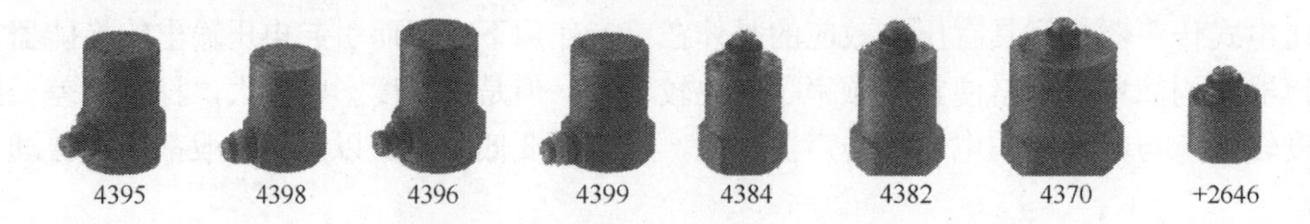

图 2-31　多种通用型加速度计外观

3. 声级计

声级计是一种按照一定的频率计权和时间计权测量声音的声压级与声级仪器，它是声学测量中最常用的基本仪器。声级计可用于机器噪声、车辆噪声、环境噪声以及其他各种噪声的测量，也可用于电声学、建筑声学等测量。图 2-32 给出了几种常用声级计的外观图。

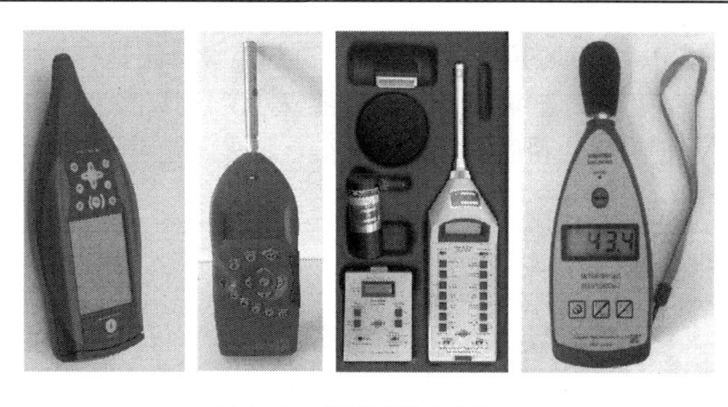

图 2-32　常用声级计外观图

声级计按用途可以分为一般声级计、脉冲声级计、积分声级计、噪声暴露计(又称噪声测量计)、统计声级计(又称噪声统计分析仪)和频谱声级计等。按其准确度可分为四种类型：0 型声级计，作为标准声级计；1 型声级计，作为实验用精密声级计；2 型声级计，作为一般用途的普通声级计；3 型声级计，作为噪声监测的普查型声级计。四种类型的声级计的各种性能指标具有同样的中心值，仅仅是容许误差不同。根据 IEC 标准和国家标准，四种声级计在参考频率、参考入射方向、参考声压级和参考温湿度等条件下，容许的固有误差如表 2-31 所示。

表 2-31　各种类型声级计的固有误差　(单位：dB)

声级计类型	0	1	2	3
固有误差	±0.4	±0.7	±1.0	±1.5

各种类型声级计的工作原理基本上是相同的，所不同的往往是附加有一些特殊的性能，这些特殊性能使它们能用作各种不同的测量。声级计一般由传声器、放大器、衰减器、计权滤波器、检波器、指示器及电源等部分组成，其工作原理方框图如图 2-33 所示。

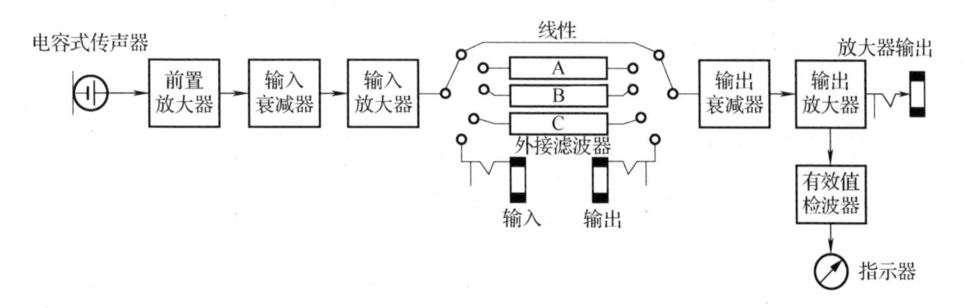

图 2-33　声级计工作原理方框图

电容式传声器阻抗很高，故需要有高阻抗输入级，一般要接前置放大器，以使其不降低灵敏度和低频响应。放大器将微弱信号放大并经有效值检波电路变为直流信号，在表头上直接指示被测声压级。为了模拟人耳对不同声压和频率的声音有不同的响度感觉，大多数声级计中装有 A、B、C 计权网络，从而测得计权声级。

在噪声测量中，使用最广泛的是 A 声级，国际上已把 A 声级作为评价噪声的主要指标。声级计的特点是体积小，重量轻，现场使用方便，能直接测出 A、B、C 计权声级，特别适用于工业噪声、环境噪声、机器噪声的现场测量。有的声级计还具有“线性”(L_m)频率响应。线性响应用来直接测量声压级。把声级计和倍频带或 1/3 倍频带滤波器串联，就可以组成便携式简易频谱分析仪。把声级计和便携式记录仪组合起来，就可以把现场的噪声录制在记录仪上，便于以后分析。

4. 噪声统计分析仪

噪声统计分析仪又称统计声级计，是用来测量噪声级的统计分布，并直接指示 L_n(如 L_S、L_{10}、L_{50}、L_{95} 等)的一种声级计。这种仪器一般还能测量并用数字显示 A 声级、等效连续声级 L_{eq}、均方偏差 SD 等。它可以通过打印机打印上述测量结果，并画出噪声级的统计分布图和累积分布图。噪声统计分析仪还能用来进行 24 小时环境噪声监测，定时测量，然后显示或打印出定时测得的噪声值(L_{eq}、L_{10}、L_{50}、L_{90}、SD)，并画出 24 小时的噪声分布曲线图。噪声统计分析仪最适用于各级环境监测部门进行环境噪声自动监测。

5. 滤波器和频率分析仪

滤波器是只让一部分频率成分通过，其余部分频率衰减掉的仪器或电路。滤波器有四种，即高通滤波器、低通滤波器、带通滤波器和带阻滤波器。

一般情况下，噪声频率范围是较为宽广的，在噪声控制中往往需要知道噪声的频谱。噪声的频谱分析是按一定宽度的频带来进行的。在频率分析中经常使用的是带通滤波器，它使信号中的特性频率成分通过，抑制其他频率成分，从而测出一定宽度的频带所对应的声压级。

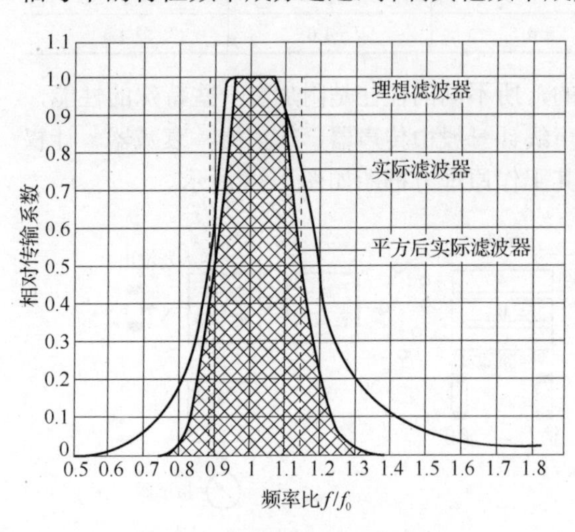

图 2-34　滤波器的幅度频率特性

理想的带通滤波器在频率通带内的信号无衰减地通过，通带外的信号被滤去。但由于电器元件和电路特性，实际带通滤波器截止频率响应并非是陡直的(图 2-34)。幅值衰减 3dB(声压幅值下降 $1/\sqrt{2}=0.707$)所对应的频率为滤波器的上、下截止频率，相应为 f_h 和 f_l；$\Delta f=f_h-f_l$ 称为滤波器的带宽。对任意一种滤波器，频谱分析所提供的频谱幅值是通过该中心频率一定带宽内的声能的总和。滤波器的种类很多，有窄带滤波器、恒定带宽滤波器和恒定百分比滤波器等。噪声测量经常使用的倍频程滤波器和 1/3 倍频程滤波器是最常用的恒定百分比带宽滤波器。它们的上限频率 f_2 和下限频率 f_1 之间有如下关系：

$$\frac{f_2}{f_1}=2^n$$

在噪声测量中，只测量噪声的强度往往是不够的，因为这个数据是各种声音的平均结果，为了了解噪声的特性，常常需要知道声压与频率之间的函数关系。也就是说，需要将通常的时间域中的数据转变为频率域中的数据，能完成这种转变的设备就是频率分析仪或称频谱分析仪。

频率分析仪的核心是滤波器。将各种滤波器与测量放大器(或声级计)组合在一起使用就构成了频率分析仪。频率分析仪对稳态信号是完全适用的，对于瞬态信号要看仪器的性能指标，实时频谱分析仪可以做到。此外，还可以借助磁带记录仪将瞬态信号记录下来，之后再进行处理分析。

6. 磁带记录仪

磁带记录仪的主要用途是将被测试的声信号记录下来，随后在实验室进行各种分析，此仪器用作现场记录是很实用的。选用磁带记录仪时，要注意其动态范围和频响特性能满足被测信号的要求，使记录下来的信号不变形，才能得到正确的分析结果。现在磁带记录仪的发展很快，由原来的模拟式记录已发展为现在的数字式记录。模拟式记录还分直接(DR)记录和调频式(FM)记录。记录信号的频带宽度与记录速度有关，指标还有动态范围及最小记录电压等。回放时还有衰减、放大。

7. 声强测量仪器

声强测量仪器大致有三种：第一种是模拟式声强计，它能给出线性或 A 计权声强或声强级，也能进行倍频程或 1/3 倍频程声强分析，适用于现场声强测量；第二种是利用数字滤波技术的声强计，由两个相同的 1/3 倍频程数字滤波器获得实时声强分析；第三种是利用双通道快速傅里叶变换分析仪，由互功率谱计算声强，并能进行窄带频率分析。

声强测试设备中对两个测量通道的幅度和相位匹配要求甚严，如采用模拟滤波器进行声强分析，将会由于相位失配使测量误差大大增加，而使用数字滤波，则可大大减小相位失配。

IEC 1043 标准对声强测量仪器及组成该仪器的处理器和声强探头(如图 2-35 所示)按能达到的测量准确度分为 1 级和 2 级，而且 2 级允许误差比 1 级大。该标准还规定了声强处理器的指标及性能要求。1 级声强计用于 ISO 9614 标准规定的精密级和工程级声功率测量，2 级声强计则用于调查级测量。

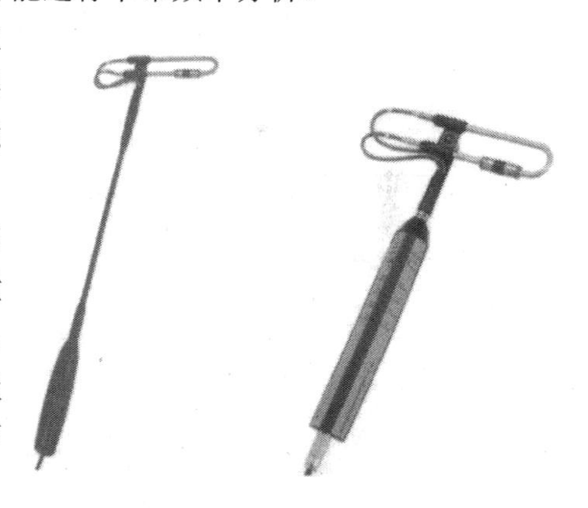

图 2-35　声强探头

8. 声校准器

声校准器是一种能在一个或几个频率点上产生一个或几个恒定声压的声源。它用来校准测试传声器、声级计及其他声学测量仪器的绝对声压灵敏度，有时候还将它作为声测量装置的一部分来保证声测量的精度。作为一种校准器，对声校准器的准确度和稳定度都比一般仪器要求高。《声校准器》(IEC 942—1988)标准，将声校准器的准确度等级由原来的 1 级、2 级、3 级提高到 0 级、1 级、2 级，并提出了相应的稳定度指标。标准要求声校准器至少产生一个不低于 90dB 的声压标称值，其允差及稳定度极限见表 2-32。表中的允差是指在大气压力为 101.3kPa、温度为 20℃、相对湿度为 65%的标准环境条件下，经过生产厂规定的稳定时间后，声校准器在 20s 内的平均声压级偏离标称值的允许误差。稳定度是指声校准器在生产厂规定的稳定时间后，在与上述相同环境条件下，用 F 时间计权测定其输出声压级，在工作 20s 内相对平均值的起伏变化极限。

有关声校准器的频率，要求至少有 1 个频率在 160～1000Hz 范围内，如专为声测量装置配套使用，建议选 1000Hz。其允差及稳定度极限见表 2-33。

表 2-32　使用规定形式传声器或声级计时，声压级的允差及稳定极限

声级校准器级别	0	1	2
允差/dB	±0.15	±0.3	±0.5
稳定度/dB	±0.05	±0.1	±0.2

表 2-33　输出频率的允差和稳定度极限

声级校准器级别	0	1	2
允差/dB	±1	±2	±4
稳定度/dB	±0.3	±0.5	±1

常见的声校准器有活塞发生器、声压校准器、声强校准器及水听器校准器等，常用的这几类校准器实物图如表 2-34 所示。

表 2-34　几类校准器实物图

名称	校准声压	校准频率	图例
4228 型活塞发声器	124dB	251.2Hz	
4226 型多功能声校准器	94dB/104dB/114dB	31.5～16kHz 倍频程档	
3541-A 型实验室声强校准器	声压、声强和媒质速度	251.2Hz	
4231 型声压校准器	94dB/114dB	1kHz	
4229 型水听器校准器	151～166dB/μPa	251.2Hz	
4297 型声强校准器	声压级和残余声压声强指数	251.2Hz 20～6.3kHz 粉红噪声	

2.5.4 噪声测量方法

测量噪声的方法是随着测量目的和要求而异的。环境噪声不论空间分布还是随时间的变化都很复杂，要求监测和控制的目的也有很大程度的不同，因此应对不同噪声和要求采取不同的测量方法。

1. 噪声测量前的准备

(1) 明确测试目的：只有详细了解测试目的及要求，才能设计测试方案，并根据测试方案制定测试方法、测试仪器等。

(2) 了解气象条件：室外测试时，要求无雨、无雪、风力小于四级(5.5m/s)。

(3) 选定测量时间：要根据测量的对象、要求选择适当的测量时间。例如，对居住周边环境进行测试时，可分为白天、夜间，或是白天、早上、夜间。

(4) 选择测量仪器：应根据测试指标、精度等要求，选择符合标准和规定的测量仪器，该测量仪器应在定期校验有效期之内。测试前后还应进行校准，灵敏度相差应满足测量精度要求，否则测量无效。

(5) 背景噪声修正：背景噪声的大小直接影响测量结果，因此在测试前，应先对背景噪声进行测试分析，然后与所欲测量的声源噪声进行对比。如果两者的差值大于 10dB，则背景噪声的影响可以忽略；如果声级的差值小于 3dB，则应考虑选择一个更安静的环境进行测量；如果声级的差值为 3～10dB，可从表 2-35 获得修正值，所需要的声源的声级就能估算出来。

(6) 做好测试记录：这对测试数据的分析、处理、给出结果至关重要，测试过程中出现的任何状况都会直接影响测试结果。

表 2-35　背景噪声修正表　(单位：dB)

差值	3	4～5	6～9
修正值	−3	−2	−1

2. 交通工具噪声测量

交通工具包括公路运输、铁路运输、城市轨道、航海以及航空运输等所涉及的机动车量、火车、轨道交通车辆、船舶以及飞机等。不同类型的交通运输工具，其噪声产生的机理、声源特性、传播规律等具有各自的特点，对周围环境所产生的影响程度和范围也不相同。只有针对不同的噪声源，采取科学有效的方法进行测量，才能对声源进行准确的评价，以达到噪声控制的目的。这里主要介绍几种主要交通工具的噪声测量方法。

1) 机动车辆噪声测量方法

近年来，随着城市机动车辆的不断增加，城市道路交通噪声污染日益严重。道路交通噪声包括各种类型的车辆行驶发出的噪声，其噪声的主要来源是车辆本身的噪声以及车流量，另外还有车辆的喇叭声。因此在谈到道路交通噪声测量方法之前，必须先了解单车车辆噪声的测量方法。

机动车辆行驶噪声测量分为车内噪声测量和车外噪声测量。国际标准化组织和许多国家都制定了各类机动车辆噪声标准和相应的测量规范。我国也颁布了国家标准《汽车加速行驶车外噪声限值及测量方法》(GB 1495—2002)。

车外噪声测量时，使用声级计的A频率计权特性和F时间计权特性，在开阔地带进行。要求以车辆为中心，在半径50m内不得有较大的反射面，对道路要求长20m以内、坡度不超过0.5%的平直完好的干燥沥青或混凝土路面。测量时背景噪声应比所测车辆噪声低10dB以上，否则对测量结果要加以修正。测量时传声器应放置在距离车辆行驶中心线两侧各7.5m处，高1.2m，为避免测量人员对测试结果的影响，测试人员应远离传声器位置，如图2-36所示。

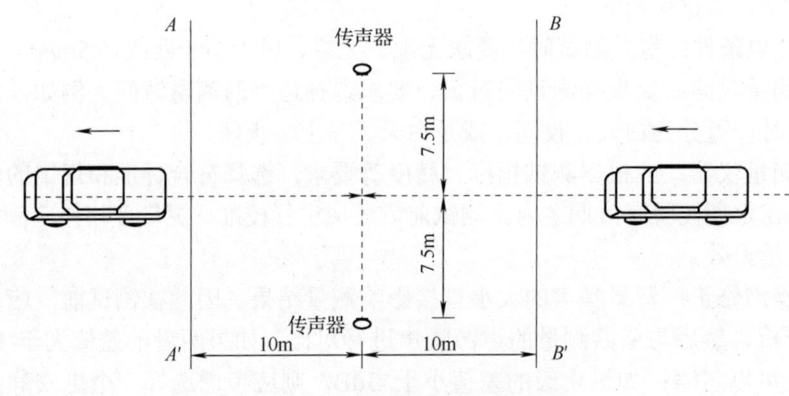

图2-36　单车车辆噪声测量示意图

测量时被测车辆应是空载状况，各部件正常工作。传声器用支撑架固定，并通过电缆与声级计连接，测量时应反复多测几次，传声器应加防风罩，当风速大于5m/s时，应停止测量。

做好测试记录，其内容包括车辆型号、车辆牌照号、出厂日期、行驶里程、行驶速度、额定载客重量、测试日期、测量地点、路面状况、测量仪器及型号、风速、背景噪声情况、测量数据等。

车内噪声主要是影响驾驶人员对车外各种声音信号的识别，引起行车安全问题，另外还影响到驾驶人员的听力以及乘车人员的舒适度，而对环境影响不大，对其测量方法在此不作详细介绍。

城市道路交通运输噪声是城市环境噪声的主要来源，对城市居民影响面很大。这一噪声声场是由各种机动车辆在道路上行驶形成的。它除与车辆本身发出的噪声有关外，还与路面状况、车流量等有很大的关系。所以对这种噪声声场的测量，必须同时记录在测量时间内的各种车辆的车流量，因各种车辆发出的噪声频谱和声级相差很大，测量仪器可用声级计读数，也可以使用噪声频谱分析仪等进行现场测量。

另外，交通运输噪声测量结果与测量日期、测量时间有很大关系，应按测量目的和要求进行。对于固定点的监测，一般进行昼夜24小时连续测量。测量位置的选取对测量结果有很大关系，一般选在人行道上，传声器高度为1.2m；如果测量的是路段交通运输噪声，则测点宜选在两交叉路之间的位置，远离交叉路口，尽可能减少交叉路口带来的噪声影响；如果是测量交叉路口的噪声，测点则可选在交叉路口当中；干道两侧环境噪声的测量，传声器应位于面向街道窗前1m距离。在测量道路交通运输噪声时，除记录车流量外，还应对测量日期、时间以及测点条件，如道路、宽度、是否开阔或半开阔场地、附近建筑物高度等作出一般描述或绘出简单示意图，以供对一些测试结果进行分析比较。

2)铁路机车车辆辐射噪声测量方法

《声学　轨道机车车辆发射噪声测量》(GB/T 5111—2011 替代 GB/T 5111—1995)对铁路上运行的机车车辆和地下铁道上运行的电动客车辐射噪声的测量进行了规定，适用于铁路机车车辆的型式试验、周期性监督检验、常规噪声测试、环境评价测量。其结果可用于表征被测列车发射噪声特性、在特殊区段内比较各类型车辆发射噪声、获取列车基本声源数据。该标准规定的测试方法为工程级(2 级，准确度为±2dB)。

测量机车车辆行驶噪声时，试验场地宜符合自由声场传播条件，地面要尽量平坦，相对于钢轨顶面高度应在-1～0m。

列车两侧的传声器测点周围，至少 3 倍于测量距离为半径的区域内不应有大的反射物体，如障碍物、山丘、岩石、桥梁或建筑物。

试验应在铺有碎石道床和木枕或钢筋混凝土轨枕，或列车常用的轨道上，进行常规车辆的测量，轨道应干燥、无冻结。

传声器应置于轨道轴线两侧 7.5m、距离轨顶面以上 1.2±0.2m 和距离轨道轴线两侧 25m、距离轨顶面以上 3.5±0.2m。试验时，如在被测车辆上部有重要的声源(如排气管或受电弓)，应在距离轨道中心线两侧 7.5m、距离轨顶面以上 3.5±0.2m 处附加另外的传声器，如图 2-37 所示。

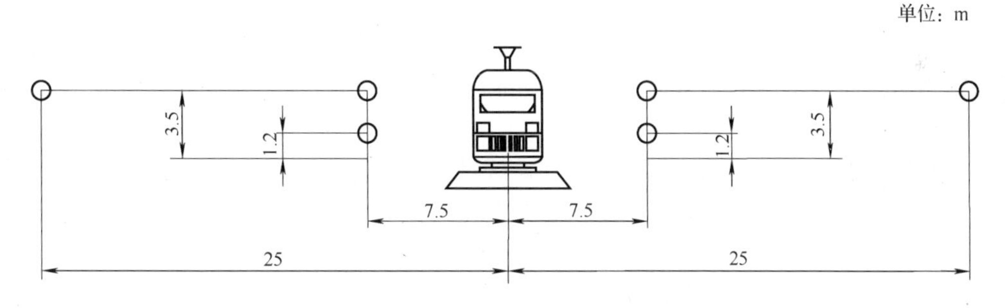

图 2-37　测量匀速列车辐射噪声传声器布置图

传声器应与车辆侧壁垂直，指向噪声源，其附近不应有干扰声场的障碍物。测试时风速应小于 5m/s，且无降雨、降雪。背景噪声最好比被测车辆发出的噪声低 10dB 以上，如果差值小于 10dB，测量结果应按表 2-35 进行修正。

测量机车车辆定置噪声时，传声器应置于距离轨道中心线 7.5m、距离轨顶面以上 1.2±0.2m 处，并朝向车辆的中部。

被测机车车辆应处于正常运行工作状态，车辆上的辅助设备也应处于工作状态。车辆除乘务员外，不能载物或载人。测量期间，车辆的门、窗应始终关闭。

做好测试记录，内容包括测试类别、日期、地点、进行测试的单位名称及地址；测试场所、几何图形、植被、轨道类型；测量设备和传声器型号，送检日期；背景噪声，被测车辆型号，牵引系统和测试期间的车速、运行状况，辅助设备及其工况，传声器位置，测量参数，车辆的荷载；环境温度、湿度、气压、风速、风向等气象条件；其他任何有用信息。

3) 船舶辐射噪声测量方法

《内河航道及港口内船舶辐射噪声的测量》(GB/T 4964—2010) 规定了船舶辐射噪声级和频谱的测量方法，适用于内河航道及港口内各类民用船舶，也适用于小型沿海船舶、港务船和工程船在验收试验及监测试验中辐射噪声级与频谱的测量，以评价船舶噪声对社会环境的干扰程度。该标准是参照标准《声学——内河航道和港口内船舶辐射的空气声的测量》(ISO 2922—2000) 制定的。

3. 城市环境噪声污染分布的测量(普测)与监测

城市环境噪声声源种类很多，而又无规分布，声级随时间和地点的分布都是随机的，要对某一声环境功能区进行监测，《声环境质量标准》(GB/T 3096—2008) 中给出了两种监测方法，即定点监测法和普查监测法。

定点监测法要求选择能反映各类功能区声环境质量特征的监测点一至若干个，进行长期定点监测，每次测量的位置、高度应保持不变。对于 0～3 类声环境功能区，该监测点为户外长期稳定、距离地面高度为声场空间垂直分布的可能最大值处，其位置应能避开反射面和附近的固定噪声源；4 类声环境功能区监测点设于 4 类区内第一排噪声敏感建筑物户外交通噪声空间垂直分布的可能最大处。

声环境功能区监测每次至少进行一昼夜 24 小时的连续监测，得出每小时及昼间、夜间的等效声级 L_{eq}、L_d、L_n 和最大声级 L_{max}。用于噪声分析的目的，可适当增加监测项目，如累积百分声级 L_{10}、L_{50}、L_{90} 等。监测应避开节假日和非正常工作日。

各监测点位测量结果独立评价，以昼间等效声级 L_d 和夜间等效声级 L_n 作为评价各监测点位声环境质量是否达标的基本依据。一个功能区设有多个测点的，应按点次分别统计昼间、夜间的达标率。

普查监测法要求，对 0～3 类声环境功能区进行普查监测时，将要普查监测的某一声环境功能区划分成多个等大的正方格，网格要完全覆盖住被普查的区域，且有效网格总数应多于 100 个。测点应设在每一个网络的中心，测点条件为一般户外条件。

监测分别在昼间工作时间和夜间 22:00～24:00(时间不足可顺延) 进行。在前述测量时间内，每次每个测点测量 10min 的等效声级 L_{eq}，同时记录噪声主要来源。监测应避开节假日和非正常工作日。

将全部网格中心测点测得的 10min 的等效声级 L_{eq} 作算术平均运算，所得到的平均值代表某一声环境功能区的总体环境噪声水平，并计算标准偏差。根据每个网格中心的噪声值及对应的网格面积，统计不同噪声影响水平下的面积百分比，以及昼间、夜间的达标面积比例。有条件可估算受影响人口。

4. 工业企业厂界环境噪声测量

城市噪声有交通运输噪声污染面广、工业企业噪声声级高、影响严重的特点。工业企业噪声除危害车间工人健康，降低生产效率外，还可能对附近居民产生严重干扰。

《工业企业厂界环境噪声排放标准》(GB 12348—2008 代替 GB 12348—1990，GB 12349—1990) 就是根据工业企业噪声排放的管理、评价及控制而制定的。机关、事业单位、团体等对外环境排放噪声的单位也按此标准执行。

对工业企业噪声排放的测量要求无雨雪、无雷电天气，风速小于 5m/s。测量应在被测声源正常工作时间进行，同时注明当时的工况。

测量仪器为声级计或环境噪声自动监测仪，其性能应不低于 GB 3785 和 GB/T 17181 对 2 型仪器的要求。测量 35dB 以下的噪声应使用 1 型声级计，且测量范围应满足所测量噪声的需要。校准所用仪器应符合《电声学 声校准器》(GB/T 15173—2010)对 1 型或 2 型声校准器的要求。测量仪器和校准器在有效使用期内，每次测量前、后必须在测试现场进行声学校准，其前、后校准示值偏差要小于 0.5dB，否则测量结果无效。测量时传声器要加防风罩。测量仪器时间计权特性设为“F”挡，采样时间间隔不大于 1s。

根据工业企业声源、周围噪声敏感建筑物的布局以及毗邻的区域类别，在工业企业厂界布设多个测点，其中包括距离噪声敏感建筑物较近以及受被测声源影响大的位置。

一般情况下，测点选在工业企业厂界外 1m、高度 1.2m 以上、距离任一反射面不小于 1m 的位置。当厂界有围墙且周围有受影响的噪声敏感建筑物时，测点应选在厂界外 1m、高于围墙 0.5m 以上的位置。

室内噪声测量时，室内测量点位设在距离任一反射面至少 0.5m 以上、距离地面 1.2m 高度处，在受噪声影响方向的窗户开启状态下测量。

固定设备结构传声至噪声敏感建筑物室内，在噪声敏感建筑物室内测量时，测点应距离任一反射面至少 0.5m 以上，距离地面 1.2m 高度处，距离外窗 1m 以上，在窗户关闭状态下测量。被测房间内的其他可能干扰测量的声源应关闭。

测量时间分别在昼间、夜间两个时段。夜间有频发、偶发噪声影响时，同时测量最大声级。

被测声源是稳态噪声时，采用 1min 的等效声级测量。被测声源是非稳态噪声时，测量被测声源有代表性时段的等效声级，必要时测量被测声源整个正常工作时段的等效声级。背景噪声应在测量前、后各测几次。如果噪声测量值与背景噪声值相差小于 10dBA，应按表 2-35 对测量结果进行修正。各个测点的测量结果应单独评价，同一测点每天的测量结果按昼间、夜间进行评价。

噪声测量时需要做测量记录，内容主要包括被测单位名称、地址、厂界所处环境功能区类别、测量时气象条件、测量仪器、校准仪器、测点位置、测量时间、测量工况、一些必要的示意图、噪声测量值、背景值、测量人员等相关信息。

习　题　2

2.1　真空中能否传播声波？为什么？

2.2　可听声的频率范围为 20～20000Hz，试求出 500Hz、5000Hz 以及 20000Hz 的声波波长。

2.3　波长为 10cm 的声波，在空气中、水中及钢中的频率分别为多少？其周期 T 分别为多少？(已知在空气中声速 $c=340\text{m/s}$，水中声速 $c=1483\text{m/s}$，钢中声速 $c=6.1\times10^3\text{m/s}$)

2.4　试问夏天(40℃)空气中声速比冬天(0℃)时快多少？在两种情况下，1000Hz 声波波长分别为多少？如果平面声波声压保持不变，介质密度也近似地保持不变，求两种温度下声强变化的百分率。

2.5　如果两列声脉冲到达人耳的时间间隔在 1/20s 以上，听觉上方可区别出来为两个声音，试问人至少要距离一垛高墙多远才能听到自己讲话的回声？

2.6　一平面波沿正 x 方向传播，同时有一平面波沿负 x 方向传播，两声波的振幅相等、频率相同，分别表示为

$$p_1 = P_0\cos(\omega t - kx)，p_2 = P_0\cos(\omega t + kx)$$

试计算两个声波构成的平面驻波声场中的平均声能密度。

2.7　(1)计算平面波由空气垂直入射于水面上时反射声压大小及声强透射系数，如果以 $\theta_i = 30°$ 斜入射，试问折射角多大？

(2)当声波由水进入空气时又如何？

(3)上述两种情况哪种存在全内反射临界角 θ_c？并求出 θ_c 的值。(已知空气中 $\rho = 1.21\text{kg/m}^3$，$c = 340\text{m/s}$；水中 $\rho = 998\text{kg/m}^3$，$c = 1483\text{m/s}$)

2.8　设在介质中有一个无限大平面做垂直其法向的振动，振动速度为 $u = U_0\cos(\omega t)$，试求出在介质中产生的声压 p，设速度幅值为 $U_0 = 1.0\times10^{-4}\,\text{m/s}$，则在空气中及在水中所产生的声压幅值分别为多少帕？(空气和水的参数见上题)

2.9　空气中距离机器 2m 远处测得声压为 $p_e = 0.6\text{Pa}$，此处的声强 I、质点振速 U_e、声能密度 $\bar{\varepsilon}$ 分别为多少？假定机器为点声源，机器的声功率 $\overline{W}$ 是多少？

2.10　已知点声源在水面以上距离为 d 处，试求空气中任意一点的声压 p，设点声源发出的简谐球面波为 $p = \dfrac{A}{r}\cos(\omega t - kr)$。

2.11　对偶极子声源，同样的距离处在 $\theta = 0°$ 方向上的声压幅值与 $\theta = 30°，45°，60°$ 方向上的声压幅值之比分别为多少？

2.12　已知空气中某点噪声的声压分别是①0.332 Pa；②0.106 Pa；③2.97 Pa；④0.07 Pa；⑤$2.7\times10^{-5}$ Pa，其对应的声压级分别是多少分贝？

2.13　已知空气中某点噪声的声压级分别是①70dB；②90dB；③130dB；④30dB，试求其声压有效值。

2.14　在距离机器 2m 处测得噪声声压级的平均值为 84dB，试求出其声功率级和声功率；另求距离机器 10m 远处的声压级。(假定机器为点声源，所在空间无反射声)

2.15　(1)两个声音各自到达某点的声压级分别都是 70dB，问两声音同时存在时该点总声压级是多少分贝？

(2)如果两个声音各自到达该点声压级分别为 70dB 和 65dB，问总声压级为多少分贝？

(3)如果两个声音各自到达该点声压级分别是 70dB 和 50dB，则总声压级又为多少分贝？

2.16　在车间内测量某机器的噪声，同时还有其他机器在运转，当被测机器运转时测得声压级为 87dB，停止运转时背景噪声为 79dB，求被测机器辐射的声压级。

2.17　飞机发动机的声功率级可达 165dB，为保护人耳不受损伤，应使人耳处的声压级小于 120dB，问飞机起飞时人应至少离开跑道多远距离？(假定飞机为点声源)

2.18　设测量机器的声功率级的测点取在包络面面积 S=100m^2 上，分频带测得各倍频程频带的声压级平均值如表所示，问总声压级为多少分贝？总声功率是多少瓦？

题 2.18 表

频带中心频率/Hz	63	125	250	500	1000	2000	4000	8000
声压级平均值/dB	90	98	100	95	90	82	75	60

2.19　测得某一噪声频谱如表所示，根据史蒂文斯计算响度法求其响度级。

题 2.19 表

频率/Hz	63	125	250	500	1000	2000	4000	8000
声压级/dB	70	65	50	55	55	62	48	36

2.20　某发电机房工人一个工作日暴露于噪声 92dBA 计 4h，98dBA 为 24min，其余时间均为 75dBA，试求该机房的等效连续声级。

2.21　某一工作人员暴露于环境噪声 93dBA 计 3h，90dBA 为 4h，85dBA 为 1h，试求其噪声暴露率是否符合现有工厂噪声卫生标准？

2.22　假定上题噪声频谱是在室内测得的，求该环境所对应的 PNC 曲线号数，并说明这一建筑物适用于何类功能。

2.23　交通噪声引起人们的烦恼，决定于噪声的哪些因素？

2.24　某教室环境，如教师用正常声音讲课，要想在距离讲台 6m 处听清楚，环境噪声不能高于多少分贝？

2.25　某一地区白天的等效声级为 64dBA，夜间为 45dBA；另一地区的白天等效声级为 60dBA，夜间为 50dBA。试判断哪一地区的环境对人们影响大？

2.26　在频带内声能均匀分布的噪声源的倍频带声压级是 L_P(dB)。

(1)每 1 倍频带包括几个 1/3 倍频带？

(2)计算在 1 倍频带内的每一个 1/3 倍频带的平均频带声压级。

(3)如果每一个 1/3 倍频带有相同声能，则每一个频带的声压级是多少？

第3章　室 内 声 学

当声源置于空旷的户外时，其周围只有从声源向外辐射的声波，所形成的声场为自由声场。当声源置于室内时，声波在传播过程中由于界面的反射与不同程度的空气吸收，造成声能在室内空间发生变化，而产生一系列不同于空旷的户外传播情况的声学特性。房间对声音的主要影响是：①引起一系列的反射声；②与空旷的户外不同的音质；③由于简正方式的激发而引起声能密度的增加；④使声音在空间的分布发生变化。分析室内声学的方法有：①几何声学法；②统计声学法；③物理声学法。

在由墙壁、刚性板等组成的完全封闭的区域中产生声波时，波的所有运动都是驻波的运动，室内包含的声音能量由壁面的性质决定。对于尺寸小于或等于波长的小房间，用封闭室中简正方式来分析声波的运动较为方便；而对于尺寸比波长大得多的房间，则用几何声学分析往往更为方便，几何声学中声音在壁面各部分之间来回反射遵循“声线”规律。对于大多数房间，除波长很长以外，利用几何分析是颇有成效的。

本章将讨论室内声波的特性以及一些相应的公式的形成和推导。

3.1　室内声场特点

第2章讨论了自由声场中声波传播的一般规律。在自由声场中，声波由声源发出，向无限空间辐射，而从周围其他物体上反射回来的声波可以忽略不计。但在实际环境中，声波往往受到界面的约束，只能在有限空间内传播。与在自由声场中传播的规律相比较，声波在有限空间内传播时有明显不同的地方。例如，声波在室内传播时，由于壁面的多次反射，声场中任何一点受到各种沿不同方向传播的声波的影响，它们相互叠加，相互干涉，从而使声场具有复杂的性质。

在一个房间的全部空间内，一般存在两个声场，一个是直接声场，一个是混响声场(复合反射声场)，如图3-1～图3-3所示。直接声场仅与声源和距离有关，而与房间的大小和声学性能无关。相反，混响声场强烈地依赖于房间的大小和房间各表面的反射性能，图3-3为两种声场同时存在的情况，当声源的声功率稳定时，声场逐渐趋于一个由房间的损耗所确定的稳定的声压场。

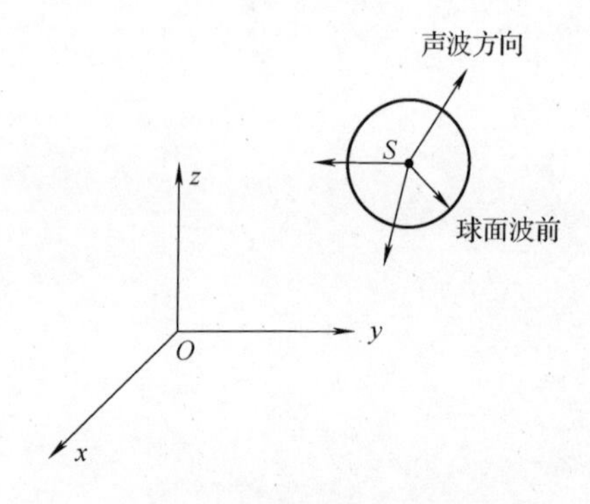

图3-1　点源发出的球面波

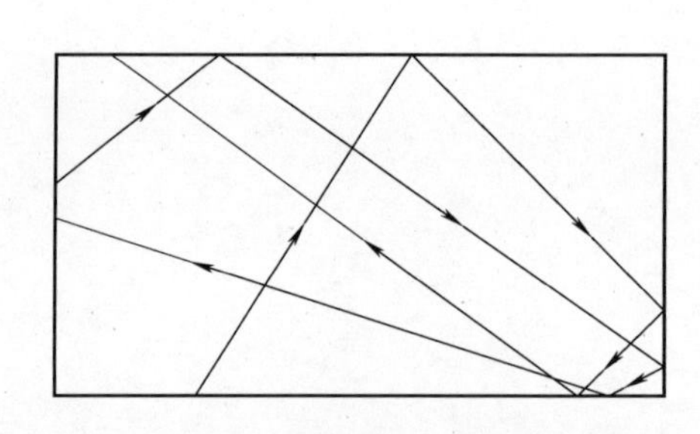

图3-2　墙壁引起的反射

3.1.1　室内稳态声场

从声能量方面考虑，声源在室内发声时，声能不断地从声源发出，同时也不断地被室内壁面或空气所吸收。当声源在单位时间内发出的声能等于被吸收掉的声能时，室内的声能保持一定，此时，在室内局部范围内的声能密度仍可能起伏变化，但从整体来看，即从统计平均的意义来看，室内声能密度达到了稳定的状态。此时室内形成了一个稳态声场。

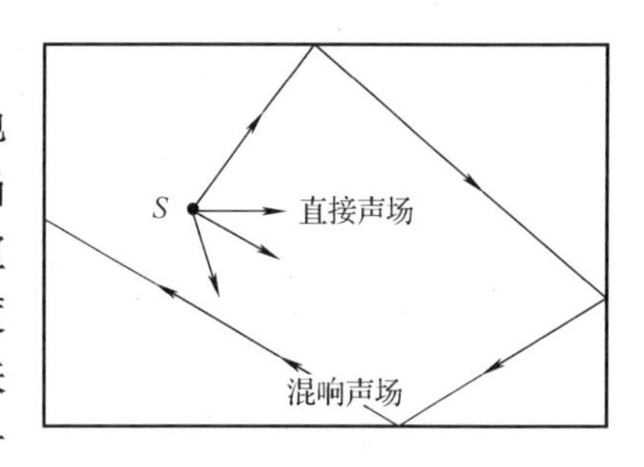

图 3-3　复合声场

为了便于对室内声场进行分析研究，通常将室内声场按照声场性质的不同分解为两部分：一部分是由声源直接到达听者的直达声所形成的声场，称为直达声场；另一部分是经过壁面一次或多次反射后到达听者的反射声所形成的声场，称为混响声场。对于直达声场，按定义只有从声源向四周辐射出去的声波而不包括反射回来的声波，因此它是个自由声场。对于混响声场，由于在通常情况下，室内的壁面不很规则，并且室内总会有一些物体散射声波，因此从声源发出的声波以各种不同的角度射向壁面，经多次反射后相互交织混杂，沿各方向传播的概率几乎是相同的，在室内各处(除紧靠壁面外)的声场也几乎是相同的。这种传播方向各向同性，而且各处均匀的声场称为“完全扩散”声场。这就是说，在通常情况下，混响声场可以近似看成完全扩散的声场。

直达声与混响声之间不能保持稳定的相位差，因此后面描述的直达声场(用角标 D 表示)、混响声场(用角标 R 表示)及总声场的物理量是按能量叠加的法则处理的。值得注意的是，在自由声场中，可以用声强来描述声能的强弱，由于声强与声波的传播方向有关，而在直达声场与混响声场中，声的传播方向并不一致，因此声强并不能简单地代数相加，必须按声传播的不同方向分别加以对待。

3.1.2　直达声场

直达声场是自由声场，前面介绍的一些结论、公式都适用。

设点声源的声功率是 W，在距离声源声学中心 r 处，与直达声相对应的声强 I_D 为

$$I_D = \frac{QW}{4\pi r^2} \tag{3-1}$$

式中，系数 Q 为指向性因子。对于无指向性点声源来说，Q 取 1；点声源放置在刚性反射面上时，Q 取 2；点声源放置在两个刚性反射面相交的边上时，Q 取 4；点声源放置在三个刚性反射面组成的角上时，Q 取 8。图 3-4 给出了点声源在不同空间位置时的指向性因子的取值标准。

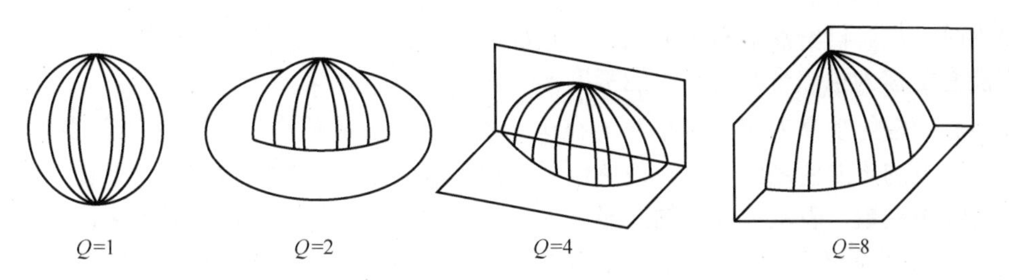

图 3-4　点声源在不同空间位置的指向性因子

记距离点声源 r 处的声压为 P_D，声能密度为 ε_D，可得

$$P_D^2 = \rho c I_D = \rho c \frac{QW}{4\pi r^2} \tag{3-2}$$

$$\varepsilon_D = \frac{P_D^2}{\rho c^2} = \frac{QW}{4\pi r^2 c} \tag{3-3}$$

式中，ρc 为空气的介质特性阻抗，Pa·s/m；c 为声速，m/s。

在空气中与直达声相对应的声压级 L_{PD} 为

$$L_{PD} = L_W + 10\lg\left(\frac{Q}{4\pi r^2}\right) - \Delta L \tag{3-4a}$$

式中，$\Delta L = 10\lg\dfrac{400}{\rho c}$；$L_W$ 为声功率级。

在一般情况下，对空气来说 ΔL 很小，可以忽略不计。所以

$$L_{PD} \approx L_W + 10\lg\left(\frac{Q}{4\pi r^2}\right) \tag{3-4b}$$

3.1.3　混响声场

设混响声场是完全扩散声场，此处所说的扩散声场是指声场有足够大的扩散空间，即室内声能密度处处相同，在任何一点上，从各个方向传来的声波概率相等，声音的相位是无规的。在稳态时记混响声场的声能密度为 ε_R，室内的容积为 V，则室内混响声场的总声能记为

$$E = \varepsilon_R V \tag{3-5}$$

声波在室内传播时，经过若干距离就在壁面上反射一次，并相应地改变传播方向。声波经相邻两次反射距离的平均值定义为平均自由路程，记为 d，单位是 m。由理论和实验均证实，不论室内空间形状如何，平均自由路程均为

$$d = \frac{4V}{S} \tag{3-6}$$

式中，V 为房间容积，m^3；S 为房间的总内表面积，m^2。

声音在空气中每秒钟传播的距离为声速 c，因此声波在每秒时间内的平均反射次数 n 应为

$$n = \frac{c}{d} = \frac{cS}{4V} \tag{3-7}$$

当声源在封闭空间内稳定地辐射声能时，一部分声能被室内各壁面吸收，另一部分被反射为混响声能。在初始阶段，室内混响声能密度逐渐增加，被吸收的声能也随之不断地增加，到达稳态时，声源供给混响声场的能量将正好补偿被壁面与介质所吸收的声能，此时室内的平均声能密度称为稳态平均混响声能密度 ε_R。

设声源的辐射功率为 W，辐射声能在第一次被壁面反射前均为直达声，经过壁面第一次反射后，剩下的声能便是混响声，故单位时间内声源向室内贡献的混响声为 $W(1-\bar{\alpha})$。$\bar{\alpha}$ 为室内平均吸声系数，表示被吸收的声能占入射声能的比例。混响声在以后的多次反射中还要被吸收，设混响声能密度为 ε_R，则总混响声能为 $\varepsilon_R V$，声波每反射一次，被吸收的声能为 $\varepsilon_R V\bar{\alpha}$，

每秒反射 $\dfrac{cS}{4V}$ 次，则单位时间吸收的混响声能为 $\varepsilon_R V\bar{\alpha}\dfrac{cS}{4V}$。当单位时间声源贡献的混响声能与被吸收的混响声能相等时，室内声能达到稳态，即有

$$\varepsilon_R V\bar{\alpha}\frac{cS}{4V}=W(1-\bar{\alpha}) \tag{3-8}$$

于是室内混响声能密度为

$$\varepsilon_R=\frac{4W(1-\bar{\alpha})}{cS\bar{\alpha}}=\frac{4W}{cR} \tag{3-9}$$

$$R=\frac{S\bar{\alpha}}{1-\bar{\alpha}}$$

$$\bar{\alpha}=\frac{S_1\alpha_1+S_2\alpha_2+S_3\alpha_3+\cdots}{S_1+S_2+S_3+\cdots}=\frac{\sum_{i=1}^{n}S_i\alpha_i}{\sum_{i=1}^{n}S_i}$$

式中，R 为房间常数，m^2；$\bar{\alpha}$ 指室内各壁面在某一频率的平均吸声系数；α_i 为 S_i 面积的吸声系数。

由此得混响声场中的声压方值 P_R^2 为

$$P_R^2=\frac{4\rho cW}{R} \tag{3-10}$$

在空气中，与混响声相对应的声压级 L_{PR} 为

$$L_{PR}=L_W+10\lg\frac{4}{R}-\Delta L \tag{3-11}$$

同理，$\Delta L=10\lg\dfrac{400}{\rho c}$，在一般情况下，对空气来说 ΔL 很小，可以忽略不计，所以

$$L_{PR}=L_W+10\lg\frac{4}{R} \tag{3-12}$$

在式(3-12)中，R 为反映房间声学特性的重要常数，称为房间常数，它以平方米为单位。如果同时考虑空气的声吸收，单位时间内被吸收掉的混响声能将有所增加。这相当于壁面的平均吸声系数相应提高，记壁面与空气同时吸声时的等效吸声系数为 α_T，可以证明：

$$\alpha_T=\bar{\alpha}+\frac{4mV}{S}$$

式中，m 为声强衰减系数。在式(3-9)中只要用 α_T 来代替 $\bar{\alpha}$，就可以得到考虑空气的声吸收时的房间常数。在通常情况下，当频率不太高并且房间几何尺寸不很大时，空气声吸收可以忽略不计。反之，当频率很高(如大于 2000Hz)，而比值 V/S 也相当大时，空气声吸收的影响不容忽视。

3.1.4　室内总声场

将室内直达声场与混响声场叠加在一起，就得到实际的总声场，其声能密度为

$$\varepsilon=\varepsilon_D+\varepsilon_R=\frac{W}{c}\left(\frac{Q}{4\pi r^2}+\frac{4}{R}\right) \tag{3-13}$$

由此得声压方值为
$$P^2 = P_D^2 + P_R^2 = \rho c W\left(\frac{Q}{4\pi r^2}+\frac{4}{R}\right) \tag{3-14}$$
空气中，总声场的声压级 L_P 为
$$L_P = L_W + 10\lg\left(\frac{Q}{4\pi r^2}+\frac{4}{R}\right) - \Delta L \tag{3-15}$$
同理，ΔL 可忽略，即
$$L_P = L_W + 10\lg\left(\frac{Q}{4\pi r^2}+\frac{4}{R}\right) \tag{3-16}$$

从式(3-16)可以看出，由于声源的声功率级是给定的，房间中各处声压级的相对变化就由右边第二项 $10\lg\left(\frac{Q}{4\pi r^2}+\frac{4}{R}\right)$ 所决定。当房间壁面接近全反射时，$\bar{\alpha}$ 接近于零，房间常数 R 也接近于零，此时有 $\frac{Q}{4\pi r^2} \ll \frac{4}{R}$，房间内声场主要为混响声场，这种房间称为混响室。反之，当房间壁面接近全吸收时，$\bar{\alpha}$ 接近于 1，房间常数 R 趋于无限大，此时 $\frac{Q}{4\pi r^2} \gg \frac{4}{R}$，房间内声场主要为直达声场，这种房间称为消声室。对于一般情况，总是介于上述两种极端情况之间，房间常数 R 大致在几十到几千的范围内变化。

由 $10\lg\left(\frac{Q}{4\pi r^2}+\frac{4}{R}\right)$ 可见，当离声源近时，直达声占主要地位 $\left(\frac{Q}{4\pi r^2} \gg \frac{4}{R}\right)$；当与声源中心的距离逐渐增大时，房间的影响相对增强，当距离增加到一定程度时，房间内的混响声转化为占主要地位。而当直达声场与混响声场的影响相等，即 $\frac{Q}{4\pi r^2} = \frac{4}{R}$ 时，此时的 r 称为混响半径，用 r_c(m)表示：
$$r_c = \frac{1}{4}\sqrt{\frac{QR}{\pi}} \tag{3-17}$$

可以看出，混响半径与房间常数 R 的平方根成正比，还与指向性因子 Q 有关，而 R 又取决于房间吸收，当室内吸收和声源指向性因数 Q 越大时，直达声占优势的空间也越大。对于 Q，即使是点源，若安置室内的位置不同，Q 值也将随之变化，故 Q 不仅包括了声源的指向性，同时包括了声源在室内位置的因素在内。

例 3-1　设一点声源的声功率级 $L_W = 100\text{dB}$，放置在房间常数 $R = 200\text{m}^2$ 的房间中心，求距离声源中心 $r = 2\text{m}$ 处对应的直达声场、混响声场以及总声场的声压级。

解　对于直达声场，当 $Q = 1$、$r = 2\text{m}$、$L_W = 100\text{dB}$ 时
$$L_{PD} = L_W + 10\lg\frac{Q}{4\pi r^2} = 100 + 10\lg\frac{1}{4\pi 4} \approx 100 - 17 = 83(\text{dB})$$
对于混响声场，$R = 200\text{m}^2$ 时
$$L_{PD} = L_W + 10\lg\frac{4}{R} = 100 + 10\lg\left(\frac{4}{200}\right) \approx 100 - 17 = 83(\text{dB})$$

由上面的结果可以判断，$\frac{Q}{4\pi r^2} \approx \frac{4}{R}$，此时的 $r = r_c = 2\text{m}$ 为混响半径，对应总声场的声压级 L_P 为 L_{PD} 和 L_{PR} 按能量法则叠加的结果。

由于 $L_{PD}=L_{PR}$，所以

$$L_P=L_{PD}+10\lg 2=83+3=86(\mathrm{dB})$$

3.2　室内声场的衰减及混响时间

当室内声场达到稳态时，若突然关闭声源，室内的声音不会立即消失，而是要延续一段时间，等到声音衰减到实际听不见为止。这种声音的延续现象称为混响，这一持续声音就称为“混响声”。

假定室内稳态声场的平均声能密度为$\bar{\varepsilon}$，当声源停止发声时，由于室内壁面等的吸声，混响声能将逐渐消失。声音经第一次反射后的平均声能密度降低为$\bar{\varepsilon}_1=\bar{\varepsilon}(1-\bar{\alpha})$；经第二次反射后降为$\bar{\varepsilon}_2=\bar{\varepsilon}(1-\bar{\alpha})^2$；经第 n 次反射后降为$\bar{\varepsilon}_n=\bar{\varepsilon}(1-\bar{\alpha})^n$，在 t 秒时间内总反射次数为$\dfrac{cS}{4V}t$，此时室内平均声能密度为

$$\bar{\varepsilon}_t=\bar{\varepsilon}(1-\bar{\alpha})^{\frac{cS}{4V}t} \tag{3-18}$$

可见，$\bar{\varepsilon}_t$ 随时间增长作指数衰减，室内吸收越多，声能衰减越快；容积越大，声能衰减越慢。图 3-5 表明了室内几种吸收情况对声音衰变的影响。

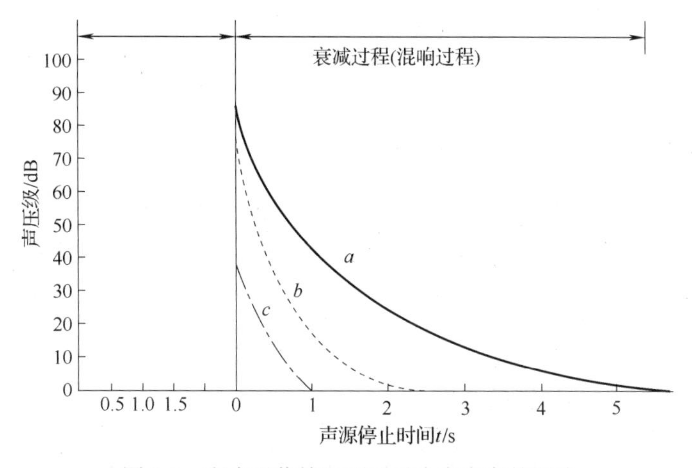

图 3-5　室内吸收情况不同对声音衰变的影响

另外，声音在空气中传播时，还受到空气吸收的影响，空气吸收随传播距离而增加，经过时间 t 的传播距离为 ct，经吸收后声能密度降低为原来的 e^{-mct}。m 为空气中声音衰减常数，单位是 m^{-1}。声音在室内传播，既被壁面吸收，又被空气吸收，因此，经 t 秒后，声能总衰减应为

$$\bar{\varepsilon}_t=\bar{\varepsilon}(1-\bar{\alpha})^{\frac{cS}{4V}t}e^{-mct} \tag{3-19}$$

美国声学家(物理学家) W.C.赛宾(Sabine，Wallace Clement Ware，1868—1919 年)通过大量实验研究，发现了混响时间公式。他发现声源停止发声后的声衰减率对室内音质具有极为重要的意义。现定义当室内声场达到稳态后，立即停止发声，声能密度衰减到原来的百万分之一时(10^{-6})，即衰减 60dB 所需要的时间为“混响时间”，用 T_{60} 表示，单位是 s，按此定义可写出

$$10\lg\frac{\overline{\varepsilon}_t}{\overline{\varepsilon}}=10\lg\left[(1-\overline{\alpha})^{\frac{cS}{4V}T_{60}}\mathrm{e}^{-mcT_{60}}\right]=-60$$

由此解得

$$T_{60}=\frac{0.161V}{4mV-S\ln(1-\overline{\alpha})} \tag{3-20}$$

$\overline{\alpha}$ 与 $-\ln(1-\overline{\alpha})$ 之间的换算关系如表 3-1 所示。

空气衰减常数 m 与温度、湿度有关，还随频率升高而增大。低于 2000Hz 的声音，m 可以忽略。表 3-2 列出了室温为 20℃时，$4m$ 与频率和相对湿度的关系。当室内声音频率低于 2000Hz，且平均吸声系数 $\overline{\alpha}<0.2$，$-\ln(1-\overline{\alpha})\approx\overline{\alpha}$ 时，式(3-20)可简化为

$$T_{60}\approx\frac{0.161V}{S\overline{\alpha}} \tag{3-21}$$

表 3-1　$\overline{\alpha}$ 与 $-\ln(1-\overline{\alpha})$ 之间的换算关系

$\overline{\alpha}$	0.10	0.15	0.20	0.25	0.30	0.35
$-\ln(1-\overline{\alpha})$	0.105	0.162	0.223	0.287	0.357	0.430
$\overline{\alpha}$	0.40	0.45	0.50	0.55	0.60	0.65
$-\ln(1-\overline{\alpha})$	0.510	0.597	0.692	0.798	0.915	1.050

表 3-2　室温 20℃时，空气吸收常数 $4m$ 与频率及相对湿度的关系

频率/Hz	室内相对湿度/%			
	30	40	50	60
2000	0.012	0.010	0.010	0.009
4000	0.038	0.029	0.024	0.022
6300	0.084	0.062	0.050	0.043

混响时间的长短直接影响到室内音质，T_{60} 过长会使人们感到听音混浊不清，过短又有沉寂干瘪的感觉，要达到良好的音质，常通过调整各频率的平均吸声系数 $\overline{\alpha}$ 来获得主要各频率的最佳混响时间。

3.2.1　声场并非完全扩散所产生的影响

在前面的分析中，有一个前提是：假定声场为完全扩散声场，室内各处声能密度相同，沿各方向传播的声强相同。而在实际声场中，并不能真正满足完全扩散声场的条件。

例如，在衬贴吸声材料的壁面上，入射方向与反射方向的声强并不相同。特别是在壁面附近，由于入射声波与反射声波互相干涉，声能密度随离开壁面的距离起伏变化，其平均值要比远离壁面处的声能密度偏高一些，如图 3-6 所示。

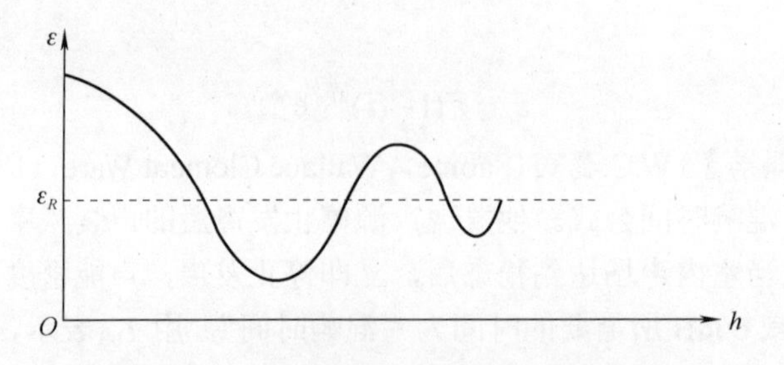

图 3-6　声能密度随离开壁面距离的变化

由上述可知，考虑壁面影响时，对于给定的声强 I_0，房间内的总声能要比不考虑壁面影响 $(E=\varepsilon_R V)$ 得到的值大一些。

根据严格的理论推导可得

$$E=\varepsilon_R\left(V+\frac{S\lambda}{8}\right) \tag{3-22}$$

式中，λ 为声波波长。

注：在完全扩散声场中，房间内混响声场的总声能为 $E=\varepsilon_R V$，ε_R 为稳态时混响声场的声能密度；V 为房间的容积。

式(3-22)表明房间的“有效”容积要比实际容积大 $\frac{S\lambda}{8}$。因此式(3-20)应改写为

$$T_{60}=\frac{0.161V}{4mV-S\ln(1-\bar{\alpha})}\times\left(1+\frac{S\lambda}{8V}\right) \tag{3-23}$$

即在式(3-20)右边再乘上一个因子 $\left(1+\frac{S\lambda}{8V}\right)$。

在实际问题中，要使房间内的声场良好地满足“完全扩散”的条件，通常要求房间长、宽、高三方向的几何尺寸为同一数量级，壁面的平均吸声系数 $\bar{\alpha}$ 为小值，并且房间内各壁面的吸声系数相差不多，即要求吸声材料应该分散布置，不能集中在房间的某一部分表面上，此外，房间内宜布置有凸表面的反射体，使声波向四周散射，这种反射体通常称为扩散体。一般来讲，当房间长、宽、高三方向的几何尺寸相差 10 倍以上，或当平均吸声系数 $\bar{\alpha}$ 在 0.3 以上时，在房间中就很难形成良好的扩散声场了。

房间的混响时间可以直接由实验测定，因此可以根据式(3-20)和式(3-23)的混响时间计算公式，间接推算出壁面的吸声特性，这也就是借助混响室测定吸声材料无视入射吸声系数的原理。在噪声控制中，往往借助混响时间的测量确定房间常数，从而确定在房间内装置噪声源时，房间混响对声场的影响。

3.2.2 吸声对室内降噪的作用

吸声对降低室内噪声的作用可通过下式加以分析：室内空间某点确定位置上，声源声功率级 L_W 和声源指向性因数 Q 一旦确定，只有改变房间常数 R 才能使 L_P 发生变化。

$$L_P=L_W+10\lg\left(\frac{Q}{4\pi r^2}+\frac{4}{R}\right)$$

设 R_1 和 R_2 分别为安装室内吸声装置前、后的房间常数，距离声源中心 r 处相应声压级为 L_{P1} 和 L_{P2}，由上式可列出

$$L_{P1}=L_W+10\lg\left(\frac{Q}{4\pi r^2}+\frac{4}{R_1}\right)$$

$$L_{P2}=L_W+10\lg\left(\frac{Q}{4\pi r^2}+\frac{4}{R_1}\right)$$

L_{P1} 和 L_{P2} 之差值 ΔL_P 反映了安装吸声装置后 r 点处的降噪效果，即

$$\Delta L_P = L_{P1} - L_{P2} = 10\lg\left(\frac{\dfrac{Q}{4\pi r^2}+\dfrac{4}{R_1}}{\dfrac{Q}{4\pi r^2}+\dfrac{4}{R_2}}\right) \tag{3-24}$$

当测点远离声源时，即 $\dfrac{4}{R} \gg \dfrac{Q}{4\pi r^2}$，$\Delta L_P$ 近似可写成

$$\Delta L_P \approx 10\lg\frac{R_2}{R_1} \approx 10\lg\frac{\bar{\alpha}_2(1-\bar{\alpha}_1)}{\bar{\alpha}_1(1-\bar{\alpha}_2)} \tag{3-25}$$

一般情况下，$\bar{\alpha}_1$ 和 $\bar{\alpha}_2$ 都比 1 小得多，因此 ΔL_P 又可简化为

$$\Delta L_P \approx 10\lg\frac{\bar{\alpha}_2}{\bar{\alpha}_1} \tag{3-26}$$

可见 $\bar{\alpha}_2$ 和 $\bar{\alpha}_1$ 的比值越大，噪声级降低得越多，但是应该注意两者是对数关系，当 $\dfrac{\bar{\alpha}_2}{\bar{\alpha}_1}$ 大到某一程度时，对数增长缓慢，甚至极小，因而比值宜选取适当，不宜过分追求过大值，以免得不偿失。

由于 $\bar{\alpha}_2$ 和 $\bar{\alpha}_1$ 通常是按实测混响时间 T_{60} 得到的，若以 T_1 和 T_2 分别表示安装吸声装置前后的混响时间，ΔL_P 还可表示为

$$\Delta L_P \approx 10\lg\frac{T_1}{T_2} \tag{3-27}$$

可以看出，从降低室内混响声来说，加吸声装置后的混响时间应越短越好，但这并不是室内良好音质的最佳混响时间，两者不能混淆。

3.3　声功率的测量方法及声强测量

声源辐射出声功率，从而出现声压。人们听到的是声压，而声压是由声源发射的声功率引起的。太高的声压会引起听力损伤，当人们估计声音的响应时，一般是测量声压。相对来说声压也比较容易测量。人们听到的声音在耳膜上的压力变化与在电容传声器膜片上检测到的压力变化是相同的。

人们听到的声压，或者说用传声器测得的声压取决于与声源的距离及声波所处的声学环境(声场)。而这又取决于房间的大小及表面的吸声特性。所以仅测量声压不能确定机器发出了多少噪声，必须测量声功率，因为声功率基本上与环境无关，且为声源噪声最好的描述量。

3.3.1　声源声功率测量

用声压级对噪声进行定量描述是一个有用的参量，但用来说明机器噪声的辐射特性是不够的。因为机器周围的声压级还取决于接收者和声源的距离以及声学环境，如附近有反射体、吸声体都会导致声压的改变。如果以能量为基础，用声功率级表达各类机器辐射噪声的性能，就与测量的距离和环境无关。机器噪声的声功率级是表示机器性能的一个不变量，这对研究机械噪声产生的机理以及对噪声的控制都有重要的理论和实际意义。目前常用的测量声功率的方法有三种：消声室和半消声室法、混响室法、现场测量法。

1. 消声室和半消声室法(自由声场和半自由声场)

自由场声功率测量：当辐射源发出的声波在自由声场内传播时不会产生反射声波，若声源尺寸较声波波长小得多，且指向性不很强，可视声源为点声源，声波以球面波形式向外辐射。如以声源为中心、以半径 r 作一个假想球面，且这一球面处在声源辐射的远场时，球面上测点的声压与声强符合 $I = p_e^2/(\rho c)$ 的关系式，所以可以从球面上多个测点的声压值计算声强和声源的声功率。通过球面积 ΔS_i 辐射的声功率 W_i 可以表示为

$$W_i = \overline{I}_i \Delta S_i = p_i^2 \frac{\Delta S_i}{\rho c}$$

辐射声源总功率为各面积ΔS_i上通过的功率之和，即

$$W = \sum_{i=1}^{n} \overline{I}_i \Delta S_i$$

包络面可以是球面，也可以是其他形状，根据 $\overline{I}_i = \overline{p}_i^2/(\rho c)$，$\overline{p}_i$ 为 i 面积元上的平均声压。在自由声场中，由于反射声可以忽略，于是

$$L_W = 10\lg\frac{W}{W_{\text{ref}}} = 10\lg\left(\frac{1}{\rho c}\sum_{i=1}^{n}\overline{p}_i^2\frac{\Delta S_i}{W_{\text{ref}}}\right)$$

式中，$W_{\text{ref}} = 10^{-12}\text{W}$，为基准声功率，设 $\overline{p}_i^2$ 为整个包络面上各测点声压平方的平均值，即

$$\overline{p}^2 = \frac{1}{S}\sum_{i=1}^{n}\overline{p}_i^2\Delta S_i$$

式中，$S = \sum_{i=1}^{n}\Delta S_i$ 为包络面总面积，因此，可得到待测声源的声功率级为

$$L_W = 10\lg\left(\frac{\overline{p}^2}{\rho c}\times\frac{S}{W_{\text{ref}}}\right) = \overline{L}_P + 10\lg S \tag{3-28}$$

式中，$S = 4\pi r^2$ 为球表面积(如果包络面是球)。

因在正常室温和大气压下，$\rho c = 400\text{Pa·s/m}$，$\rho c \times W_{\text{ref}} = 400\times 10^{-12} = (2\times 10^{-5})^2$ 正是参考声压 p_{ref} 的平方，式(3-28)中的平均声压级为

$$\overline{L}_P = 10\lg\left(\frac{\overline{p}_1^2 + \overline{p}_2^2 + \cdots + \overline{p}_n^2}{np_{\text{ref}}^2}\right) = 10\lg\sum_{i=1}^{n}\frac{\overline{p}_i^2}{p_{\text{ref}}^2} - 10\lg n$$

上式中第一项可以按来自 n 个不同声强级或声压级的叠加计算。

半自由声场声功率测量：在半自由声场中，反射平面的存在使声源的辐射情况复杂化，此时空间半球面上可测的是实际声源和反射声的声场能量之和。按声学原理推导可知，当声源各点与反射面距离 $R > \lambda/4$ 时(λ 为感兴趣中心频率所对应的波长)，反射面上自由声场(半自由声场)测得的声功率就等于自由场测得的声功率。在反射面上自由声场内声源的声功率由式(3-29)计算。式中，$S' = 2\pi r^2$ 为半球面。

$$L_W = \overline{L}_P + 10\lg S' \tag{3-29}$$

综合式(3-28)、式(3-29)，自由声场和半自由声场的声功率级可以写成

$$L_W = \overline{L}_P + 20\lg r + K \tag{3-30}$$

当声源辐射为球面波时，$K = 11$；当声源辐射为半球面波时，$K = 8$。

2. 混响室法

混响室法是将声源放置在混响室内进行测量的方法。混响室是一间体积比较大(一般大于 180m^3)，墙的隔声和地面隔振都很好的房间，它的壁面坚实光滑，对声波的反射很好，在测量的声音频率范围内的反射系数大于 98%，室内声场声压级和声功率级的关系为

$$L_P = L_W + 10\lg\left(\frac{Q}{4\pi r^2} + \frac{4}{R}\right) \tag{3-31}$$

式中，L_W 为声源的声功率级；Q 为声源(包括室内声源位置)的指向性因数；R 为房间常数，$R = \frac{S\bar{\alpha}}{1-\bar{\alpha}}$，$S$ 为混响室内的总面积，$\bar{\alpha}$ 为其平均吸声系数。在式(3-31)的右边第二项括号内的第一项是声源到达接收点的直达声，第二项是由室内各壁面反射而形成的混响声，如果第二项的值大于 $\frac{Q}{4\pi r^2}$ 一个数量级，则第一项可以略去，于是得到

$$L_P \approx L_W + 10\lg\frac{4}{R}$$

在混响室内，只要是在离开声源一定距离外的区域，上述条件是能够满足的，这一区域声场称为混响声场，不过混响声场内的声压级实际上并不是完全均匀的，因此必须取几个测点的声压级平均值 $\bar{L}_P$。由此可得到声功率级为

$$L_W \approx \bar{L}_P - 10\lg\frac{4}{R}$$

3. 现场测量法

现场测量法一般是在车间内进行的，分为直接测量和比较测量两种。这两种方法测量结果的准确性虽然不及实验室测得的结果，但可以不搬运声源，因此方便很多。

直接测量法与自由场测量方法一样，也设想一个包围声源的包络面，测量包络面上各面积元上的声压级，不过在现场中测得的声压级包含混响声在内，根据室内声场声功率级与声压级的关系：

$$L_P = L_W + 10\lg\left[\frac{Q}{4\pi r^2} + \frac{4}{R}\right]$$

可得

$$L_W = \bar{L}_P - 10\lg\left(\frac{1}{S} + \frac{4}{R}\right) = \bar{L}_P + 10\lg S - 10\lg\left(1 + \frac{4S}{R}\right) = \bar{L}_P + 10\lg S - K \tag{3-32}$$

式中，$K = 10\lg\left(1 + \frac{4S}{R}\right)$，dB。

房间内因有混响声影响而引起的这项校正值，因与房间常数(即房间内的吸声系数)有关，可以根据房间内部壁面的情况作出估计，也可从测量房间的混响时间 T_{60} 得出。因一般车间内吸声系数 $\bar{\alpha}$ 很低，$R = \frac{S\bar{\alpha}}{1-\bar{\alpha}} \approx S\bar{\alpha}$，$R$ 为房间常数，S 为总表面积。由混响时间 T_{60} 近似式代入式(3-32)，得

$$K \approx 10\lg\left(1+\frac{ST_{60}}{0.04V}\right)$$

式中，V 为车间体积。可见车间吸声量越小，修正值越大，当测点直达声与混响声相等时，$K=3$；若 K 大于此值，则为混响声占主要，可见 K 值越大，测量结果精度越差，为减小 K 值应缩小测点包络面，即将各测点移近声源。

比较法是利用经过实验室标定过声功率的任何噪声源作为标准声源，在现场中由对比测量两者声压级而得出待测机器声功率的一种方法。它不需要估计吸声量或测量混响时间进行 K 值修正。具体测量方法与前面的现场直接测量法一样，不过需要将标准声源放在待测声源附近位置，对标准声源和待测声源各进行一次同一包络面上各测点的测量。由于包络面积 S 相同，又是同一房间，R 应相同，因此式(3-32)中的对数项两次测量结果应一样，设已知标准声源声功率级为 L_{WS}，测得平均声压级为 $\overline{L}_P$，则待测声源声功率级为

$$L_W = L_{WS} + (\overline{L}_P - L_{PS})$$

式中，L_{PS} 为标准声源的平均声压级。

3.3.2　声强测量

声学测量和声学理论并不总是并驾齐驱发展的。Lord Rayleigh 的 *The theory of sound* 的发表奠定了现代声学的基础。理论上的“声强”概念是该书的重要内容。但是整整过去了 100 年后才有了完全实用的声强测量方法。

20 世纪初期电子学的发展慢慢地使实用测量与声学理论步调一致起来。1906 年 L.de Forest 发明了三极管放大器，1915 年 E.C.Wente 设计了第一个电容传声器。1932 年 H.F.Olson 的声强测量设备取得了专利权，但该设备显然只能在理想化的条件下工作。尽管还有另外一些尝试，但始终没有生产出商品化的设备。

直到 1977 年 F.J.Fahy 和 J.Y.Chung 各自独立地把数字处理技术应用于这一理论，才开创了声强测量设备商品化生产的纪元。随着传声器设计的不断进步，最终用两个互相靠近并留有间隔的传声器实现了可靠的测量。

这一突破后不久，测量方法也建立起来了。这不仅给理论声学工作者提供了测量和观测那些以前仅仅局限于教科书中的声学量的机会，而且证明了，对噪声控制工程师而言，测量方法在各种各样的应用方面是很有价值的。1985 年在法国 Senlis 召开的关于当代声强研究发展的国际会议，吸引了来自二十个不同国家的专家的八十多篇论文就是得到普遍承认的印证。其发展进程如图 3-7 所示。

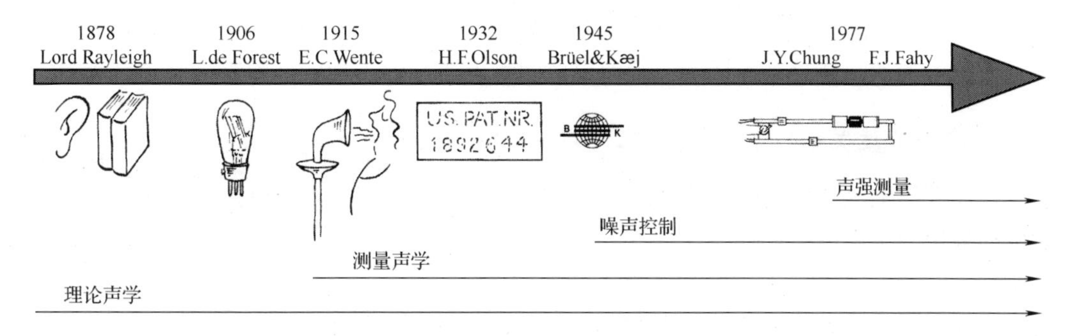

图 3-7　声强发展历程

任何振动着的机械都会辐射出声能。声功率是声能量辐射的速率(单位时间内辐射出的能量)。声强是声场中某一点上单位面积通过的能量流，其单位是 W/m^2 。

声强是单位面积内通过的声功率的平均值，在某些情况下，可能声能流有往 x 方向流出，也有往 $-x$ 方向流入，当流出的声能与流入的声能相等时，就测不到声强。没有净声能量流也就没有净声强。

由于可能在某些方向上有能量流而在另一些方向上没有，所以声强也能测度方向。声强既有大小又有方向，因此它是一个向量。但声压只有大小没有方向，它是一个标量。通常人们是在声能量流过的某一指定单位面积的法线方向(90° 角)上测量声强的。

图 3-8 给出了声源辐射能量示意图。声源辐射的所有能量必然通过包围着的声源的某一表面。因为声强是单位面积通过的声功率，可以先测量包围着声源的某一表面的法线方向上的声强空间平均值，然后用表面的面积去乘该平均声强值，得出声功率。

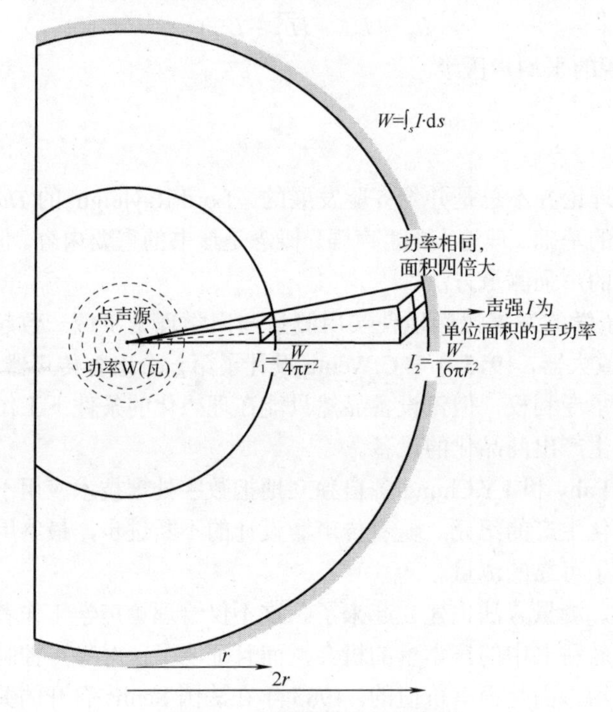

图 3-8　声源辐射声能示意图

对自由场传播而言，某一表面的声强(及声压)值与其到声源的距离的平方成反比，由图 3-8 可以看出，距离声源为 $2r$ 的球面面积是距离声源为 r 的球面面积的 4 倍。然而不管距离如何，辐射的声功率总是一样的，因而单位面积上通过的声功率，即声强必定减小。

1. 计算质点速度

声强在数值上等于单位面积的声功率。换言之，它等于某一点瞬时声压和相应的瞬时质点速度的乘积的平均值：

$$I = p(t)\,u(t) \tag{3-33}$$

声压是很容易测量的一个量，但质点速度的测量就困难了，不过质点速度与声压梯度(瞬态声压随距离的变化率)之间的关系可通过线性欧拉方程联系起来。用这个方程能够使用两个互相靠近并留有间隔的传声器测量出声压梯度并由此推导出质点速度。

欧拉方程基本上是把牛顿第二定律运用于流体的结果。牛顿第二定律是作用于某一质量上的力与所产生的加速度的关系。如果已知力和质量，就能算出加速度，然后对时间进行积分得出速度：

$$F = ma，\quad a = \frac{F}{m}$$

$$v = \int \frac{F}{m} \mathrm{d}t$$

在欧拉方程中，压力梯度引起了密度为 ρ 的流体的加速度。知道了声压梯度和气体的密度，就能算出质点的加速度。将加速度信号对时间积分，就得出质点速度：

$$a = -\frac{1}{\rho} \mathrm{grad}\, p$$

$$\frac{\partial u}{\partial t} = -\frac{1}{\rho}\frac{\partial p}{\partial r}$$

$$u = -\int \frac{1}{\rho}\frac{\partial p}{\partial r} \mathrm{d}t$$

2. 有限差分近似

压力梯度是一个连续函数，是一条平滑变化的曲线。用两个互相靠近并留有间隔的传声器测得声压差，并除以传声器之间的距离，可以得出压力梯度的直线近似。这种方法称为有限差分近似。这可以考虑成在弧线上两点之间画一条直线，来近似代替弧线上的正切值，如图 3-9 所示。

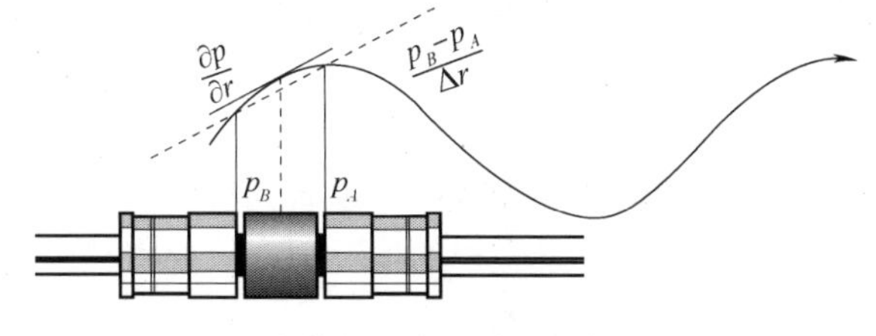

图 3-9　有限差分近似

欧拉方程：
$$u = -\frac{1}{\rho}\int \frac{\partial p}{\partial r} \mathrm{d}t$$

有限差分近似：
$$u = -\frac{1}{\rho}\int \frac{p_B - p_A}{\Delta r} \mathrm{d}t$$

平均压力：
$$p = \frac{p_A + p_B}{2}$$

声强：
$$I = \overline{p \cdot u} = -\frac{p_A + p_B}{2\rho\Delta r}\int (p_B - p_A)\, \mathrm{d}t$$

3. 声强的计算

两个性能一致的声压传感器，相距 Δr，当 $\Delta r \ll \lambda$（λ 为声波波长）时。在 r 方向的压力

梯度近似等于两传声器测得的声压相减后除以 Δr，即

$$u_r \approx -\frac{1}{\rho\Delta r}\int (p_B - p_A)\,\mathrm{d}t \tag{3-34}$$

两个传声器连线中点的声压值 $\overline{p}$ 近似等于 $(p_B - p_A)/2$，所以声强在 r 方向的分量为

$$I_r = \overline{p(t)u(t)} = -\frac{1}{2\rho\Delta r}\overline{(p_B + p_A)\int (p_B - p_A)\,\mathrm{d}t} \tag{3-35}$$

式(3-35)说明了声强测量的程序，把来自声压传声器的信号 p_A 和 p_B 相减后送入积分器，得到 u_r；另外，p_A 和 p_B 相加取算术平均后得到 $\overline{p}$，和 u_r 一起送入乘法器。输出信号中的直流成分正比于声强在 r 方向上分量对时间平均的近似值，运算过程中的增益常数由媒质密度 ρ 和两传声器距离 Δr 确定，原理方框图如图 3-10 所示。

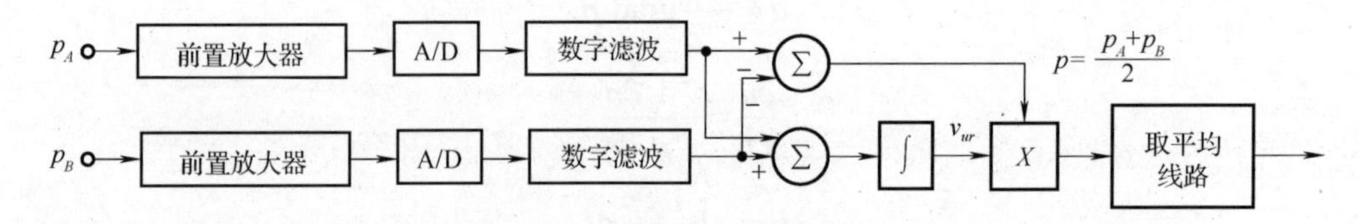

图 3-10　声强测量系统原理方框图

若求声强 I_r 的频谱密度，可对式(3-35)作傅里叶变换，得

$$I_r(\omega) = \frac{1}{\rho\omega\Delta r}\,\mathrm{Im}[R_{12}] \tag{3-36}$$

式中，$R_{12} = [P_1(\omega)P_2^*(\omega)]$ 为互功率谱密度；Im 表示取其虚数部分，$P_1(\omega)$、$P_2(\omega)$ 分别为 $p_1(t)$、$p_2(t)$ 的傅里叶变换，*表示其共轭复数。

由上所述，可以用两个性能相同的声压传声器、加法器、减法器、积分器、乘法器等组成声强计，直接进行声强测量。

测量声强的用途是很多的。由于声强是一个矢量，因此声强测量可用来鉴别声源和判定它的方位，可以画出声源附近声能流动的路线；可以研究材料吸声系数随入射角度的变化；可以不需要特殊声学环境，甚至在有背景噪声的情况下，只要将包围声源的包络面上的声强矢量作积分，就能求出声源的声功率，见图 3-11。

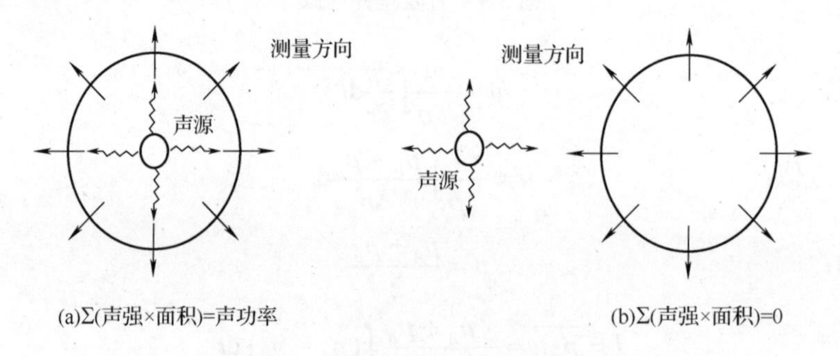

图 3-11　声强测量声源声功率示意图

声强测量及其频谱分析对噪声源的研究有着独特的优越性，能够有效地解决许多现场声学测量问题，因此它已成为噪声研究的一种有力工具。特别是在现场进行测试工作时，可以

大大简化解决问题的途径。国际标准化组织已公布利用声强测量噪声源声功率级的国际标准，即 ISO 9614—1 和 ISO 9614—2，前者规定了离散点测量方法，后者规定了扫描法。

通常情况下，用声强求声功率时要求较多的测试点，这似乎很困难，但随着微处理技术的发展，应用实时分析系统，这方面已不成问题。直接测量声强已得到各国声学工作者的重视。

3.4 简 正 波

声波在室内传播与在自由空间或半封闭空间(如平行边界或管道内)传播完全不同。声波波长大致与房间尺度同数量级或更短时，声波一经声源发出将往返反射于各墙壁间多次而形成不同的简正波，非但不像在自由空间中那样强度与距离平方成反比，反而有些远处的点上声强比近声源处更高。简正波的相互作用使声强虽然在声源旁最强，离开声源后渐渐降低，但不远处却又升高，随距离增加而升降起伏不已。19 世纪的物理学家往往以光波比拟声波，在实验中得到无法解释的现象。光波与声波不同，在室内，光波和声波的差别更显得突出。第一，光速大，光速是每秒 3×10^8m/s，在室内一秒钟要反射上千万次，能量很快消失。声速约 340m/s，一秒钟只反射几十次，能量消失很慢。第二，一般墙面反射光能，能量损失最高有 80%，每次反射损失大。声波由于固体和空气特性阻抗的巨大差别，每次反射能量损失在一般建筑材料上为 1%～3%。

由于声波的速度低，声场的建立与衰变有极大的特殊性，尤其是衰变(混响)已成为判断室内音质的主要参量。在频率较高时，简正波密度较大，声波也可以认为是能量流动，和水流相似，并用相似方法处理，这就是声学的统计理论。

前面讨论声波在有限空间传播时，基本上沿用了自由声场中行波的观点，即声波自声源发出后，经壁面或其他界面多次反射，在曲折的传播过程中逐步衰减以致消失。对有限空间内的声场，也可以从另一观点出发，把有限空间作为一个整体，用波动声学的方法来分析处理。也就是说，把有限空间看成复杂的多自由度振动系统，而任一振动状态相应地看成由许多互相独立的、以一定方式组合的振动叠加。这种互相独立的振动就称为简正振动；每种简正振动具有相应的固有频率，称为简正频率；对于连续介质来说，简正振动实质上是一种驻波，因此简正振动也可以称为简正波。室内声波传播是三维空间的，为使初学者易于理解，先进行声波在一维空间内传播公式的推导。

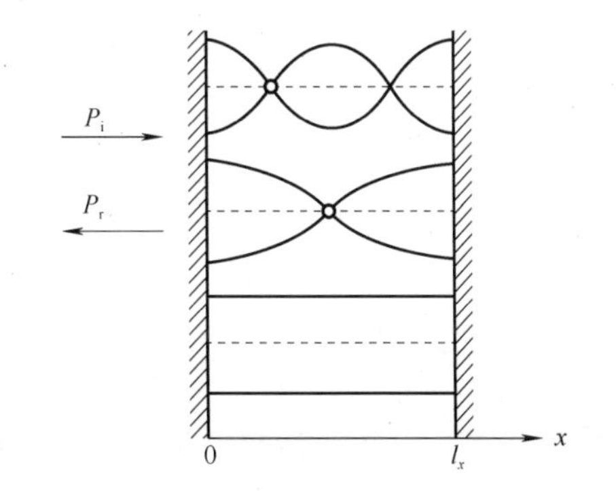

图 3-12　一维空间驻波、质点、振幅示意图

如图 3-12 所示，假设一平面声波在一对平行的刚性壁面间传播，其入射声波的声压可以写成

$$p_i = P_i\cos(\omega t - kx) \tag{3-37}$$

式中，p_i 为入射波声压；P_i 为入射波声压幅值；k 为介质的波数，$k=\dfrac{\omega}{c}=\dfrac{2\pi}{\lambda}$；$\omega$ 为角频率；c 为声速。

反射声波的声压可写成

$$p_r = P_r\cos(\omega t + kx) \tag{3-38}$$

与 p_i、p_r 相对应的质点振速为

$$u_i=\frac{P_i}{\rho c}\cos(\omega t-kx),\quad u_r=-\frac{P_r}{\rho c}\cos(\omega t+kx) \tag{3-39}$$

设两平行壁面位于 $x=0$ 和 $x=l$ 处，由于壁面是刚性的，所以在壁面上声波的质点振速为零，即

$$\left.\frac{\partial p}{\partial x}\right|_{\substack{x=0\\x=l_x}}=0$$

因为
$$p=p_i+p_r=P_i\cos(\omega t-kx)+P_r\cos(\omega t+kx)$$

所以
$$\frac{\partial p}{\partial x}=P_i\sin(\omega t-kx)k-P_r\sin(\omega t+kx)k\big|_{x=0}=0$$

$$kP_i\sin(\omega t)-kP_r\sin(\omega t)=0$$

所以有
$$P_i=P_r$$

$$p=P_i\left[\cos(\omega t-kx)+\cos(\omega t+kx)\right]=2P_i\cos(kx)\cos(\omega t)=P\cos(kx)\cos(\omega t)$$

由此可见，这一合成波的幅值为 $P\cos(kx)$，随 kx 而变化，当 $kx=n_x\pi$（$n_x=0,1,2,\cdots$）时，这一幅值最大，为入射波幅值的两倍；当 $kx=(2n_x+1)\pi/2$（$n_x=0,1,2,\cdots$）时，幅值为零。这种振幅随距离作余弦或正弦变化的波称为驻波，最大幅值称为波腹，最小幅值称为波节。

同理当 $x=l_x$ 时，也有

$$\left.\frac{\partial p}{\partial x}\right|_{x=l_x}=0=P_i\sin(\omega t-kx)k-P_r\sin(\omega t+kx)k\big|_{x=l_x}$$

$$P_i\sin(\omega t-kl_x)k-P_r\sin(\omega t+kl_x)k=0$$

因为
$$P_i=P_r$$

所以
$$\sin(\omega t-kl_x)-\sin(\omega t+kl_x)=0$$

$$2\cos(\omega t)\sin(kl_x)=0,\ \sin(kl_x)=0,\ kl_x=n_x\pi,\ n_x=0,1,2,\ \cdots$$

$$k=\frac{n_x\pi}{l_x}$$

又因为
$$k=\frac{\omega}{c}=\frac{2\pi}{\lambda}=\frac{2\pi f}{c}$$

所以
$$f_{nx}=\frac{kc}{2\pi}=\frac{c}{2\pi}\times\frac{n_x\pi}{l_x}=\frac{cn_x}{2l_x} \tag{3-40}$$

或写成 l_x 与波长 λ 的关系为
$$l_x=\frac{n_x}{2}\lambda \tag{3-41}$$

这时驻波的振幅为
$$P\cos\left(\frac{n_x\pi}{l_x}x\right)$$

所以
$$p=P\cos\left(\frac{n_x\pi}{l_x}x\right)\cos(\omega t)$$

它的波腹和波节有一定的确定位置，在两壁面上为波腹，但质点振速却为零(波节)，两者正好相反。

f_{nx} 称为共振频率，又称简正频率。因为 n_x 无限多，所以简正频率也有无限多个，凡是半波长的整数倍等于 l_x 的波的频率，都是它的简正频率。由于这些驻波沿 x 方向分布，所以称

为 x 轴向波。只要激发声波的频率与简正频率中的任意一个一致，便会发生强烈的共振现象。所以简正频率实质上是共振频率或固有频率，简正波实质上是驻波。

现在将一维空间扩大为二维空间内波的传播。设壁面为刚性的扁平空间，只允许声波沿平面传播，假定这一平面为 x-y 面。由于有了沿 x 和 y 方向上的两对刚性壁面，可以类似上面的推导结果，写出二维空间内的声压方程为

$$p = P\cos\left(\frac{n_x\pi}{l_x}x\right)\cos\left(\frac{n_y\pi}{l_y}y\right)\cos(\omega t) \tag{3-42}$$

将式(3-42)代入式(3-43)的波动方程：

$$\frac{\partial^2 p}{\partial x^2}+\frac{\partial^2 p}{\partial y^2}+\frac{\partial^2 p}{\partial z^2}=\frac{1}{c^2}\frac{\partial^2 p}{\partial t^2} \tag{3-43}$$

将得到 ω 必须满足 $\left(\frac{\omega}{c}\right)^2=\left(\frac{n_x\pi}{l_x}\right)^2+\left(\frac{n_y\pi}{l_y}\right)^2$ 的条件，也可写成

$$f_{n_xn_y}=\frac{c}{2}\sqrt{\left(\frac{n_x}{l_x}\right)^2+\left(\frac{n_y}{l_y}\right)^2} \tag{3-44}$$

式中，l_x 和 l_y 为扁平空间的长和宽；$n_x = 0,1,2,\cdots$；$n_y = 0,1,2,\cdots$。

可见，二维空间的简正频率 $f_{n_xn_y}$ 有 $n_x\times n_y$ 个，比一维空间多。当 n_x 和 n_y 任一个为零时，即为轴向简正频率。

当 n_x 和 n_y 都不为零时，则为与 x 轴夹角 $\theta=\arctan\left(\frac{n_y}{l_y}\Big/\frac{n_x}{l_x}\right)$ 方向的驻波的简正频率，这样的波称为 x-y 平面切向波。

同理可以得出三维空间长方形房间内刚性壁面的简正频率为

$$f_{n_xn_yn_z}=\frac{c}{2}\sqrt{\left(\frac{n_x}{l_x}\right)^2+\left(\frac{n_y}{l_y}\right)^2+\left(\frac{n_z}{l_z}\right)^2} \tag{3-45}$$

式中，l_x、l_y 和 l_z 为三维空间的长、宽、高；n_x、n_y 和 n_z 都是 0，1，2，3，…的正整数。

可以看出，当 n_x、n_y、n_z 中有一个为零，而其他两个不为零时，则为切向波的简正频率，如 $n_z = 0$、$n_x\neq 0$，$n_y\neq 0$，则为 x-y 平面切向波简正频率。同样有 y-z 平面的切向波和 z-x 平面的切向波。当 n_x、n_y、n_z 中有两个为零，一个不为零时，则为轴向波的频率。当 n_x、n_y、n_z 都不等于零时，为沿以 $\frac{n_x}{l_x}$、$\frac{n_y}{l_y}$ 和 $\frac{n_z}{l_z}$ 为边的长方体对角线的驻波，称为斜向波。$\frac{n_x}{l_x}$、$\frac{n_y}{l_y}$ 和 $\frac{n_z}{l_z}$ 相应为 x、y 和 z 轴向。因此，长方形房间内存在 x、y、z 方向的轴向波，x-y、y-z、z-x 平面的切向波，以及沿房间斜角的斜向波。

式(3-45)的简正频率看起来像空间一个点，其坐标为 $\left(\frac{n_xc}{2l_x},\frac{n_yc}{2l_y},\frac{n_zc}{2l_z}\right)$，到原点的距离是 f_n，利用这种相似性，可以用简正频率空间表示简正频率的特性。取 f_x，f_y，f_z 为坐标轴，这个坐标系统的一个点 (f_x，f_y，f_z) 就代表一个简正频率或一个简正波。在某一频率以内的代表点数

就是这个频率以内的简正波数。

在三维空间长方形房间内，这三类简正波频率从最低一个到任一频率 f 范围内总数可以由式(3-46)算出：

$$N=\frac{4\pi f^3 V}{3c^3}+\frac{\pi f^2 S}{4c^2}+\frac{fL}{8c} \tag{3-46}$$

式中，$V=l_x l_y l_z$ 为房间体积；$S=2(l_x l_y+l_y l_z+l_x l_z)$ 为房间内总面积；$L=4(l_x+l_y+l_z)$ 为房间各边长总和。可以看出频率越高，N 增加得越快，简正频率越密集。由式(3-46)可以得到一定频带 Δf 范围内的简正频率数：

$$\Delta N=\left(\frac{4\pi f^2 V}{c^3}+\frac{\pi f S}{2c^2}+\frac{L}{8c}\right)\Delta f \tag{3-47}$$

可以看出，ΔN 数随频率提高近似以频率平方规律增加。可以预期，简正振动方式越多，叠加后声场越均匀，声波传播方向也越分散，也就是说，声场越接近于完全扩散场。

简正波是正交的，n_x、n_y、n_z 中不完全相同(至少有一个不同)的两个简正波相乘后在室内空间积分就等于零，这有利于声场在室内分布。但还有一个简并的问题，两个简正波可能具有相同的频率，这反映了声场的不均匀性。但凡室内长、宽、高相等或呈简单比数时，简并就比较多。避免过多简并的办法是取三个尺度的等比为 $1/q:1:q$，q 不是整数(如 $\sqrt{2}$)，另一个方法是取三个尺度呈调和级数比(倒数呈等差级数，如(4，5，6)、(5，6，7)等)。

对于其他形状的房间(非矩形室)会如何呢？任何形状的室内，声场都是由不同的固有振动，即简正波组成的，简正波的形式由房间形状决定，各有不同。但简正频率的分布写成式(3-46)、式(3-47)可以推广到任何形状(并且已经研究证实，可以采用)，V 取为室内的总体积，S 取为各墙壁、顶棚和地板的总面积，含 L 的项不重要，可以忽略。

习 题 3

3.1 设一点声源的声功率级 $L_W=100$dB，放置在房间常数 $R=200\text{m}^2$ 的房间中心，求离声源中心距离 $r=1$m 处、$r=5$m 处对应的直达声场、混响声场以及总声场的声压级。另求混响半径 r_c。

3.2 已知房间的尺寸为 60m(长)×45m(宽)×12m(高)，对 500Hz 声音平顶的吸声系数为 $\alpha_1=0.3$，地面 $\alpha_2=0.2$，墙面 $\alpha_3=0.4$，在房间中央有一个声功率为 1W 的点声源发声。求：(1)房间平均自由程 d；(2)房间内对 500Hz 声音的平均吸声系数 $\bar{\alpha}$；(3)房间常数 $\bar{R}$；(4)房间混响时间 T_{60}(不计入空气吸收)；(5)距离点源 6m 处直达声能密度和混响声能密度；(6)该点的噪声级；(7)混响半径 r_c。

3.3 将上题中的 α_1、α_2 和 α_3 分别调整为 0.4、0.5、0.6，其他条件不变，则 6m 远处的噪声级有何变化？

3.4 在某个大房间中有一台机器正在运转，如何从测量结果中判别哪个区域基本上是混响声场？

3.5 设测量机器的声功率级的测点取在包络面面积 $S=100\text{m}^2$ 上，分频带测得各倍频程频带的声压级平均值如表所示，试计算出它的声功率级是多少？

题 3.5 表

频带中心频率/Hz	63	125	250	500	1000	2000	4000	8000
声压级平均值/dB	90	98	100	95	95	82	75	60

3.6 设一混响室的尺寸为 7.8m(长)×6.3m(宽)×5.0m(高)，试计算：(1)频率为 50Hz 以下的各简振频率及其振动方式数；(2)频率为 250Hz 以下的简振频率总数。

第4章　吸声材料和结构

当声波入射到物体表面时，总有一部分入射声能被物体吸收而转化为其他能量，这种现象称为吸声。物体的吸声作用总是普遍存在的，但在实际工程中，只有当某些材料或结构具有较强吸声性能时，才称为吸声材料或吸声结构。利用吸声作用降低噪声是噪声控制中最基本的技术措施之一。

声波是一种机械波，吸声材料或吸声结构吸收声能时，伴随着机械能的损耗过程。吸声的机制主要有下列三种：首先是黏滞性或内摩擦的作用；其次是热传导效应；最后是弛豫现象。

对于常用的吸声材料和吸声结构来说，黏滞性是重要的，热传导也有一定作用，而弛豫现象一般可以忽略不计。吸声性能通常用垂直入射或无规入射的吸声系数来表示。必须强调，要确定吸声材料或吸声结构的声学性质，仅了解吸声系数是不充分的。对于吸声结构来说，必须用一个复参数(如声阻抗)来描述；而对于吸声材料来说，必须用两个复参数(如有效密度和有效压缩模量)来描述，这样才完备。

4.1　吸声材料(材料的声学分类和吸声特性)

吸声材料通常用于厅堂音质的混响控制，也用于降低机器噪声和环境噪声，以保证人们的工作条件和休息条件。一般在混响控制中吸声材料不太重要，因为在大型厅堂中，听众区已供给相当的吸声量，普通建筑材料虽然吸声系数很小(1%～3%)，但面积很大，也有相当的贡献，如果设计得好，几乎不必另加吸声材料，就可以达到使用目的，只有特殊情况才使用吸声材料。但在噪声控制中和在特别建筑中，要大量使用吸声材料，一般固体材料的声特性阻抗比空气的特性阻抗大几千倍甚至几万倍，能量交换困难，吸声本领不大。只有固体中具有孔隙，使空气在其中摩擦消耗能量才能形成吸收，微管和窄缝是吸声性质的基础。人为地在板材上制造微孔或窄缝，可制成性质可控制和可设计的吸声材料(微穿孔板和微缝板)。另外，利用多孔性材料也可制成高效率的吸声材料，并且成本较低，只是吸声性质难以预先设计或计算。在这些情况下，由于空气与固体骨骼之间声阻抗率相差过大，不必考虑其相互作用，但吸声材料如用于水中或在空气中，固体骨骼较软，人为穿孔就不现实，固体和流体相互影响不可忽略，须把吸声材料看作复合材料，研究其中声传播性质，问题要更为复杂。

吸声材料的种类很多，如各种多孔性材料及其织物，或用木板、塑料板、石膏板、金属板等板材做成穿孔板与墙面，组合成一定形式的吸声结构，都可以获得良好的吸声效果。

根据材料的类型和吸声原理，基本上分为两种类型：一是隔墙与多孔吸声材料的组合，例如，将三聚氰胺、玻璃棉、矿渣棉等多孔吸声材料装饰在房间的内表面就能吸收室内的噪声(主要是中高频吸声)；二是隔墙与某些声学元件组合，如用薄的穿孔板、玻璃布等与墙面之间留有一定深度的密封空腔组合成共振吸声结构，也能够降低室内的噪声(主要是中低频吸声)。

4.1.1　多孔吸声材料

多孔吸声材料内部具有大量细管、窄缝以及空穴等，如果细管(或窄缝)整齐地平列，如图 4-1(c)所示，材料的声密度和声阻抗就是单管(或缝)的值除以孔隙率(材料内空气的体积与总体积之比)。但这只是假想的情况，实际材料中的细管(或窄缝)是粗细、长短、方向都具有无规分布的组合，如图 4-1(b)所示，甚至还有死管、空穴。但如果只有图 4-1(a)所示的空穴(或称闭孔)，就不是吸声材料了。开孔是吸声材料的基本构造，多孔性吸声材料必须具有大量微孔，微孔必须通到表面，使空气可以自由进入。互不相通，也不通到表面的闭孔材料，是不能形成吸声材料的。

当声波在微细通道内传播时，由于空气分子振动时在微孔内与孔壁摩擦，空气中的黏滞损失使声能变为热能而不断损耗。所以一层多孔吸声材料不需要另加穿孔板等声学元件，本身就是优良的吸声结构。

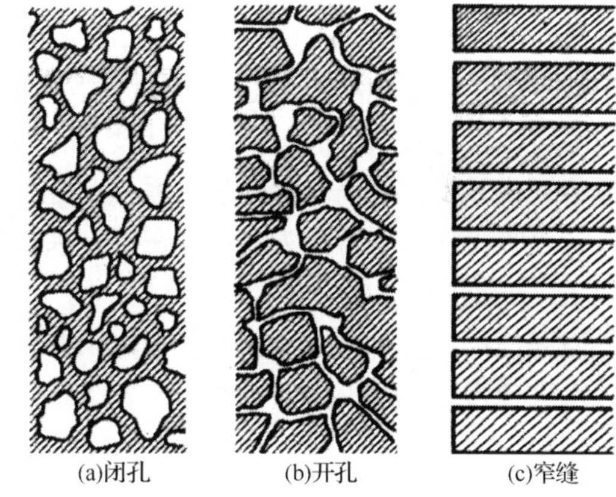

图 4-1　多孔性材料的构造

在噪声控制中，多孔吸声材料有广泛的应用。选择吸声材料的首要条件是它的吸声性能。对于厚度及装置情况给定的吸声材料层，通常用垂直入射吸声系数 α 或无规入射吸声系数 $\bar{\alpha}$ 来反映它的吸声性能。

吸声系数的定义为：被吸收声能(包括透射声能在内)和入射声能之比，可写为

$$\alpha = \frac{E_\alpha + E_\mathrm{t}}{E_\mathrm{i}} = \frac{E_\mathrm{i} - E_\mathrm{r}}{E_\mathrm{i}} = 1 - r_I \tag{4-1}$$

式中，E_α 为材料本身所吸收的声能；E_t 为透射出去的声能；E_i 为声波入射至材料的总声能；E_r 为反射至声源侧的声能；r_I 为声强反射系数，

$$E_\mathrm{i} = E_\alpha + E_\mathrm{t} + E_\mathrm{r} \tag{4-2}$$

α 的变化在 0～1；当 $\alpha = 0$ 时，表示声能全反射，材料不吸声；当 $\alpha = 1$ 时，表示材料全吸收，无声能反射。α 值可以方便地用驻波管法测定，而 $\bar{\alpha}$ 值一般用混响室法测定。

能够确切地描述吸声材料层声学性质的声学量，是它的法向声阻抗率 Z_S，单位为 Pa·s/m。所谓声阻抗率是指材料表面上声压与该点质点振速之比，即

$$Z_S = \frac{p}{u} = \frac{\rho c(p_\mathrm{i} + p_\mathrm{r})}{p_\mathrm{i} - p_\mathrm{r}} = \rho c \frac{1 + r_P}{1 - r_P} \tag{4-3}$$

式中，r_P 为声压反射系数，$r_P = p_\mathrm{r} / p_\mathrm{i}$；$\rho c$ 为空气声特性阻抗率。

所以正入射吸声系数 α 为

$$\alpha = 1 - |r_P|^2 = 1 - \left|\frac{Z_S - \rho c}{Z_S + \rho c}\right|^2 \tag{4-4}$$

式中，Z_S 是复数，所以 r_P 也是复数，既有反射波和入射波相比时的振幅变化，又有相位差的变化。

吸声材料层实质上是一种吸声结构，它的法向声阻抗率 Z_S 还与材料层厚度及装置情况有关。

4.1.2　材料层厚度的影响

多孔吸声材料的低频吸声系数一般都较低，当材料层厚度增加时，吸声频谱曲线向低频方向移动，低频吸声系数将有所增加，对高频吸收的影响很小。从图 4-2 中可看出，决定第一个吸收峰值的频率 f_r 称为第一共振频率，相应的吸声系数记为 α_r，它对应于吸声材料层基频共振时的情况，其他吸收峰值则对应于谐频共振时的情况。与此相类似，决定第一个吸收谷值的频率 f_a 可称为第一反共振频率，相应的吸声系数记为 α_a，它对应于吸声材料层反共振时的情况。当频率低于第一共振频率 f_r 时，取吸声系数降低至 $\alpha_r/2$ 时的频率 f_2 作为吸声下限频率，f_2 与 f_r 间的倍频程数 Ω_2 作为下半频率宽度。当频率高于第一共振频率 f_r 时，吸声系数在吸收峰值与谷值间的范围内起伏变化，即 $\alpha_r \geqslant \alpha \geqslant \alpha_a$，随着频率的提高，起伏变化的幅度一般将逐步减小，即高频端的吸声系数将趋向一个随频率变化不敏感的数值 α_m。

设吸声材料层背面为刚性，在第一共振频率 f_r 时，材料层的厚度 D 约等于四分之一波长即 $D \approx \lambda/4$；所以 $f_r D \approx c/4$；这就是说，对于同一种吸声材料来说，材料层厚度加倍时，f_r 向低频方向移过一倍频程。图 4-3 为不同厚度超细玻璃棉的典型吸声特性曲线(容重为 15kg/m^3，纤维直径为 4μm)。

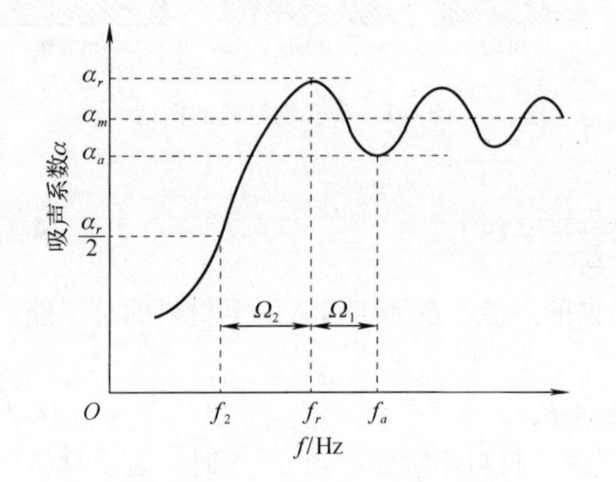

图 4-2　吸声材料层的频谱特性曲线

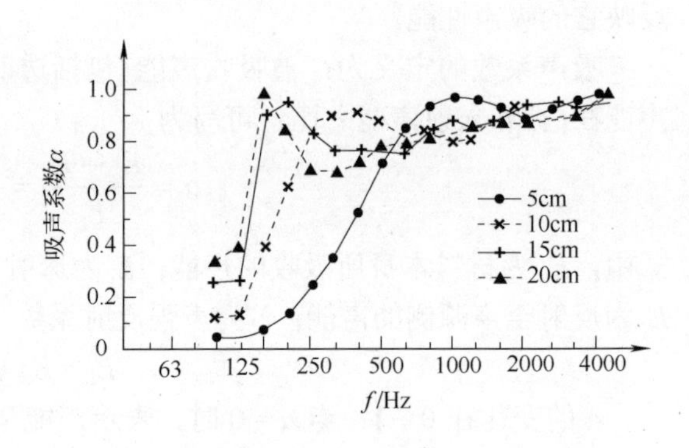

图 4-3　不同厚度超细玻璃棉的吸声频谱曲线

可以看出，吸声材料层厚度变化时，频率与厚度成反比，当 f>500Hz 时，吸声系数与材料厚度的相关性变得很小。如果以频率和厚度的乘积 fD 为横坐标，即让波长 λ 与厚度的相对比值保持不变，所得吸声频谱曲线能够更普遍地反映吸声材料层的吸声特性。将上述实测结果改画成图 4-4，可以看出，不同厚度玻璃棉层的实验点大致落在同一曲线附近，这种曲线称为归一化吸声频谱曲线。

在实际问题中，材料层的厚度在一定范围内变化，采用上述归一化曲线来反映给定吸声材料的吸声特性，具有重要的实用价值，它把离散的互相独立的实验数据集中进行统计平均处理，从而可以获得较为稳定可靠的声学参数。根据归一化吸声频谱曲线可以获得第一共振频率与厚度的乘积 fD、共振吸声系数 α_r、高频吸声系数 α_m，以及下半频带宽度 Ω_2 等重要参数。对于一些高效吸声的常用国产吸声材料，上述参数的约值列在表 4-1 中。

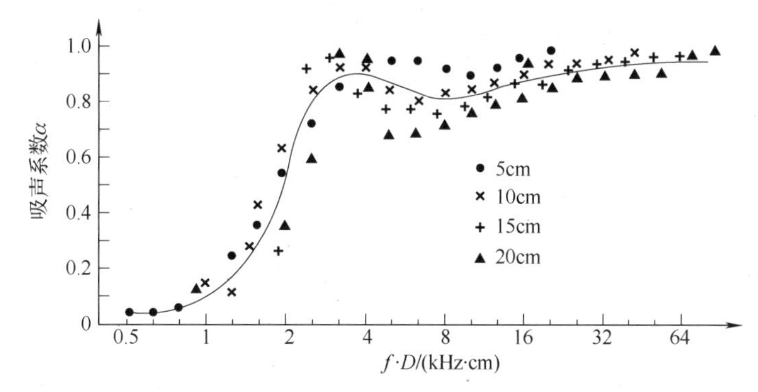

图 4-4　超细玻璃棉归一化吸声频谱曲线

表 4-1　常用国产吸声材料吸声性能

吸声材料	容重 ρ_m/(kg/m^3)	共振频率×厚度 f_1D/(kHz·cm)	共振吸声系数 α_r	高频吸声系数 α_m	下半频带宽度 Ω_2/oct	说明
超细玻璃棉	15	5.0	0.90～0.99	0.90	$1\frac{1}{3}$	纤维直径约4μm
	20	4.0	0.90～0.99	0.90	$1\frac{1}{3}$	
	25～30	2.5～3.0	0.80～0.90	0.80	1	
	35～40	2.0	0.70～0.80	0.70	$\frac{2}{3}$	
高硅氧玻璃棉	45～65	5.0	0.90～0.99	0.90	$1\frac{1}{3}$	纤维直径约38μm
粗玻璃纤维	～100	5.0	0.90～0.95	0.90	$1-1\frac{1}{3}$	纤维直径为15～25μm
酚醛玻纤毡	80	8.0	0.85～0.95	0.85	$1\frac{1}{3}$	纤维直径约20μm
沥青玻纤毡	110	8.0	0.90～0.95	0.90	$1\frac{1}{3}$	纤维直径约12μm
毛毡	100～400	2.5～3.5	0.85～0.90	0.85	1	
聚氨酯泡沫塑料	20～50	5.0～6.0	0.90～0.99	0.90	$1\frac{1}{3}$	流阻较低
		3.0～4.0	0.85～0.95	0.85	1	流阻较高
		2.0～2.5	0.75～0.85	0.75	1	流阻很高
微孔吸声砖	340～450	3.0	0.80	0.75	$1\frac{1}{3}$	流阻较低
	620～830	2.0	0.60	0.55	$1\frac{1}{3}$	流阻较高
木丝板	230～600	5.0	0.80～090	—	1	

在噪声控制中，掌握吸声材料的乘积 f_rD 是很有用的。当吸声材料层的厚度 D 给定时，由乘积 f_rD 值可以求出第一共振频率 f_r，如果 Ω_2 已知，就可以估计出吸声下限频率 f_2。反之，当 f_r 值给定时，由 f_rD 值可以估计出所需材料层厚度 D。

例 4-1　一吸声材料，要求频率在 250Hz 以上时，吸声系数达 0.45 以上，如果采用体积质量为 20kg/m^3 的超细玻璃棉，求材料层所需的厚度。

解　从表 4-1 中查出，对于体积质量为 20kg/m^3 的超细玻璃棉，fD 值约为 4.0kHz·cm，α_r

值在 0.9 以上，Ω_2 值约为$1\frac{1}{3}$倍频程。因此可取吸声下限频率 f_2 为 250Hz，相应的第一共振频率 f_r 应取为

$$f_r = 2^{1\frac{1}{3}} f_2 = 2^{\frac{4}{3}} \cdot f_2 \approx 2.52 \times 250 \approx 630(\text{Hz})$$

所以

$$D = \frac{f_r D}{f_r} = \frac{4000}{630} \approx 6.35(\text{cm})$$

即玻璃棉厚度应控制在 6.35cm 以上。

4.1.3　材料体积质量的影响

多孔材料的体积质量和纤维筋络、颗粒本身的大小或直径，以及固体密度有密不可分的关系，如纤维直径不同，同一体积质量的材料，其吸声系数会有所不同；一定的体积质量对某种材料是合适的，对另一种材料则可能是不合适的。因此，体积质量对多孔材料吸声特性的影响并不那么简单。在实用范围内，材料体积质量或纤维直径的影响比材料厚度所引起的吸声系数变化要小，它们对吸声材料的选择可以认为是第二位的。

在一定条件下，当厚度不变时，增大体积质量可提高低频吸声系数，不过比增加厚度所引起的变化要小。体积密度过大、过于密实的材料，其吸声系数也不会高。

一定厚度的吸声材料层，当体积质量 ρ_m 增加时，材料的有效密度 ρ_e 相应增大，声速的绝对值相应降低。如果要使波长与厚度的相对比值保持不变，就需让频率相应降低。由此可知，当体积质量增加时，吸声频谱曲线将向低频方向移动。图 4-5 为不同体积质量超细玻璃棉(层厚为 5cm)的典型吸声系数频率特性曲线。可以看出，体积质量从 5kg/m^3 逐步增大至 40kg/m^3 时，曲线相应向低频方向移动，最佳吸声系数可达 1，但体积质量过大，将使吸声系数降低。因此各种吸声材料都有最佳容重，如超细玻璃棉以 15～25kg/m^3 为佳。

4.1.4　背后空腔的影响

为了改善吸声材料的低频吸声性能，可在材料层与刚性壁面之间留出一定厚度的空腔，这相当于增加了材料层的有效厚度，而且比单纯增加材料厚度或容重更为经济。

当空气层厚度接近 1/4 入射声波波长时，对该声波的吸声系数为最大，当层厚为 1/2 入射声波波长时，吸声系数为最小。图 4-6 为不同空腔厚度的吸声频率特性。实用时，后面空气层过厚不切实际，太薄对低频起的作用不大，因此在墙上的空气层以 5～10cm 较为适当。对于平顶，则视实际需要以及空间尺寸可选取更大的距离。

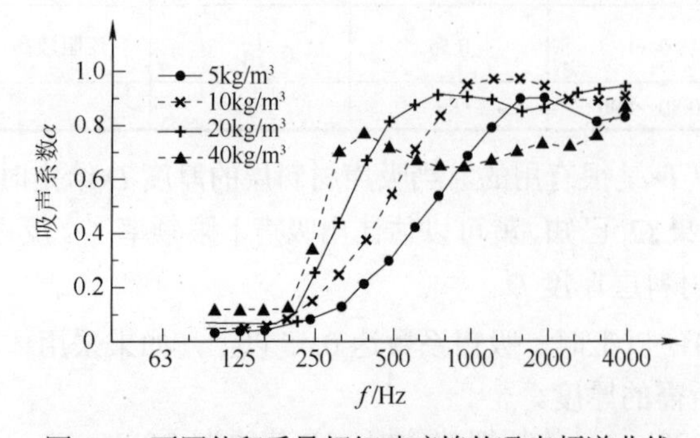

图 4-5　不同体积质量超细玻璃棉的吸声频谱曲线

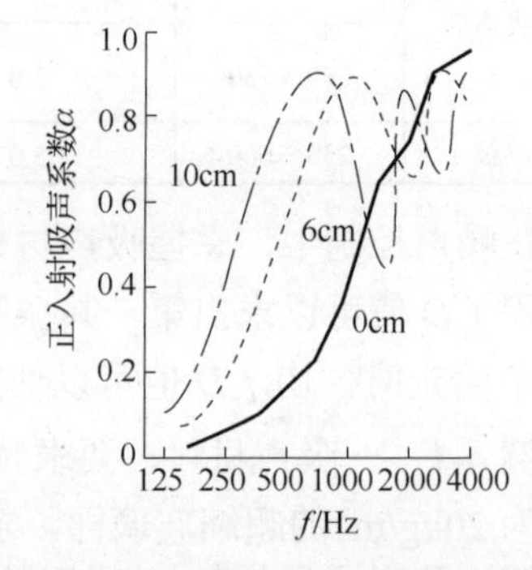

图 4-6　不同空腔厚度的吸声频率特性

4.1.5　护面层的影响

大多数多孔吸声材料整体强度性能差，表面疏松，易受外界侵蚀，往往需要在材料表面上覆盖一层护面材料。从声学角度考虑，由于护面层本身也具有声学作用，因此对材料层的吸声性能也会有一定程度的影响。下面介绍几种常用的护面层。

1. 护面穿孔板

用金属薄板、硬质纤维板、胶合板、塑料薄片等最多，但在板面上必须钻圆孔、开槽缝或做其他花纹。板面的穿孔率(穿孔总面积与未穿孔总面积之比)在不影响板材结构机械强度条件下，尽可能选大些，一般不宜小于 20%。只有在特殊情况下，才可取较小的穿孔率。穿孔率越大，对中、高频的吸声性能越好，反之则对中、高频吸声性能较差，而对低频吸声性能较好。对于圆孔而言，以孔径取 5～8mm 较多。

2. 织物和网纱

为了防止多孔材料从小孔中钻出，通常可用玻璃纤维布、粗布、麻纤维布、纱布、塑料网纱、金属丝网、拉网钢板等将多孔材料表面予以覆盖，这些护面材料透气性很高，流阻率很低，几乎不影响多孔材料的吸声性能，有时还可将织物预制成袋状，在袋内填入材料，施工时十分方便。对于装饰要求不高的环境，为了节省投资，也可省略穿孔护面层。

3. 薄膜

常用塑料薄膜，如聚乙烯、乙烯基薄膜，厚约 0.05mm，它作为护面层主要用于防止掉渣、防水、防潮，与织物相比，塑料薄膜没有透气孔，主要靠薄膜本身振动传递声波，因此是一种声质量元件。在低频段，薄膜对材料吸声性能的影响可以忽略不计，但在高频段将使吸声系数下降，而共振吸收峰则稍向低频方向移动，因而薄膜护面较适合于中、低频。

4.1.6　温度和吸水、吸湿的影响

在常温条件下，温度对多孔材料吸声系数几乎没有影响。温度变化引起声波波长变化，因此吸声系数的频率特性做相对的移动。在高温下，一定频率的吸声系数和常温下较低频率的吸声系数相对应；反之，在低温下，一定频率的吸声系数和常温下较高频率的吸声系数相对应，如图 4-7 所示。

吸水、吸湿的影响除了会使材料变质，主要是堵塞微孔、降低孔隙率，从而使高频吸声性能降低。

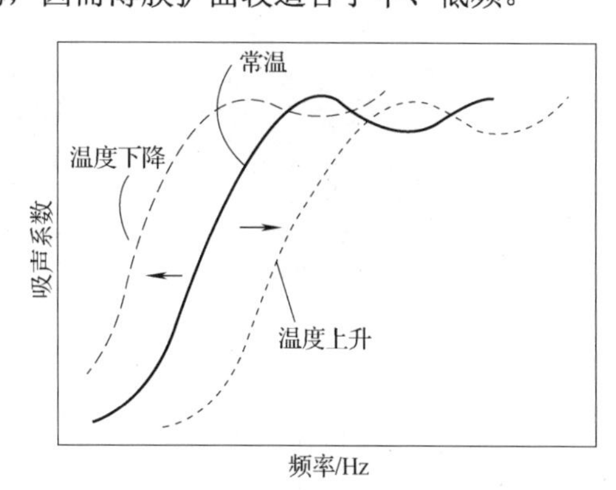

图 4-7　温度变化对多孔材料吸声特性的影响

4.1.7　空间吸声体

把吸声材料或吸声结构悬挂在声场中就成为空间吸声体，这种空间吸声结构一般具有较高的吸声效率，已经广泛应用在噪声控制工程中。

空间吸声体可以设计成各种几何形状，为了充分发挥材料的吸声性能，有时将吸声体悬

挂在平顶上。此时，室内的声波不仅能被朝向声源一侧的表面吸收，且因声波的衍射作用而使材料的其他侧面和后面也能接触声波而扩大吸收面(经实验证明，只要吸声体投影面积为悬挂平面投影面积的 40%左右，就可达到与满铺材料的吸声量相接近，从而大大节约降噪治理费用)。图 4-8 为几种空间吸声体造型。

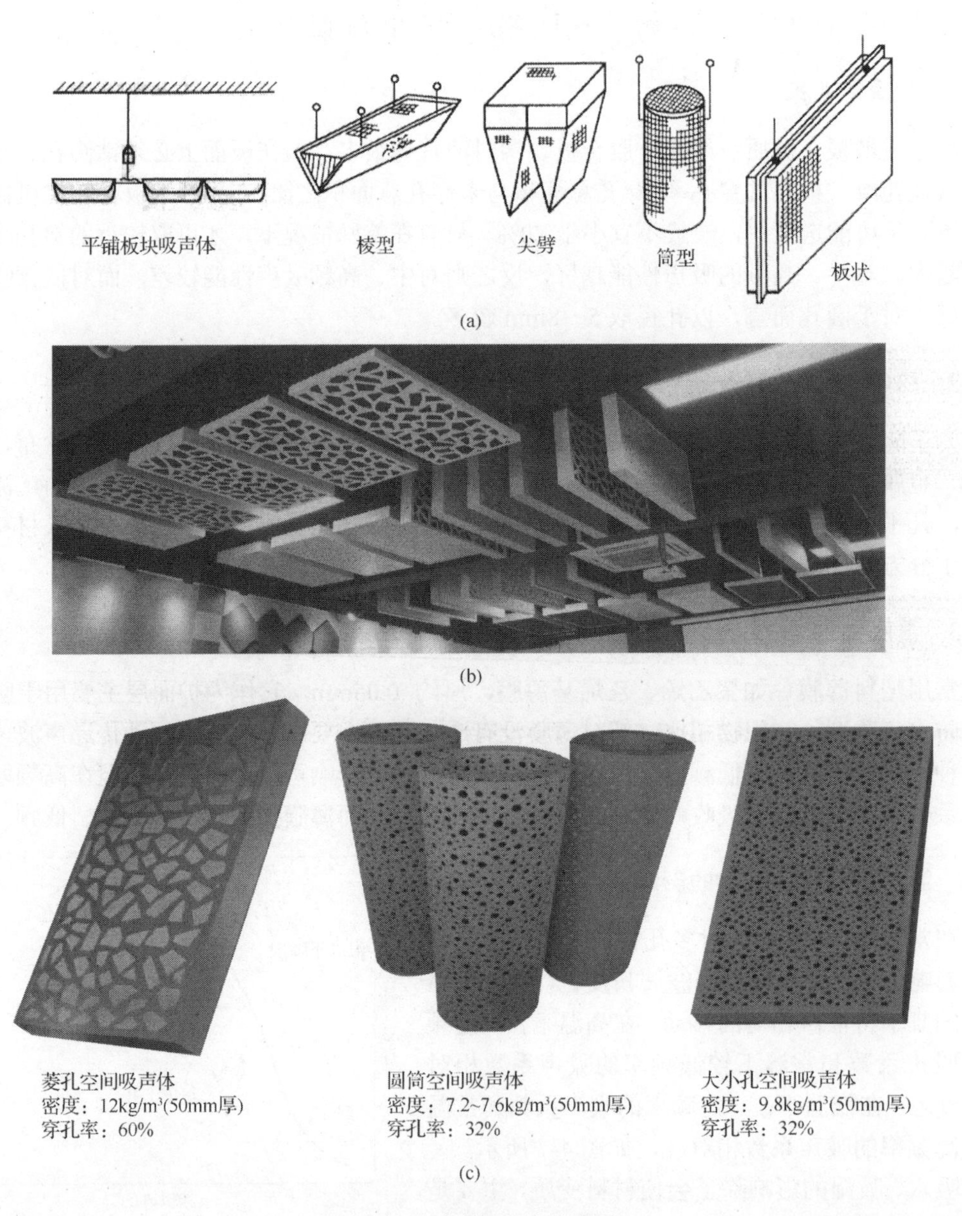

图 4-8　几种空间吸声体造型

4.1.8　吸声尖劈及吸声圆锥

在某些特殊的声学环境里，如进行各种声学试验、声学测量的空气消声室(图 4-9)或全消声水池等(如富阳 715 所计量站消声水池、西北工业大学消声水池、哈尔滨工程大学水声技术重点实验室消声水池)，要求吸声层的吸声系数尽可能接近 1，即声能全部得到吸收，这时需要做尖劈式的吸声结构。尖劈式的吸声结构是消声室广泛采用的一种高效吸声结构。

图 4-9　空气消声室

尖劈吸声结构(图 4-10)设计如下。

(1)对于较高频率，尖劈吸声结构的吸声系数一般都相当高。因此尖劈吸声结构声学性能的优劣主要由低频范围的吸声系数决定。尖劈吸声结构垂直入射吸声系数在 0.99 以上的频率下限，通常定义为尖劈吸声结构的下限吸声频率，它与尖劈的几何尺寸及所用吸声材料有关。

(2)尖劈长度增大时，尖劈的低频吸声性能相应提高，下限吸声频率相应降低。如果尖劈背后留有空腔，在一定范围内，它的作用相当于增大尖劈长度。空腔深度应控制在尖劈总长度的 5%～15%范围，深度过大会使尖劈反共振时的吸声系数明显下降，因此是不利的。

(3)尖劈端部(渐缩部分)长度与基部(等截面部分)长度(包括空腔深度)的比例要适当，为 4∶1 左右，过大与过小都是不适宜的。

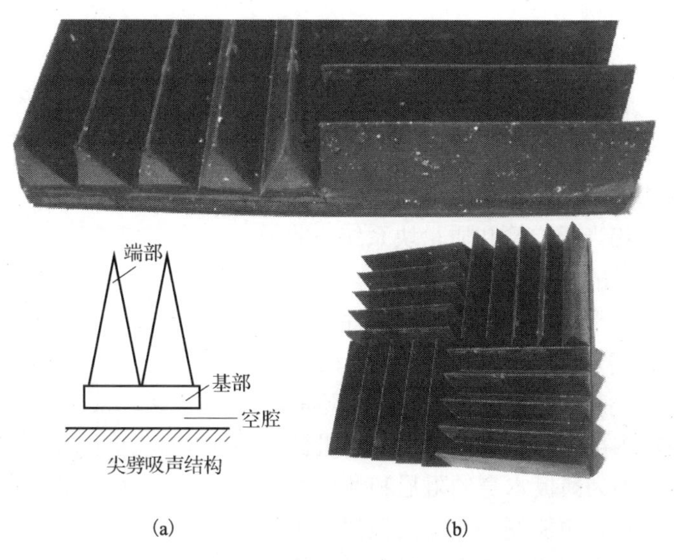

图 4-10　尖劈吸声结构和消声水池用实物图

在水声领域，如果想要全消声水池下限吸声频率足够低，目前为止最常用的吸声结构是吸声圆锥，如图 4-11 所示。

图 4-11 消声水池用吸声圆锥实物图

4.2 共振吸声结构

多孔吸声材料对低频声吸收性能比较差，因此往往采用共振吸声原理来解决低频声的吸收。由于它的装饰性强，并有足够的强度，声学性能易于控制，故在建筑物中得到广泛的应用。

4.2.1 薄板共振吸声结构

将某种薄板(金属板、胶合板、塑料板甚至纸质板材)的周边固定在框架上，背后设置一定深度的空气层，就构成薄板共振吸声结构。如图 4-12 所示，薄板吸声结构实际上是由薄板和后面的空气层组成的振动系统，相当于弹簧和质量块系统。薄板相当于质量块，板后的空气层相当于弹簧。当声波入射到薄板上时，由于板后面的空气层弹性和板本身的劲度(劲度为薄板本身的刚度所具有的弹性)以及板的质量，迫使薄板振动，板会发生弯曲变形，从而出现板的内部摩擦损耗，将振动的机械能转化为热能。这是因为薄板本身的阻尼和薄板与框架支点之间产生摩擦，声能变为热能而耗损。尤其当边缘阻尼较大时，声能消耗更大。当入射波的频率接近于振动系统的固有频率时，将发生共振，吸收的声能达到最大值。

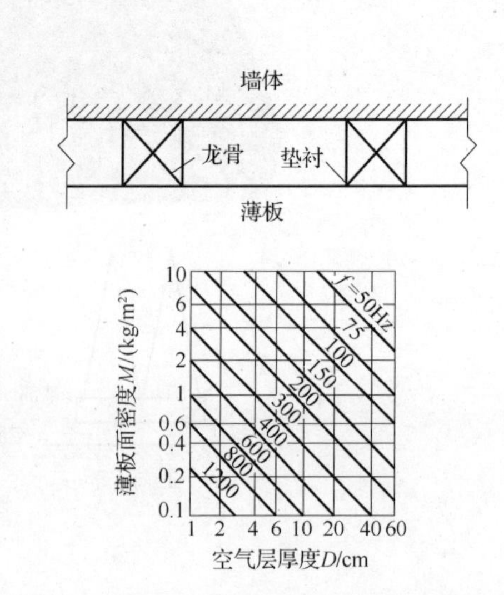

图 4-12 薄板共振吸声结构及共振频率计算图

如果薄板本身的劲度远小于板后空气层的劲度，则空气劲度起主要作用，板只起到质量作用，由声学原理可知，空气的体积弹性模量为ρc^2，空气腔厚为 D 的空气层的劲度应为$K=\dfrac{\rho c^2}{D}$，从弹簧振子振动的共振频率公式

$$f_0=\frac{1}{2\pi}\sqrt{\frac{K}{M}}$$

便可得到这一系统的共振频率为

$$f_0=\frac{c}{2\pi}\sqrt{\frac{\rho}{MD}}\approx\frac{60}{\sqrt{MD}} \tag{4-5}$$

式中，f_0单位为 Hz；$c=340\text{m/s}$，为空气中声速；$\rho=1.23\text{kg/m}^3$，为空气密度；M为薄板的面密度，kg/m^2；D为空气层厚度，m。

显然，不同的薄板面密度 M 和不同厚度的空气层 D 可以得到各种不同的共振频率。由式(4-5)可看出，增大 M 或 D 均可使 f_0 下降。为了简便计算，可以利用图 4-8 直接查出所需的设计参数。

例 4-2　采用 4mm 厚的胶合板($M=3.2\text{kg/m}^2$，$D=5\text{cm}$)，求其共振频率 f_0。

解
$$f_0=\frac{60}{\sqrt{MD}}=\frac{60}{\sqrt{3.2\times5\times10^{-2}}}=150(\text{Hz})$$

值得注意的是，薄板共振吸收声结构的吸声带宽较窄，吸声系数不太高，为了改善这种结构的吸声性能，可在空气层中填充多孔吸声材料，再在薄板与龙骨交接处垫衬一些柔韧阻尼材料，如软橡皮、毛毡等，可使吸声频带变宽，吸声量也有所增加。

实用中薄板的厚度通常取 3～6mm，空气层厚一般取 3～10cm。其共振频率处的吸声系数可达 0.5 以上。

目前有关薄板共振吸声结构的吸声系数很难做到理论计算，因此某种材料的吸声系数和吸声带宽主要通过实验室进行实测取得。

4.2.2　单个共振器

共振吸声结构是利用共振原理制成的吸声装置。一根短管与一个空腔组成的共振器是这种结构的典型例子。

1. 结构形式

单个共振器是一个密闭的内部为硬表面的容器，通过一个小的开口与外面的大气相联系的结构，也称为亥姆霍兹共振器，如图 4-13 所示。

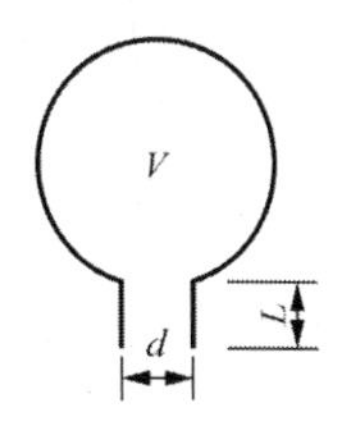

图 4-13　单个共振器结构示意图

2. 吸声原理

单个共振器吸声机理是将其比拟为一个弹簧上挂有一定质量的物体，组成一个简单的振动系统。把开口颈中的空气柱作为不可压缩的无摩擦的流体，比拟为振动系统的质量 M，声学上称为声质量。把有空气的空腔比作弹簧 K，它能抗拒外来声波的压力，相当于劲度，称为声顺。当外边声波作用于小孔时，小孔空气柱就像活塞一样来回运动，这样部分空气

分子与孔壁摩擦，使声能变成热能被消耗掉，这相当于机械振动的摩擦阻尼，声学上称为声阻。当共振器的尺寸和外来声波的波长相比显得很小的时候，在声波的作用下激发颈中的空气分子像活塞一样做往返运动，当共振器的固有频率与外界声波的频率一致时发生共振，这时颈中的空气分子做最强烈的强迫振动，消耗的声能也最大，从而得到有效的声吸收。上述吸声机理也可以用电感、电容和电阻串联电路来比拟，如图 4-14(c)所示的类比电路。

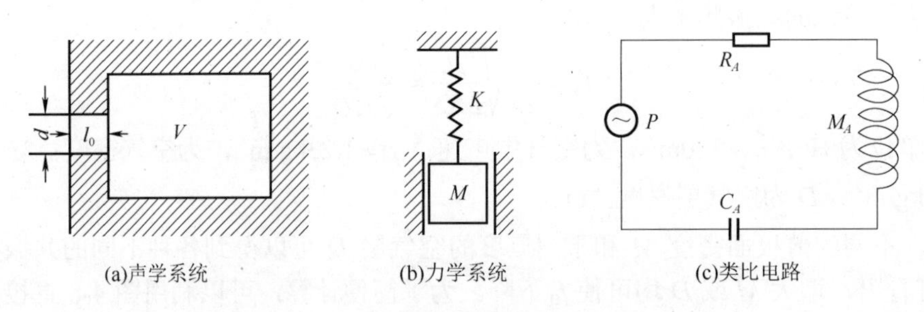

图 4-14 单个空腔共振吸声体的力学电学类比

反之，当入射声波频率远离共振频率时，结构内空气振动很弱，因此声吸收作用相应很小。可见共振吸声结构的吸声系数随频率而变化，最高的吸声系数出现在吸声结构的共振频率处。

3. 共振频率

当频率以倍频程为单位时，共振吸声结构典型的频谱特性曲线如图 4-15 所示。

图 4-15 中，f_r 为共振频率；α_r 为共振时的吸声系数。取吸声系数降低一半处作为有效吸声频带的界限。f_1 为高频端吸声系数降低一半时的频率，称为吸声上限频率，f_1 与 f_r 间的倍频程数 Ω_1 称为上半频带宽度。与此相类似，f_2 为低频端吸声系数降低一半时的频率，称为吸声下限频率，f_2 与 f_r 间的倍频程数 Ω_1 称为下半频带宽度。可得

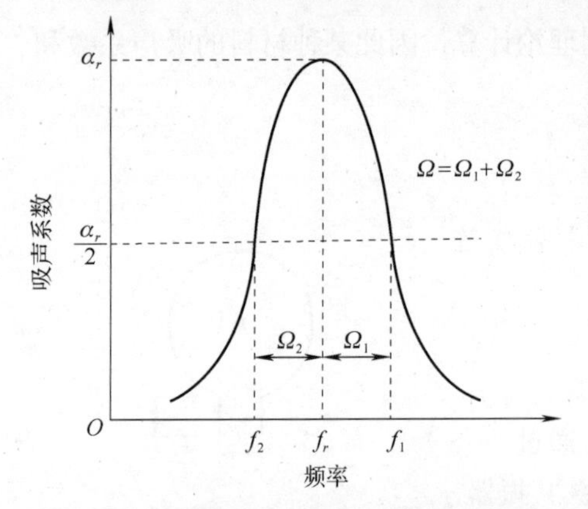

图 4-15 共振吸声结构典型频谱特性曲线

$$\Omega_1 = \log_2\left(\frac{f_1}{f_r}\right) \tag{4-6}$$

$$\Omega_2 = \log_2\left(\frac{f_r}{f_2}\right) \tag{4-7}$$

记：
$$\Omega = \Omega_1 + \Omega_2 = 10\log_2\left(\frac{f_1}{f_2}\right) \tag{4-8}$$

Ω 称为共振吸声结构的吸声频带宽度，它反映吸声结构能够有效地吸声的频率范围。在通常情况下，频谱特性曲线在共振频率两侧近似对称。因此 Ω_1 与 Ω_2 近似相等。

由上述可知：吸声材料层与共振吸声结构相比较，在共振频率 f_r 以下，两者在本质上完全相同；但在共振频率 f_r 以上，两者有很大差别。对于吸声材料层，吸声上限频率并不存在。因此可以认为，吸声材料层比穿孔板共振吸声结构具有更优越的高频吸声性能。从实用角度考虑，可以用第一共振频率 f_r、相应的共振吸声系数 α_r、高频端吸声系数 α_m 以及下半频带宽

度 Ω_2 四个量来描述吸声材料层的主要吸声特性，特别是 f_r 和 α_r 两个量对于概括地了解吸声材料层的吸声特性是很重要的。

单个共振器对频率有较强的选择性，共振频率 f_0 可以通过式(4-10)求得，由图 4-15 中弹簧振子的力学系统和图 4-14(c)类比电路，可得共振器的声阻抗 R_A 为零时的共振圆频率：

$$\omega_0 = \frac{1}{\sqrt{M_A C_A}} \tag{4-9}$$

式中，$M_A = \frac{\rho \cdot l_e}{S}$，为声质量；$C_A = \frac{V}{\rho c^2}$，为声顺；因而共振频率为

$$f_0 = \frac{c}{2\pi}\sqrt{\frac{S}{V \cdot l_e}} \tag{4-10}$$

式中，l_e 为颈的有效长度，对于圆孔有 $l_e = l_0 + \frac{\pi}{4}d$，$l_0$ 为颈的实际长度，m；d 为孔径；S 为颈口面积：$S = \frac{\pi}{4}d^2$，m^2；V 为腔的体积，m^3。

从式(4-10)中可知：只要改变孔径和空腔体积，就可以得到不同的 f_0，而与孔腔的形状无关。为增大吸声频带的带宽，可在颈口上蒙一层透声的织物，如尼龙纱、玻璃纱，或在颈内放入适量多孔吸声材料。

4. 设计要点

(1) 改变开口的尺寸或空腔体积可以得到各种不同的共振频率，共振频率与空腔形状无关。适当缩小颈口面积、增大空腔体积，可获得较低的共振频率。

(2) 单个共振器应该用坚硬材料制作，以减少共振器壁的振动损耗，一般采用大的体积，可得到大的频带宽度(但体积也不宜太大，因为基本理论是假定容器的三维尺度比共振频率的波长小)。

(3) 单个共振器有很强的频率选择性，如果要吸收的是单一频率，单个共振器是有用的。为了充分发挥每个共振器的作用，它们之间在布置上应保持一定距离。

4.2.3　穿孔薄板共振吸声结构

1. 结构形式

穿孔薄板共振吸声结构是噪声控制中广泛采用的一种吸声装置。穿孔板共振吸声结构实际上是由许多单个共振器并联而成的共振吸声结构，如图 4-16 所示。在各种薄板上穿孔并在板后设置空气层，必要时在空腔中加衬多孔吸声材料，可以组成穿孔板共振吸声结构。由于每个开口背后均有对应空腔，一般硬质纤维板、胶合板、石膏板、纤维水泥板以及钢板、铝板均可作为穿孔板结构的面板材料。

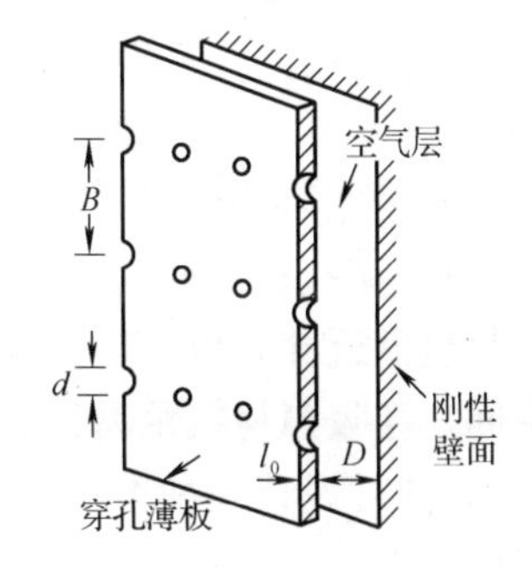

图 4-16　穿孔薄板吸声结构示意图

2. 吸声原理

由于它是亥姆霍兹共振器的组合，因此可以看作由质量和弹簧组成的一个共振系统。当入射声波的频率和系统的共振频率一致时，穿孔板颈的空气产生激烈振动摩擦，吸收效应加强，形成了吸收峰，使声能显著衰减；远离共振频率时，则吸收作用较小。如果在穿孔板后面放置多孔材料增加声阻，会使结构吸收频带加宽。

3. 共振频率计算

对于孔的大小相同且均匀分布在薄板上的结构，每一小孔占有空间体积 V 相同，穿孔薄板的共振频率 f_0 的计算应与单个共振器相同，可以写成

$$f_0=\frac{c}{2\pi}\sqrt{\frac{S}{ADl_e}}=\frac{c}{2\pi}\sqrt{\frac{p}{Dl_e}} \tag{4-11}$$

式中，f_0 单位为 Hz；S 为单孔截面积，m^2；A 为每一共振单元所分占薄板的面积，m^2；D 为空气层厚度，m；l_e 为小孔有效径长，m；p 为穿孔率 $\left(\frac{\text{穿孔面积}}{\text{全面积}}\times\%\right)$。

由式(4-11)可以看出，板的穿孔面积越大，吸收的频率越高，空腔越深或颈口有效深度越长，吸收的频率越低。因此在具体设计中，板厚、腔深和穿孔率的大小不是任意取的，而应进行实验和比较，选择一个比较合适的尺寸。

穿孔板共振吸声结构的缺点是频率的选择性很强，在共振频率 f_0 附近具有最大的吸声性能，偏离共振频率，吸声效果就较差，即吸声频带很窄。因此设计结构的尺寸时尽可能使消声频带宽一些。如果在共振频率 f_0 处的最大吸声单位为 A，则在 f_0 左右能保持吸声单位为 $A/2$ 的频带宽度 Δf 可由式(4-12)估算：

$$\Delta f=4\pi\frac{f_0}{\lambda_0}D \tag{4-12}$$

式中，Δf 为吸声带宽，Hz；λ_0 为共振频率 f_0 的波长，m；D 为空腔的深度，m。

可见，穿孔板共振吸声结构的有效吸声带宽和腔深有很大关系，因此在设计腔深时要合理选择。

此外，提高结构的吸声带宽还可以采用以下几种方法。

(1)穿孔板的孔径设计得扁小一些，提高孔内的阻尼。

(2)在穿孔板后面蒙上一层透声的纺织品，如薄布、玻璃布等，以增加其孔径摩擦，达到提高频带宽度的作用。

(3)在穿孔板后面的空腔中填放一部分多孔吸声材料。为增加孔颈附近的阻力，吸声材料应尽量贴近穿孔板，这样就能收到良好的效果。如果材料厚度超过 25mm，可以置于空气层中间，当吸声材料距离穿孔板 50mm 以上时，吸声系数将降低。

(4)同时设计几种不同尺寸的共振吸声结构，分别吸收一小段频带，合起来展宽了频带的宽度。

总之，根据实际经验得穿孔板的设计尺寸为：板厚一般采用 1.5～10mm；孔径 ϕ2～ϕ15mm；穿孔率一般为 0.5%～5%，可以到 15%；腔深以 100～250mm 为宜。图 4-17 为常用穿孔板的开孔方式及计算共振频率 f_0 的列线图。

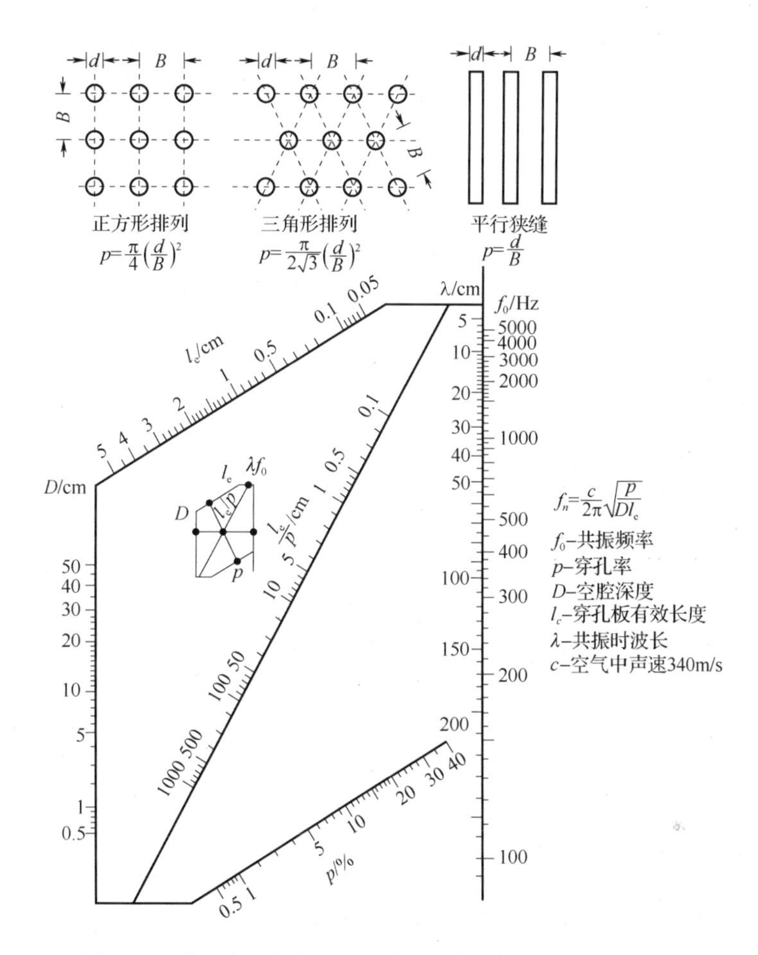

图4-17　常用穿孔板的开孔方式及计算共振频率f_0的列线图

例4-3　已知穿孔板厚度$l_0=1.5$mm，穿孔率$p=3\%$，空腔深度$D=10$cm，孔颈$d=0.8$mm，求f_0。

解　方法①：

$$l_e=l_0+\frac{\pi}{4}d=1.5+\frac{\pi}{4}\times 0.8\approx 2.13(\text{mm})$$

$$f_0=\frac{c}{2\pi}\sqrt{\frac{p}{Dl_e}}\approx\frac{340}{2\times 3.14}\sqrt{\frac{0.03}{0.1\times 2.13\times 10^{-3}}}\approx 642.2(\text{Hz})$$

方法②：查图法，$f_0\approx 640(\text{Hz})$。

另外，用微缝板做成的吸声结构也可以得到良好的吸声特性，与微穿孔板相似。微窄缝板的基础是窄缝的吸收原理。

4. 双层穿孔板结构

要使共振吸声结构在较宽的频率范围内有良好的吸声性能，可进行共振器的组合，由两层或多层穿孔板组合的穿孔板吸声结构，可以看成多个互相耦合在一起的共振吸声结构，一般有两个或多个吸收峰，吸收频带宽度能够在2～3个倍频程内得到较高的吸声系数，它不仅对低频而且对中高频也有较高的声能吸收。

图 4-18 为双层穿孔板吸声结构示意图，双层穿孔板的设计应当是第一层空腔厚度小于第二层空腔厚度，各层厚度也不要彼此成倍数，同时各层穿孔率及背面所贴阻性材料也应当使第一层透气性好于第二层。

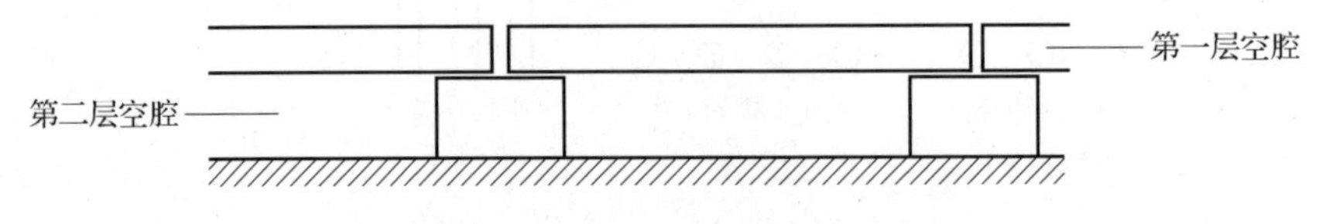

图 4-18　双层穿孔板吸声结构示意图

双层结构是由两个共振吸声结构“串联”在一起组成的，也可将两个或多个具有不同共振频率的穿孔板结构“并联”在一起，“并联”结构吸声频率特性与“串联”结构类似，也具有双峰或多峰特性，同样可以展宽吸声频带，在施工工艺上也比“串联”多层结构简单。

4.2.4　微穿孔板共振吸声结构

普通穿孔板在使用中的最大问题是声阻过小，背后不添加多孔吸声材料时吸声频带较窄。为了加宽吸声频带，可用板厚、孔径均在 1mm 以下，穿孔率为 1%～5%的薄板与背后空气层组成共振吸声结构。由于这种穿孔板穿孔细而密，因而比普通穿孔板的声阻大得多，而声质量要小得多，声阻与声质量之比大为提高，不用另加多孔材料就可以成为良好的吸声结构，这种穿孔板称为微穿孔板。微穿孔板吸声结构的优点是构造简单、易于清洗、耐高温，所以它适合于高速气流、高温或潮湿等特殊环境。

马大猷院士在进行深入的理论分析和研究的基础上，提出了微穿孔板理论和计算方法。

微穿孔板的声阻抗：微穿孔板吸声结构的相对声阻抗（微穿孔板本身的相对声阻抗）由理论分析得出，即

$$Z = r + \mathrm{j}\omega m - \mathrm{j}\cot\frac{\omega D}{c} \tag{4-13}$$

式中，r 为相对声阻，$r=\dfrac{al_0K_r}{d^2p}$；m 为相对声质量，$m=\dfrac{0.29\times10^{-3}l_0K_m}{p}$；$K_r$ 为声阻系数：

$$K_r=\sqrt{\frac{x^2}{32}+1}+\frac{\sqrt{2}x}{8}\cdot\frac{d}{l_0} \tag{4-14}$$

声质量系数：

$$K_m = 1+\frac{1}{\sqrt{a+\dfrac{x^2}{2}}}+0.85\frac{d}{l_0} \tag{4-15}$$

$$x = ab\sqrt{f} \tag{4-16}$$

式中，c 为声速（空气中）；l_0 为板厚；p 为穿孔率；d 为孔径。a、b 是常数，与材料性质有关，对于热传导较差的板，a =0.117，b=0.32；对于热传导较好的板，如金属薄板，则 a =0.235，b =0.21。声吸收的频带宽度近似由 r/m 决定，比值越大，吸声频带越宽，反之则越窄。

微穿孔板的吸声特性与相对声阻和声质量有关，穿孔孔径小，声阻增大，声质量随之减小，吸声频带较宽。如果要求吸声更好，可以用两层微穿孔板串联结构，如图 4-19 所示，第一层后有空隙 D_1，再装第二层，留空隙 D_2，后面是刚性墙壁。因为 D_1 和 D_2 可以根据要求调整，两层微穿孔板可以完全相同。这种结构将会使较佳吸声频率变得更加平而宽，表 4-2 提供了单层和双层微穿孔板吸声系数实测结果。

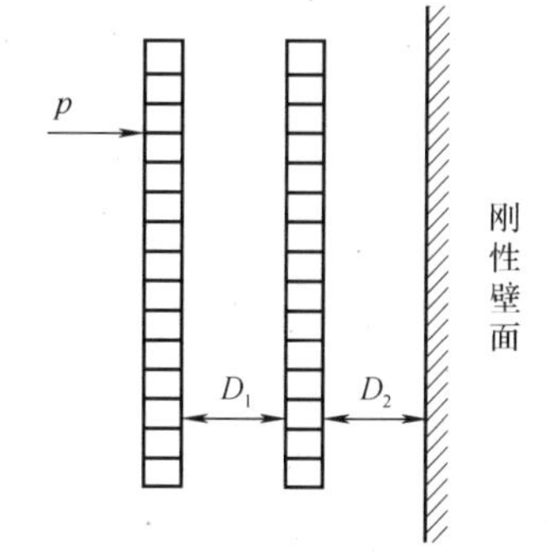

图 4-19　两层微穿孔板串联结构示意图

表 4-2　微穿孔板吸声系数实测结果

频率/Hz				125	250	500	1000	2000	4000	
单层微穿孔板	$d=0.8$	$p=1\%$	$h=15$	0.37	0.85	0.87	0.2	0.15	—	*
	$l_0=0.8$									
	$d=0.8$	$p=2\%$	$h=20$	0.40	0.83	0.54	0.77	0.28	—	*
	$l_0=0.8$									
	$d=0.8$	$p=2\%$	$h=15$	0.18	0.43	0.57	0.32	0.33	0.31	△
	$l_0=0.8$		$h=20$	0.19	0.50	0.45	0.35	0.36	0.19	△
双层微穿孔板	$d=0.8$	$p_1=2\%$	$h_f=8$	0.48	0.97	0.93	0.64	0.15	—	*
	$l_0=0.8$	$p_2=1\%$	$h_b=12$							
	$d=0.8$	$p_1=3\%$	$h_f=8$	0.40	0.92	0.95	0.66	—	—	*
	$l_0=0.8$	$p_2=1\%$	$h_b=12$							
	$d=0.8$	$p_1=2\%$	$h_f=8$	0.41	0.91	0.61	0.61	0.31	0.30	△
	$l_0=0.8$	$p_2=1\%$	$h_b=12$							

注：d 为孔径，mm；l_0 为板厚，mm；p 为穿孔率，%；*表示驻波管法；△表示混响法；h 为腔深，cm；h_f 为前腔深，cm；h_b 为后腔深，cm。

4.2.5　水中共振吸声结构

共振吸声结构利用孔隙中摩擦损失来吸收声能的办法和运动黏滞系数 $\mu\left(\dfrac{\eta}{\rho_0}=\mu\right)$ 有关。空气中 μ 大约是 $1.5\times10^{-5}\text{m}^2/\text{s}$，在水中则约为 $10^{-4}\text{m}^2/\text{s}$，再加上 $\rho_0 c$ 值的不同(空气中约为 $400\text{kg}/(\text{m}^2\cdot\text{s})$，水中为 $1.5\times10^6\text{kg}/(\text{m}^2\cdot\text{s})$)，水中声阻比值 r 为空气中的 1.5 倍，而声抗比值 m 则是 1/4.5(相对声阻抗率 $Z=r+\text{j}\omega m$)。这样高阻低抗的特性是宽频带的基础，所以微穿孔吸声结构可用于水中较低频率，而且吸声性质更好。水中穿孔板常数 $k=a\sqrt{\omega\rho_0/\eta}=(d/\delta)\sqrt{f}$ 比空气中的 $k=d\sqrt{f/10}$ 要低，共振频率可达 1～2kHz。但对某些水声应用(如水声探测、水声通信常用到几十 kHz)来说，k 值以及 $\omega_0 m$ 值(和空气中相同)都很大，吸收频带就很窄了，所以水声应用不适合。

由于水中特性阻抗 $\rho c=1.5\times10^6\text{kg}/(\text{m}^2\cdot\text{s})$ 很大，完全可以利用固体吸声。橡胶若成分合适可以做到阻抗完全与水匹配，称为 ρc 橡胶，再充以一些配料可增加其内部阻尼，成为很

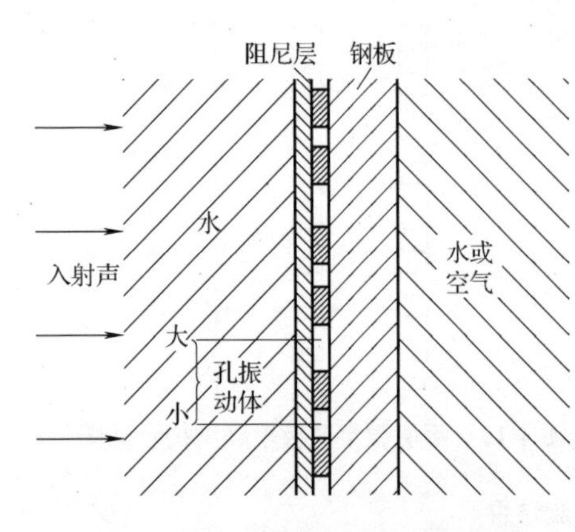

图 4-20　水声共振吸声结构截面图

好的宽带吸声结构。但这样的用法，其厚度要达到四分之一波长以上才最有效。用橡胶做成双共振吸声结构可以在较宽的频带中吸声，也不需要很大的厚度，图 4-20 是它的基本构造。

水中吸声的要求与空气吸声不同。例如，在舰船上，为了不反射主动声波的探测信号，频率范围不必过宽，只要在探测信号的使用范围就够了，也许一个倍频程即可。但吸声系数必须高，如使反射系数为 10%，吸声系数则要求 99%，可以只考虑正入射。钢铁的特性阻抗与水的相差不太大，所以在薄钢板的情况下(厚度 3～12mm)钢板的振动必须计入，只有厚钢板(20mm 以上)才能作为刚体，完全反射。在图 4-20 的构造中，橡胶厚度约 4mm，由两层合成，内层开出 2mm 和 5mm 直径的圆孔，形成共振空腔。两层橡胶间和橡胶到钢板的黏结不可有气泡，以免形成额外的不利共振腔。小孔的作用主要是增加外层橡胶板的顺性，使其与外面介质(水)匹配。大孔是双共振腔，前面是一个活塞，可以看作薄膜，其质量和劲度对水来说都微不足道，与空腔一起成为共振器或质量弹簧系统。当膜片向内压入时，空腔周围的橡胶壁受到向中心的拉力，从而激起橡胶壁的振动。这种振动完全和一个底端不动，上端做膨胀、压缩振动的橡胶柱相似，加上底板的振动可形成第二个共振器。

如果只要求吸声系数为 0.99，反射系数比较小，则适当选择孔的尺寸、橡胶的特性和穿孔的数目，完全可在相当频率范围内满足要求。

同样的原理也适用于空气吸声。把大量薄塑料盒排在墙面上，调谐盒面和盒侧壁的共振频率与阻尼，要求在几个倍频程内吸声系数大于 0.4 或 0.5 是完全可能的，可满足空气吸声中降低噪声或控制混响的要求。

4.3　几种新型吸声结构和材料

随着噪声控制技术的不断发展，很多新型的吸声材料和结构被研制出，并被广泛用于各种声学环境工程中。

4.3.1　槽木吸声板

槽木吸声板是一种在密度板正面开槽、背面穿孔的狭缝共振吸声材料。槽木吸声板对吸声频率选择性很强，对中、低频有很好的吸声性能。如在吸声结构后腔上填入适量的吸声棉，可提高中、高频吸声效果。它同时具有环保、防火、防水等性能，饰面颜色及材料选择性广，能很好地满足用户多样化的声学及装饰需求，通常用于体育馆、礼堂、多功能厅、会议室、报告厅、录音室、演播室等声学要求比较高的场所。图 4-21 是槽木吸声板在多功能厅堂的应用，图 4-22 为几种槽木吸声板的吸声系数曲线。

另外，孔木吸声板与槽木吸声板类似，是一种在密度板上直接穿孔的共振吸声材料，其特点、吸声系数及应用范围都相似。

图 4-21　槽木吸声板在多功能厅堂的应用

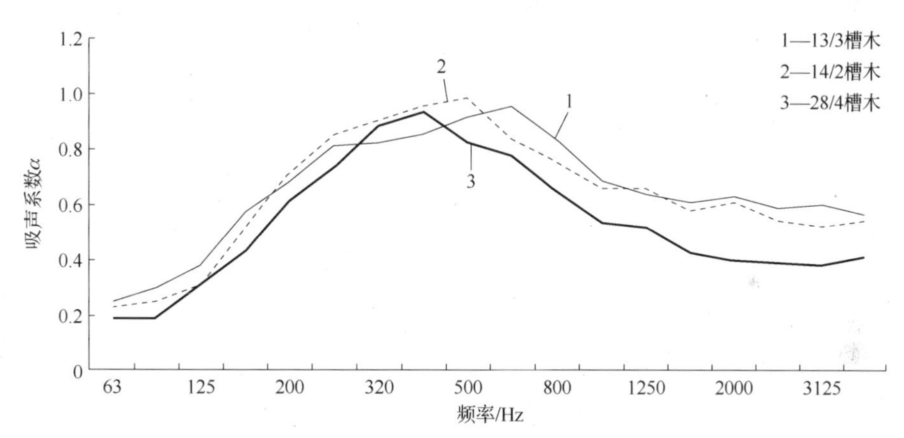

频率/Hz	63	100	125	160	200	250	320	450	500	600	800	1000	1200	1250	1600	2000	2500	3125	NRC
13/3 槽木	0.25	0.3	0.35	0.57	0.68	0.81	0.85	0.85	0.85	0.95	0.85	0.66	0.63	0.63	0.6	0.63	0.58	0.50	0.75
14/2 槽木	0.23	0.25	0.31	0.32	0.71	0.85	0.9	0.85	0.00	0.85	0.75	0.65	0.65	0.68	0.57	0.5	0.52	0.51	0.77
28/4 槽木	0.19	019	0.32	0.43	0.61	0.78	0.83	0.83	0.82	0.77	0.64	0.65	0.63	0.61	0.42	0.35	0.30	0.32	0.65

图 4-22　几种槽木吸声板的吸声系数

4.3.2　聚酯纤维吸声板

聚酯纤维吸声板由 100%聚酯纤维为原料，经过热压合成茧棉状，孔隙率达到 90%以上，在中、高频范围内具有良好的吸声性能。

聚酯纤维吸声板具有高密度、环保、防火、吸声频带宽、装饰性强、施工简单、易于切割、无粉尘污染等性能，饰面颜色及材料选择性广，能很好地满足用户多样化的声学及装饰要求。通常用于体育馆、礼堂、多功能厅、会议室、报告厅、录音室、演播室、家庭影院、家装背景墙等声学要求比较高的场所，图 4-23 给出了几种聚酯纤维式样图片，图 4-24 给出了聚酯纤维材料吸声性能曲线图。

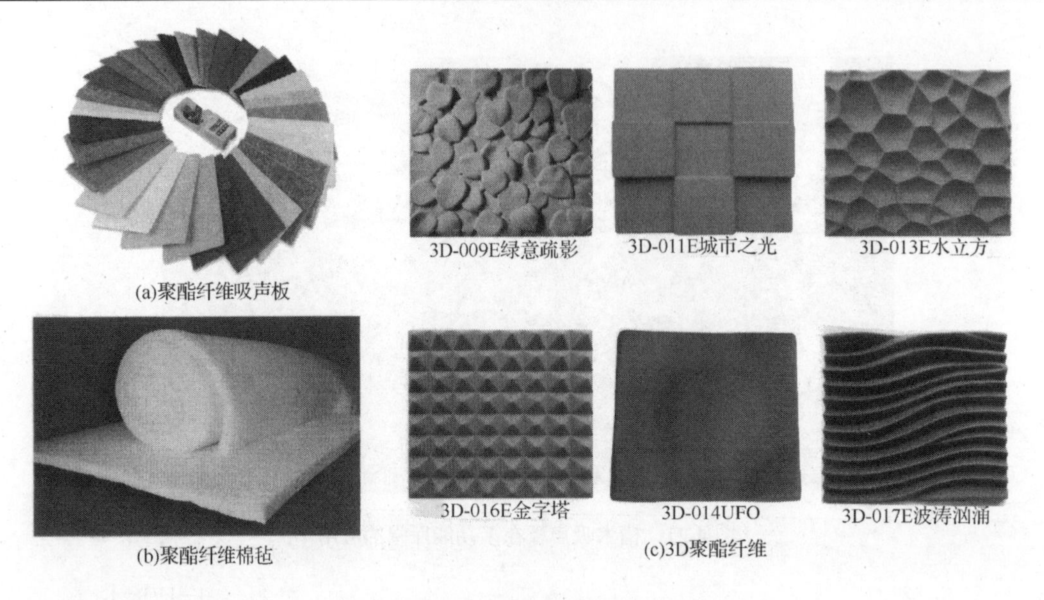

(a)聚酯纤维吸声板　(b)聚酯纤维棉毡　(c)3D聚酯纤维

图 4-23　几种聚酯纤维式样

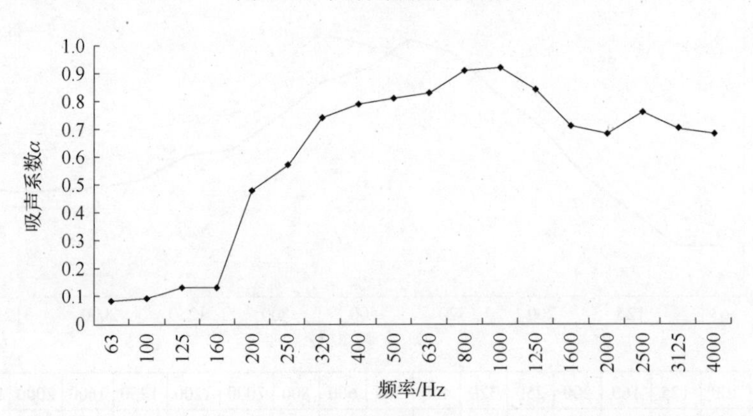

频率/Hz	63	100	125	160	200	250	320	400	500	630	800	1000	1250	1600	2000	2500	3125	4000	NRC
吸声系数 α	0.08	0.09	0.1	0.13	0.48	0.57	0.74	0.79	0.81	0.83	0.91	0.92	0.84	0.71	0.7	0.76	0.7	0.68	0.75

图 4-24　某种聚酯纤维材料吸声性能曲线

4.3.3　木丝吸声板

木丝吸声板是一种硬质型的多孔吸声材料，由菱镁及100%纯木丝组成，具有良好的中、高频吸声性能，是常用的建筑吸声、保温材料。木丝吸声板具有环保、防火、吸声频带宽、施工简单、易于切割等性能，表面可喷涂各种色彩颜料，表面丝状纹理给人一种原始粗犷的感觉。安装后可使声学环境更加接近自然。图 4-25 给出了木丝吸声板实物图片，图 4-26 给出了木丝吸声板吸声性能曲线图。

图 4-25　木丝吸声板

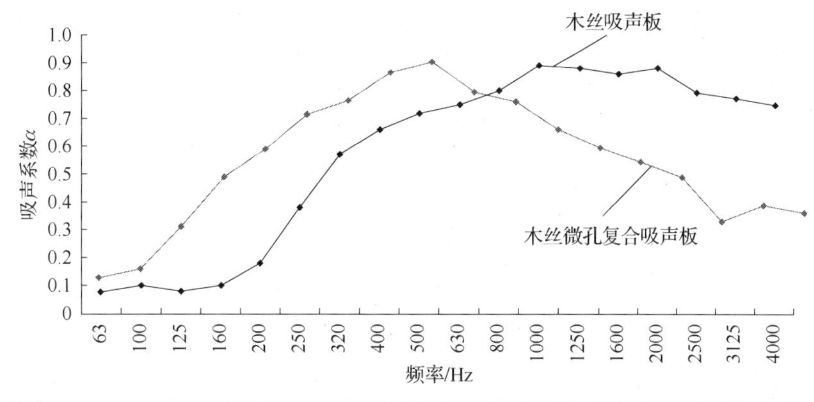

频率/Hz		63	100	125	160	200	250	320	400	500	630	800	1000	1250	1600	2000	2500	3125	4000	NRC
α	木丝吸声系数	0.12	0.12	0.37	0.37	0.49	0.65	0.81	0.81	0.8	0.74	0.61	0.55	0.51	0.49	0.59	0.61	0.55	0.58	0.65
	木丝微孔吸声系数	0.12	0.15	0.3	0.48	0.58	0.7	0.75	0.85	0.89	0.78	0.75	0.65	0.58	0.53	0.48	0.32	0.38	0.35	0.68

图 4-26　某种木丝吸声板吸声性能曲线图

如果将木丝吸声板与微孔板复合使用，可以做成木丝微孔复合吸声板，如图 4-27 所示。这样还能提高微孔板的吸声频带，增强微孔板的中、高频吸声性能。另外此产品为成品，不需要再次采用玻璃纤维等吸声棉，产品具有防潮、防火、防霉、环保、易裁、易锯、安装方便简单等特点。

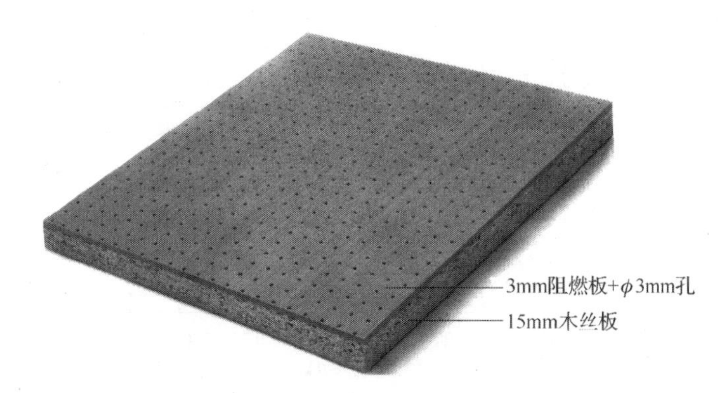

图 4-27　木丝微孔复合吸声板

4.3.4　DIY 吸声画

DIY 吸声画是为了克服传统布艺吸声板色彩单调、使用场所具有限制性等不足而研发的新型多孔吸声材料。DIY 吸声画采用透气性极强的画布或经过微穿孔处理的吸声皮革做面层，不仅保留了原有多孔吸声材料的吸声效果，还给场所增添了更多绚丽的色彩。DIY 吸声画可以根据用户提供的高清图片定制饰面，如山水画、人物肖像画、亲子照等都可用作 DIY 吸声画的素材，选择性很强。适用于家庭影院、办公室、酒店走廊、会议室、餐厅等具有环保要求，并有个性的吸声需求的场所。图 4-28 给出了吸声画图样，图 4-29 给出了其吸声性能曲线。

(a)

(b)

图 4-28　DIY 吸声画

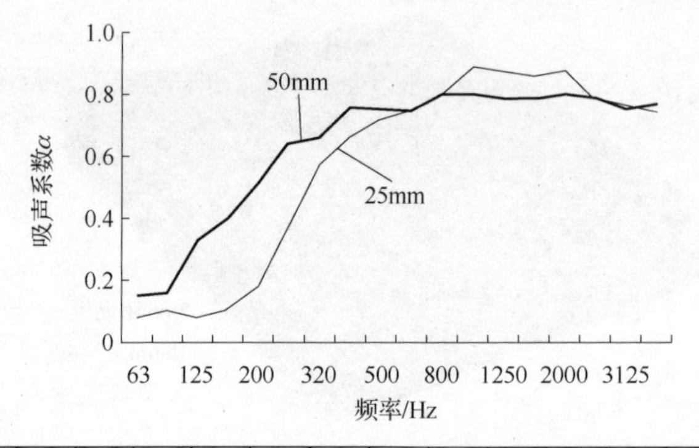

频率/Hz		63	100	125	160	200	250	320	400	500	630	800	1000	1250	1600	2000	2500	3125	NRC
α	25mm	0.08	0.1	0.08	0.1	0.18	0.38	0.57	0.66	0.72	0.75	0.8	0.89	0.88	0.86	0.88	0.79	0.77	0.72
	50mm	0.15	0.16	0.33	0.4	0.51	0.64	0.66	0.76	0.75	0.75	0.8	0.8	0.79	0.79	0.8	0.79	0.76	0.75

图 4-29　DIY 吸声画吸声性能曲线

4.3.5　发泡铝吸声板

发泡铝又称泡沫铝，是指融解铝锭后添加稠剂和发泡剂，经发泡制成海绵状态泡沫的超轻型金属，是一种集结构与性能为一体的新型功能材料。它是将密度 2.7kg/m^3 的金属铝发泡制成的密度只有 0.2～0.4 kg/m^3 的超轻纯金属材料，体积扩大了 13 倍，重量只相当于木材的三分之一。除了超轻，发泡铝还具有吸声、隔音、耐冲击、耐热及电子屏蔽电磁波等特点，这使其在火车、轮船、建筑和军事等领域受到广泛关注。

发泡铝还是环保材料，具有耐火、耐腐蚀、使用寿命长等优点。图 4-30 给出了发泡铝吸声板的图片。

图 4-30　发泡铝吸声板

4.3.6　微晶砂环保吸声板

微晶砂环保吸声板原料选自天然砂，利用特殊工艺，将一种无机硅基溶剂均匀且极薄地涂于全部沙砾表面，使砂粒外层之间发生熔融再固化反应，由此使砂粒像被焊接一样聚合在一起，因为每颗砂粒的微观形状是不规则且独一无二的，聚合挤压在一起时，砂粒之间天然地形成了大量的、不规则的、相互连通的微小空隙。当声波入射到微晶砂吸声板表面时，声波会透入微晶砂板内，在细孔中传播，由于空气运动产生的黏滞性和摩擦阻力作用，声能转化为热能而消耗，由此产生吸声作用。另外可以通过细孔的大小、数量、构造形式等调控吸声频率。

微晶砂环保吸声板具有物理性能稳定、强度高、不龟裂、不变形、防火性能好、使用寿命长、造型多变等特点；并且安装简单，可订、可钻、可黏。图 4-31 给出了微晶砂环保吸声板的内部及外观。表 4-3 给出了其常用构造吸声性能表。

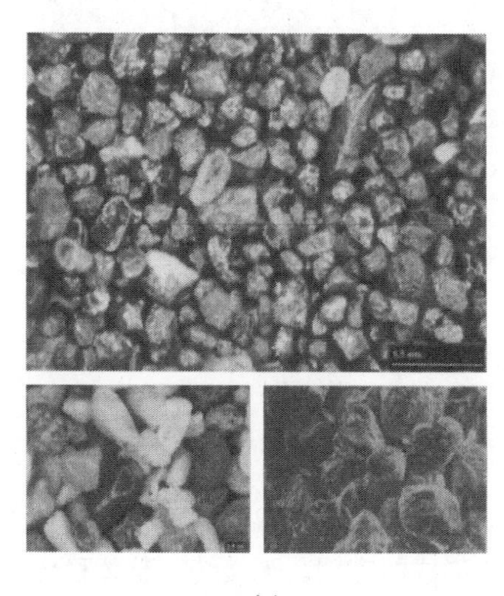

(a)内部

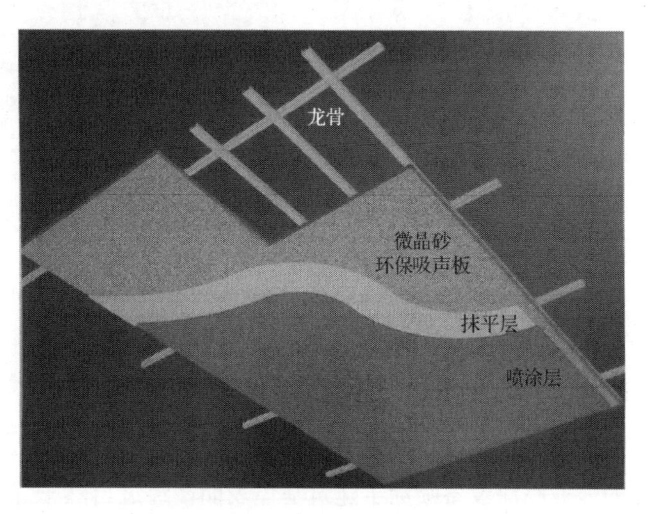

(b)外观

图 4-31　微晶砂环保吸声板内部及外观

表 4-3　微晶砂环保吸声板常用构造吸声性能表

型号		高频型				中频型						低频型			低频型		
流阻/(Pa·s/m^2)		400～600				800～1400						2000～3000			400～600		
构造简述	构造	基板后贴10mm厚吸声棉	基板后贴30mm厚吸声棉	基板后贴50mm厚吸声棉	基板后贴10mm厚吸声棉	基板后贴10mm厚吸声棉			基板后贴50mm厚吸声棉			基板后无吸声棉			基板喷砂后贴10mm厚吸声棉		
	空腔/mm	0	0	0	50	50	100	200	50	100	200	50	100	200	50	100	200
吸声系数（混响室法）	125Hz	0.02	0.11	0.23	0.07	0.15	0.30	0.34	0.34	0.44	0.47	0.27	0.28	0.29	0.35	0.40	0.54
	250Hz	0.11	0.41	0.62	0.40	0.65	0.76	0.85	0.79	0.73	0.64	0.49	0.36	0.34	0.55	0.60	0.69
	500Hz	0.32	0.90	0.97	0.92	0.79	0.80	0.87	0.81	0.77	0.84	0.23	0.21	0.17	0.49	0.55	0.57
	1kHz	0.64	0.96	0.99	0.94	0.63	0.70	0.65	0.63	0.55	0.75	0.09	0.09	0.08	0.43	0.40	0.45
	2kHz	0.96	0.96	0.89	0.79	0.60	0.73	0.66	0.57	0.56	0.73	0.17	0.16	0.19	0.20	0.23	0.36
	4kHz	0.85	0.80	0.89	0.55	0.55	0.72	0.68	0.57	0.57	0.65	0.32	0.33	0.32	0.35	0.32	0.43
	NRC	0.50	0.80	0.90	0.75	0.65	0.70	0.70	0.65	0.70	0.75	0.20	0.25	0.25	0.40	0.45	0.50

4.3.7　ECO 防水吸声板

ECO 防水吸声板采用新型的环保材料，具有优越的防水性能。消除了以往木质板吸水膨胀、遇潮发霉的情况。经过饰面装饰处理和基材的穿孔处理后，该材料具有吸声装饰的性能，同时有高端典雅、使用寿命长久、施工方便快捷、可多次拆装、装饰效果和花纹多样化的特点。图 4-32 给出了防水吸声板外观图片。

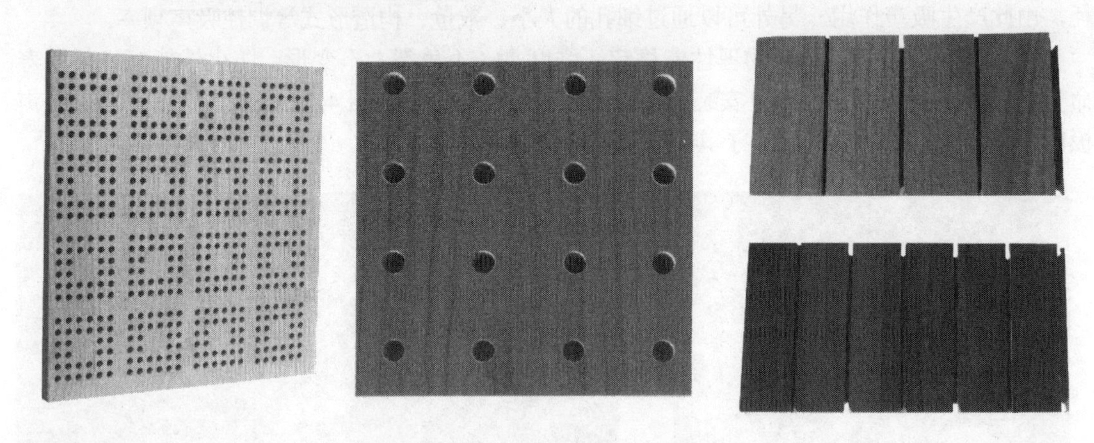

图 4-32　防水吸声板外观图片

4.3.8　T8 无机纤维喷涂

T8 系列无机纤维喷涂系列产品是由无机纤维棉和 SPR 水基特种环保黏结剂，通过成套的专业喷涂设备喷涂于建筑基体表面，经过自然干燥后，形成的密闭、无接缝、整体稳定、有弹性的涂层，是一种新型环保的保温、绝热、吸声、降噪、防火的喷涂产品。图 4-33 给出了 T8 无机纤维喷涂材料的图片。

图 4-33　T8 无机纤维喷涂

使用喷涂技术后，建筑表面形成类似毯的密闭保温和吸声层，从根本上解决了传统材料(聚苯板、玻璃棉站等型材)密闭性差、接缝多、安装工序复杂、易老化和变形等问题。该材料适用于设备机房、体育馆、KTV、影剧院、会议厅、教堂、厂房等吸声隔声保温工程。

4.4　吸 声 测 量

测量吸声材料有两种方法，一是混响室法，一是驻波管法。两种方法所测得的结果是不一样的，但各有其特点和用途。

混响室法可以测量声波无规入射时的吸声系数和单个物体吸声量。该方法所需要的试件面积大，所测量的吸声系数和吸声量可在声学设计工程中应用。驻波管法可以测量声波法向入射的吸声系数和声阻抗率。该方法所需要的试件面积小，安装测量方便。所测的吸声系数只能用于不同材料和同种材料不同情况下吸声性能的比较，不能测量共振吸声结构，也不能在声学设计工程中直接使用，但计算阻性消声器的插入损失时需要法向入射时的吸声系数。

4.4.1　混响室法测量吸声材料

混响室法测量吸声材料(包括吸声构件)的吸声系数需要在一种称为混响室的房间中进行。混响室的形状可选择矩形或由不平行、不规则界面组成的其他形状。房间的尺寸不能有两个相等的，也不能呈整数比。若为矩形，长、宽、高比例最好呈调和级数比，混响室体积需大于 200m^3；若体积小于 200m^3，其下限频率应按下式确定：

$$f = 125 \times (200 / V)^{1/3}$$

式中，V 为混响室体积，m^3。

无论房间形状如何，混响室均需要采取有效的扩散措施，可采用悬挂或固定墙面的扩散体，也可用旋转扩散体。

被测试件为平面试件时应为一个整体，试件面积应为 10～12m^3。平面试件形状为矩形时，其长宽比值应为 0.6～1.0，边缘应采用反射性框架封闭，框架应紧密地贴在室内一界面上，框架与其他任一界面的距离不应小于 1m，框架厚度不应大于 20mm。对于试件背后有较大空腔的构造，其侧面应采用反射面封闭，并应垂直试件表面。

被测单个物体(如人、座椅、空间吸声体)需按使用条件布置。人或座椅等应设置在地面上，与其他任何界面及传声器的距离应大于 1m，空间吸声体也按同样的原则处理。

测量用的声源应采用粉红噪声(或白噪声)，频带为 1/3 倍频程。接收系统包括传声器、放大器、滤波器及记录设备。传声器应尽可能地无指向性。也可采用声源与接收合一的建筑声学测量仪或其他设备。

下面介绍混响时间的测量。

混响时间的测量应对 100～5000Hz 频带内 1/3 倍频程所对应的中心频率进行测量。混响时间的测量应至少有三个传声器的测点，每个测点之间的距离应大于所测频段最低中心频率波长的 1/2。每个传声器测点都应远离声源 2m 以上，与被测试件和边界面(包括扩散板)1m 以上距离。每个 1/3 倍频程所测的衰变曲线数与频率高低有关，频率低要求所测曲线数多。

测量时，使扬声器(声源)发出粉红噪声(或白噪声)(最好前面接一个滤波器，使之发出频带噪声能量较集中，可以提高声功率)，待室内声场稳定后(只需发声数十秒钟)，使声源停止发声，同时记录室内声压级的衰减，绘出声压级随时间衰变的曲线，如图 4-34 所示。由声压随时间衰减的曲线斜率很容易推算出衰减 60dB 的混响时间 T_{60}。

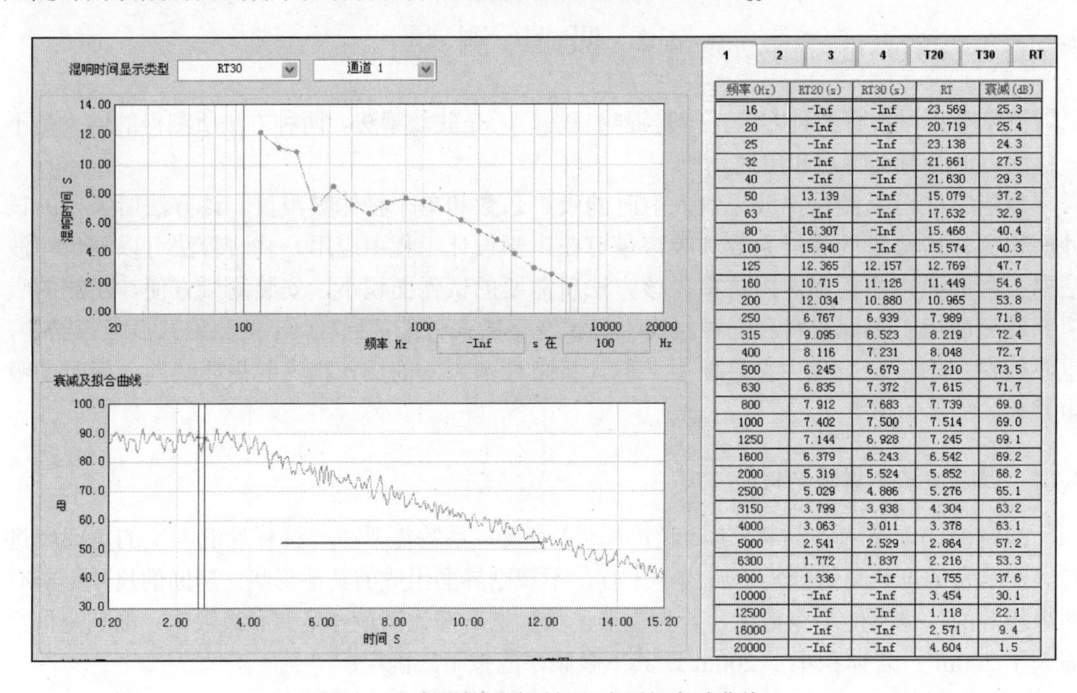

频率(Hz)	RT20(s)	RT30(s)	RT	衰减(dB)
16	-Inf	-Inf	23.569	25.3
20	-Inf	-Inf	20.719	25.4
25	-Inf	-Inf	23.138	24.3
32	-Inf	-Inf	21.661	27.5
40	-Inf	-Inf	21.630	29.3
50	13.139	-Inf	15.079	37.2
63	-Inf	-Inf	17.632	32.9
80	16.307	-Inf	15.468	40.4
100	15.940	-Inf	15.574	40.3
125	12.365	12.157	12.769	47.7
160	10.715	11.126	11.449	54.6
200	12.034	10.880	10.965	53.8
250	6.767	6.939	7.989	71.8
315	9.095	8.523	8.219	72.4
400	8.116	7.231	8.048	72.7
500	6.245	6.679	7.210	73.5
630	6.835	7.372	7.615	71.7
800	7.912	7.683	7.739	69.0
1000	7.402	7.500	7.514	69.0
1250	7.144	6.928	7.245	69.1
1600	6.379	6.243	6.542	69.2
2000	5.319	5.524	5.852	68.2
2500	5.029	4.886	5.276	65.1
3150	3.799	3.938	4.304	63.2
4000	3.063	3.011	3.378	63.1
5000	2.541	2.529	2.864	57.2
6300	1.772	1.837	2.216	53.3
8000	1.336	-Inf	1.755	37.6
10000	-Inf	-Inf	3.454	30.1
12500	-Inf	-Inf	1.118	22.1
16000	-Inf	-Inf	2.571	9.4
20000	-Inf	-Inf	4.604	1.5

图 4-34　实测的混响时间及声压级衰减曲线

测量混响时间的声场，原则上应该是完全扩散的，但实际上并非如此，特别是室内有吸声材料时。所以在测量时传声器应在离开声源一定距离的空间即混响声场内多测几点，每一测点又因各次测得的衰变曲线有些差异，特别是低频往往差别较大，因而必须多测几条曲线，取各曲线的平均再利用混响时间公式算出材料的吸声系数 α_m，但必须要事先知道空室的平均吸声系数 $\bar{\alpha}$ 以及测量材料 $\bar{\alpha}$ 时的温湿度。为消除混响时间公式中受温湿度影响的空气衰减常数 m，常常对空室和有材料时的情况各测量一次。设空室测得的混响时间为 T_{60}，由于空室的 $\bar{\alpha} \ll 1$，得

$$T_{60}=\frac{0.161V}{-S\ln(1-\bar{\alpha})+4mV}\approx\frac{0.161V}{4mV+S\bar{\alpha}}\tag{4-17}$$

式中，V为混响室体积；S为混响室总面积；m为与温湿度有关的空气衰减常数。

同样可测得有材料时的T'_{60}。有的材料吸声系数α_m可能很大，但因其面积比混响室总面积小得多，因而材料连同混响室壁面的平均吸声系数$\bar{\alpha}'$不至于很大，T'_{60}也可写成$T'_{60}=\dfrac{0.161V}{4mV+S\bar{\alpha}}$，只将式中$\bar{\alpha}$用$\bar{\alpha}'$代替。这样可以消去$m$，得出$\bar{\alpha}'-\bar{\alpha}=\dfrac{0.161V}{S}\left(\dfrac{1}{T'_{60}}-\dfrac{1}{T_{60}}\right)$。又根据平均吸声系数的定义，有了材料面积 S_m、吸声系数α_m、混响室的平均吸声系数$\bar{\alpha}'=\dfrac{S_m\alpha_m+(S-S_m)\bar{\alpha}}{S}$，经简单的换算便可得到材料的吸声系数，即

$$\alpha_m=\frac{0.161V}{S_m}\left(\frac{1}{T'_{60}}-\frac{1}{T_{60}}\right)+\bar{\alpha}\tag{4-18}$$

可见混响室法测量材料的吸声系数是很复杂的，还需要专用仪器和设备，但是所测的材料吸声系数是声波无规入射的，称为无规入射吸声系数，与实际使用情况比较接近，常为噪声控制工程所采用。

注：详见国家标准《声学 混响室吸声测量》(GB/T 20247—2006)。

4.4.2 驻波管法测量吸声材料

用驻波管法测量吸声材料有两个目的，一是测出法向入射的吸声系数，这是最常用的；二是测量材料表面的声阻抗率。

1. 驻波管法测法向吸声系数

驻波管法的测量设备由驻波管、声源系统、接收系统等部分组成，如图 4-35 所示。驻波管为一个圆形(或方形)长管道，管壁由密实坚硬的材料制成，为避免振动和外界干扰，管壁必须厚实，内壁面光滑且无细微缝隙，截面均匀。驻波管分为两段，一段为试件段，供装置试件用；一段为测试段，为驻波管主体。两段的横截面和壁厚必须完全相同，且应同轴连接。

驻波管能测试的频率范围与管的大小有关，因而需要有长短、粗细不同的管，才能覆盖有关频率。测试频率的上、下限分别由下列公式计算：

$$f_{上}<\begin{cases}\dfrac{3.83c}{\pi D}(圆管)\\[2mm]\dfrac{c}{D}(方管)\end{cases}$$

$$f_{下}>\frac{c}{2l}$$

式中，$f_{上}$、$f_{下}$分别为上、下限测试频率，Hz；c为声速，m/s；l为管长，m；D为管直径或边长，m。

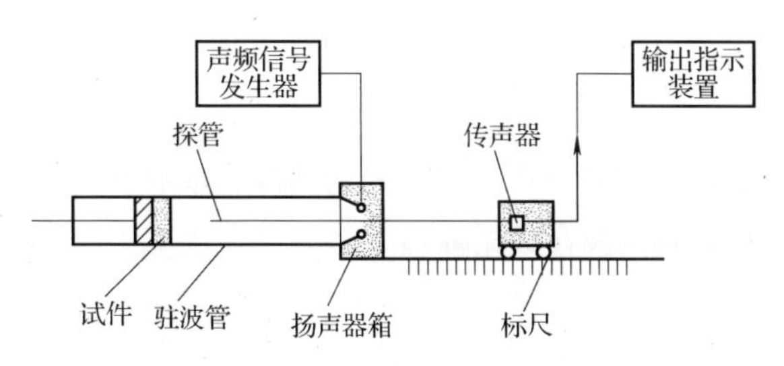

图 4-35　驻波管测量系统示意图

声源系统是由声频信号发生器、功率放大器、扬声器等部分组成的。扬声器必须以纯音

信号激发，激发信号一般由声频信号发生器发声，后经功率放大，再馈送至扬声器。在测试过程中，纯音信号的幅值和频率要保持稳定。同一次测量中，信号幅值的漂移应小于 0.2dB，频率的漂移应小于 0.5%。

接收系统由探测器和输出指示装置组成。探测器主体为一个可移动的传声器。传声器可直接装置在驻波管内，也可借助探管装置在管外。探测器在管内装置部分的截面积总和不能大于驻波管截面积的 5%。由探测器把信号传入输出指示装置。该装置由信号放大器、衰减器、滤波器和指示器等部分组成。为防止声源和接收装置信号漂移问题，也可采用声源和接收同步的仪器。

试件要牢靠地固定在驻波管试件段内，试件表面要平整，其截面的形状和面积要与驻波管截面相同。试件侧面紧贴管壁，试件背面必须与驻波管底板紧贴，当要求试件背后有空腔时，应使试件背面与底板之间的空气层保持给定的厚度，但不要受挤压使它变形，如有缝隙，应采用适当的密封措施。

扬声器向管内发声形成驻波场，用一根细的内壁光滑的空心金属探测。探管一端接在传声器(接收器)上，传声器固定在一个隔声和减振都很好的封闭体内，以防止外界干扰；探管另一端穿过扬声器到达驻波管内，探测管内声场变化。传声器的封闭体可以沿装有标尺的管轴方向移动，以观测探管测点和管端材料面的相对位置与声场变化关系。驻波管的长度根据所要测量的最低频率而定。一般管长 l 应大于最低频率波长 $\lambda_{\min}$：

$$l > \lambda_{\min} = \frac{c}{f_{\min}} \tag{4-19}$$

管的横向尺寸(圆管是直径，方管是边长)应小于最高测试频率波长的二分之一，即

$$d \leqslant \frac{\lambda_{\min}}{2} = \frac{c}{2f_{\min}} \tag{4-20}$$

这一最高频率称为驻波管的截止频率。

用驻波管测量材料吸声系数的原理是平面简谐声波：

$$p_{\mathrm{i}} = P_{\mathrm{i}} \cos(\omega t - kx) \tag{4-21}$$

声波入射到 $x = l$ 管端，遇到吸声材料反射回来的反射波，因受材料的吸声作用，不仅幅值将减小，而且有相位变化 θ。为方便计算，假定管末端材料表面上 $x = l$ 的入射波和反射波存在相位差 θ，于是在其他位置上的入射声波和反射声波的声压表示式可写成

$$p_{\mathrm{i}} = P_{\mathrm{i}} \cos[\omega t + k(l - x)] \tag{4-22}$$

$$p_{\mathrm{r}} = P_{\mathrm{r}} \cos[\omega t - k(l - x) + \theta] \tag{4-23}$$

它们在管中合成的声压为

$$p = p_{\mathrm{i}} + p_{\mathrm{r}} = P_{\mathrm{i}} \cos[\omega t + k(l - x)] + P_{\mathrm{r}} \cos[\omega t - k(l - x) + \theta] = P\cos(\omega t + \phi) \tag{4-24}$$

这是驻波的形式。式中 P 为两波合成的驻波振幅；ϕ 为驻波初始相位，经过三角函数运算，可得到两波合成振幅

$$P = \left\{P_{\mathrm{i}}^2 + P_{\mathrm{r}}^2 + 2P_{\mathrm{i}}P_{\mathrm{r}} \cos\left[2k(l - x) + \theta\right]\right\}^{\frac{1}{2}} \tag{4-25}$$

可见合成振幅 P 是 x 的函数。随着 x 值的变化，幅值沿管轴将出现波节和波腹现象。

当 $\cos[2k(l - x) + \theta] = -1$ 时，P 将变为 $P_{\min} = P_{\mathrm{i}} - P_{\mathrm{r}}$，是一个极小值(波节)。

当 $\cos[2k(l - x) + \theta] = 1$ 时，P 将变为 $P_{\max} = P_{\mathrm{i}} + P_{\mathrm{r}}$，是一个极大值(波腹)。

在驻波管中测量的声压极大值与极小值之比，为驻波比(即接收信号的电压比值)，用 SWR 表示：

$$\mathrm{SWR}=\frac{P_{\max}}{P_{\min}}=\frac{1+r_P}{1-r_P}$$

声压反射系数：
$$r_P=\frac{P_{\mathrm{r}}}{P_{\mathrm{i}}}=\frac{\mathrm{SWR}-1}{\mathrm{SWR}+1}$$

它与声强反射系数的关系为 $r_I=\left|\frac{P_{\mathrm{r}}}{P_{\mathrm{i}}}\right|^2=\left|r_P\right|^2$。

试件的吸声系数为吸收声能与入射声能之比，可得出吸声系数 α_0 与驻波比的关系为

$$\frac{E_{吸}}{E_{入}}=\alpha_0=1-\left|r_P\right|^2=\frac{4\mathrm{SWR}}{(\mathrm{SWR}+1)^2} \tag{4-26}$$

只要在驻波管中沿管轴线移动探管位置，在有声压或声压级指示的仪表上读出声压幅值，算出驻波比 SWR 值，便能方便地求出 α_0 值。这种方法比混响室法简单，但这种方法测量到的吸声系数只限于声波垂直入射在材料表面上的吸收，称为法向吸声系数。法向吸声系数因取样面积小，测量结果稳定可靠，精度高，在选择吸声材料的吸声性能时，常用此进行对比测量。

2. 法向声阻抗率测量

材料的法向声阻抗率测量是在上面的测量中增加相位差 θ 测量这一步骤，它在声学上是很有用的。θ 值的测量方法是在测量声压极大值或极小值时，读出它们的位置。一般确定声压极小值位置比较容易，精度高一些，所以常取声压极小值位置确定 θ 值。

满足 $\cos\left[2k(l-x)+\theta\right]=-1$ 条件，即

$$2k\left(l-x\right)+\theta=\left(2n-1\right)\pi,\quad n=1,2,3,\cdots$$

从材料端算起沿管轴出现的第一，二，三，…极小值，相对应这些极小值的 x 有 $x_1,x_2,x_3,\cdots$，取第一极小值 x_1 相位差：

$$\theta=\pi-2k(l-x_1)=\pi-2kd_1 \tag{4-27}$$

式中，d_1 为第一极小值位置至材料表面的距离，测出 d_1 便可算出 θ 值。

声阻抗率定义：

$$Z_S=\frac{p}{u}=\frac{\rho c\left(p_{\mathrm{i}}+p_{\mathrm{r}}\right)_{x=0}}{\left(p_{\mathrm{i}}-p_{\mathrm{r}}\right)_{x=0}} \tag{4-28}$$

式中，p 和 u 为材料表面的声压和质点速度，声阻抗率的单位为 Pa·s/m，因材料对声波的作用而使 p_{r} 额外增加 θ 相位，如以 p_{i} 为 x 轴，则 p_{r} 可以分解为沿 x 和 y 轴方向的分量。在阻抗表示中，常用直角坐标的 x 轴为实数轴、y 轴为虚数轴的复数平面表示，如图 4-36 所示。

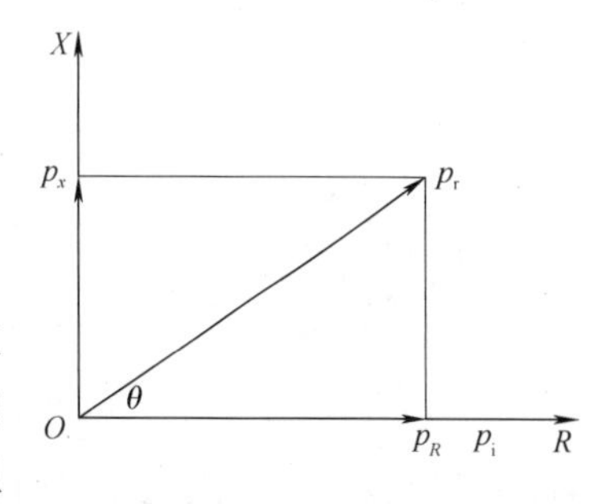

图 4-36 声阻抗图

Z_S 表示为

$$Z_S=\frac{\rho c[p_{\mathrm{i}}+p_{\mathrm{r}}(\cos\theta+\mathrm{j}\sin\theta)]}{p_{\mathrm{i}}-p_{\mathrm{r}}(\cos\theta+\mathrm{j}\sin\theta)}=\frac{\rho c[1+r_P(\cos\theta+\mathrm{j}\sin\theta)]}{1-r_P(\cos\theta+\mathrm{j}\sin\theta)}=R+\mathrm{j}X \tag{4-29}$$

R 称为声阻率，X 称为声抗率，在材料的声学性能方面，声阻抗率比吸声系数具有更重要的物理意义。

(1) 声阻抗：某一面积上的声压与通过这个面积的体积速度的复数比值(单位为 $kg/(m^4·s)$)，即

$$Z_A = \frac{p}{Su}$$

(2) 声阻抗率：介质中某点的声压和质点振速的复数比值(单位为 $kg/(m^4·s)$)，即

$$Z_S = \frac{p}{u}$$

(3) 特性阻抗：平面自由行波在介质中某点的有效声压与通过该点的有效质点速度的比值，它等于密度乘以传播速度(单位为 $kg/(m^4·s)$)，即

$$Z = \rho c$$

(4) 法向声阻抗率：表面上复声压与法向质点复速度的比值(单位为 $kg/(m^4·s)$)，即

$$Z_m = \frac{p}{u_n}$$

注：详见国家标准《声学 阻抗管中吸声系数和声阻抗的测量 第 1 部分：驻波比法》(GB/T 18696.1—2004)。

4.4.3 阻抗管法测量吸声材料

阻抗管法或称传递函数法测量吸声材料，要比驻波管法更为快捷，但测量技术完全不同。传递函数法是一种全频测试的方法，需要配置专门的阻抗管进行，如图 4-37 所示。在阻抗管壁上装两支特性完全相同的传声器，称两点为 1 和 2，测其上声压 p_1 和 p_2，再根据这两点的声压值计算其自谱和互谱。

用双传声器法需要在测试前后进行校准，用来修正传声器的失配。

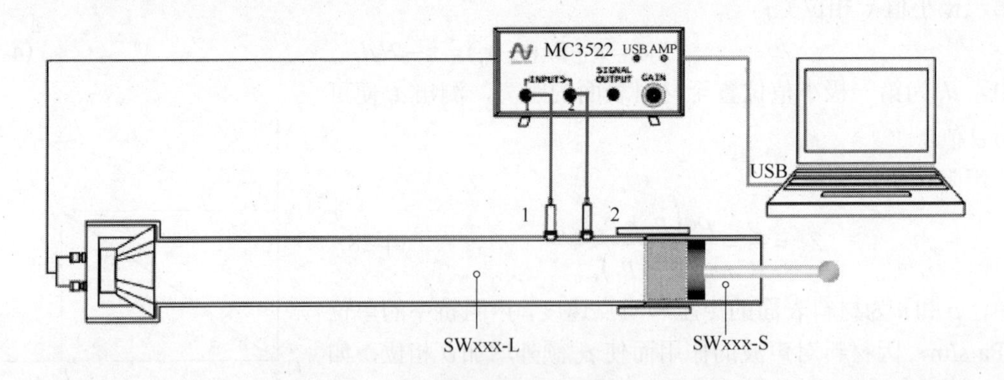

图 4-37　阻抗管双通道吸声系数测量示意图

管中的声速可以用式(2-2)计算，声速得出后波长也可求出。20℃时空气密度 $\rho_0 = 1.186\ kg/m^3$，大气压力基准值 $P_0 = 101.325\ kPa$。

在管中有入射波和反射波，声压为

$$P_i = \widehat{P}_i e^{jk_0x} \tag{4-30}$$

$$P_r = \widehat{P}_r e^{-jk_0 x} \tag{4-31}$$

式中，P_i、P_r 为基准面 $x=0$ 上的入射和反射声压幅值(复值)；传播系数 $k_0 = k_1' - jk_0''$ 也是复数。在两个传声器的位置处，声压为

$$P_1 = \widehat{P}_{1i} e^{jk_0 x_1} + \widehat{P}_{1r} e^{-jk_0 x_1} \tag{4-32}$$

$$P_2 = \widehat{P}_{2i} e^{jk_0 x_2} + \widehat{P}_{2r} e^{-jk_0 x_2} \tag{4-33}$$

入射波的传递函数是

$$H_i = \frac{P_{2i}}{P_{1i}} = e^{-jk_0(x_1 - x_2)} = e^{-jk_0 s} \tag{4-34}$$

式中，$s = x_1 - x_2$ 为两个传声器位置之间的距离。反射波的传递函数为

$$H_r = \frac{P_{2r}}{P_{1r}} = e^{jk_0(x_1 - x_2)} = e^{jk_0 s} \tag{4-35}$$

总声场的传递函数为

$$H_{12} = \frac{P_2}{P_1} = \frac{e^{jk_0 x_2} + r e^{-jk_0 x_2}}{e^{jk_0 x_1} + r e^{-jk_0 x_1}} \tag{4-36}$$

可改写成声压反射系数：

$$r = r_R + jr_I \tag{4-37}$$

改用自谱表示：

$$S_{11} = P_1 P_1^* \tag{4-38}$$

式中，P_1^* 表示 P_1 的共轭复数，以下同。

$$S_{22} = P_2 P_2^* \tag{4-39}$$

互谱：

$$S_{12} = P_1 P_2^* \tag{4-40}$$

$$S_{21} = P_2 P_1^* \tag{4-41}$$

因而传递函数为

$$H_{12} = \frac{S_{12}}{S_{11}} = |H_{12}| e^{j\varphi} = H_R + jH_I \tag{4-42}$$

或

$$H_{12} = \frac{S_{22}}{S_{21}} = |H_{12}| e^{j\varphi} = H_R + jH_I \tag{4-43}$$

或

$$H_{12} = \left[\frac{S_{12}}{S_{11}} \frac{S_{22}}{S_{21}} \right]^{1/2} = |H_{12}| e^{j\varphi} = H_R + jH_I \tag{4-44}$$

式(4-42)可正常使用，其余公式在特殊需要时(如有噪声干扰)使用。H_R 和 H_I 分别为 H_{12} 的实部和虚部。

反射系数 r 可根据式(4-37)求出。吸声系数为

$$\alpha = 1 - |r|^2 = 1 - r_R^2 - r_I^2 \tag{4-45}$$

材料的声阻抗率为

$$Z_S = R_S + jX_S = [(1+r)/(1-r)]\rho c_0 \tag{4-46}$$

声导纳率为其倒数。

注：详见国家标准《声学 阻抗管中吸声系数和声阻抗的测量 第 2 部分：传递函数法》(GB/T 18696.2—2002)。

4.4.4 水声用吸声材料的测量

水声材料在水下舰艇声隐身方面占有非常重要的地位，因此对水声材料声学参数的测量是水声学研究的基础和关键。目前，水声材料声学性能测量主要在水声声管、消声水池或压力罐中进行。而水声声管测量方法又分为驻波管法和阻抗管法，阻抗管法中又分传递函数法、脉冲

法和行波管法。脉冲法和驻波法是经典的水声材料测量方法，声管测量中，国内已经制定和修订了相关的国家标准《声学 水声材料样品插入损失和回声降低的测量方法》(GB/T 14369—1993)。脉冲管工作频率一般为 2～30kHz，可用于水声材料试件的声压反射系数、声压透射系数和吸声系数的测量，也可用于声速和衰减系数的测量。驻波管测量频率较脉冲声管低，不能直接测量试件的隔声或透声性能，具有一定的局限性。

实验室中水声材料声学性能参数测量，大多通过水声声管测量系统来完成。声管测量以小样品的测量来近似无限大样品的测量结果，还可实现加压测量，模拟深水的静水压力环境条件。

1. 驻波管法测量

驻波管法测量装置由驻波管、水听器位置标尺、测量放大器、带通滤波器、示波器、任意信号发生器、接收水听器、发射换能器等组成，如图 4-38 所示。驻波管本体为一个厚壁直立不锈钢长圆管，内径均匀、内表面光洁、无缺陷，具有良好的隔振性能。管内应充满蒸馏水，每隔一段时间还需要更换水介质、清洗管内壁和发射换能器。更换水介质时要注意消除管内气泡，一般要静置几天之后再进行测试。

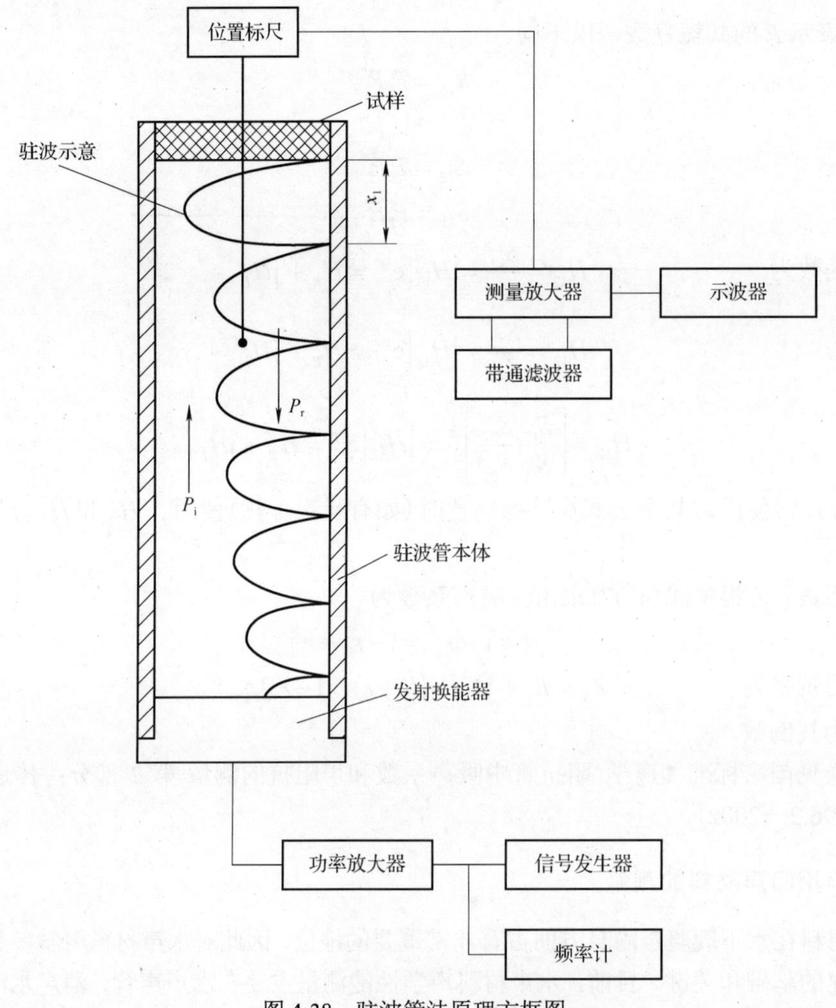

图 4-38　驻波管法原理方框图

注：详见 CB/T 3674—1995《水声材料驻波管测量方法》(船舶行业标准)。

试件应做成圆柱形，其直径与管内壁一致，试件厚度一般为 0.3~0.6 倍波长。试件表面应平整、厚度一致，同一材料、同样规格的试件应不少于三块。试件在测试前应清洗表面，并在水中浸泡 24 小时以上。

在测试频率上发射正弦波信号，在管内形成稳定的驻波声场。测量时要求在所测频率范围内，空管驻波比不小于 40dB，有吸声材料时不小于 20dB。其吸声系数和声压反射系数的计算公式与在空气中一样。

2. 阻抗管法测量

1)传递函数法

双水听器传递函数法测量装置由声管、双通道测量放大器、双通道带通滤波器、相位计、任意信号发生器、两只接收水听器、发射换能器、标准宽带全反射体、压力密封头、压力泵、压力表以及连接管道等组成，如图 4-39 所示。

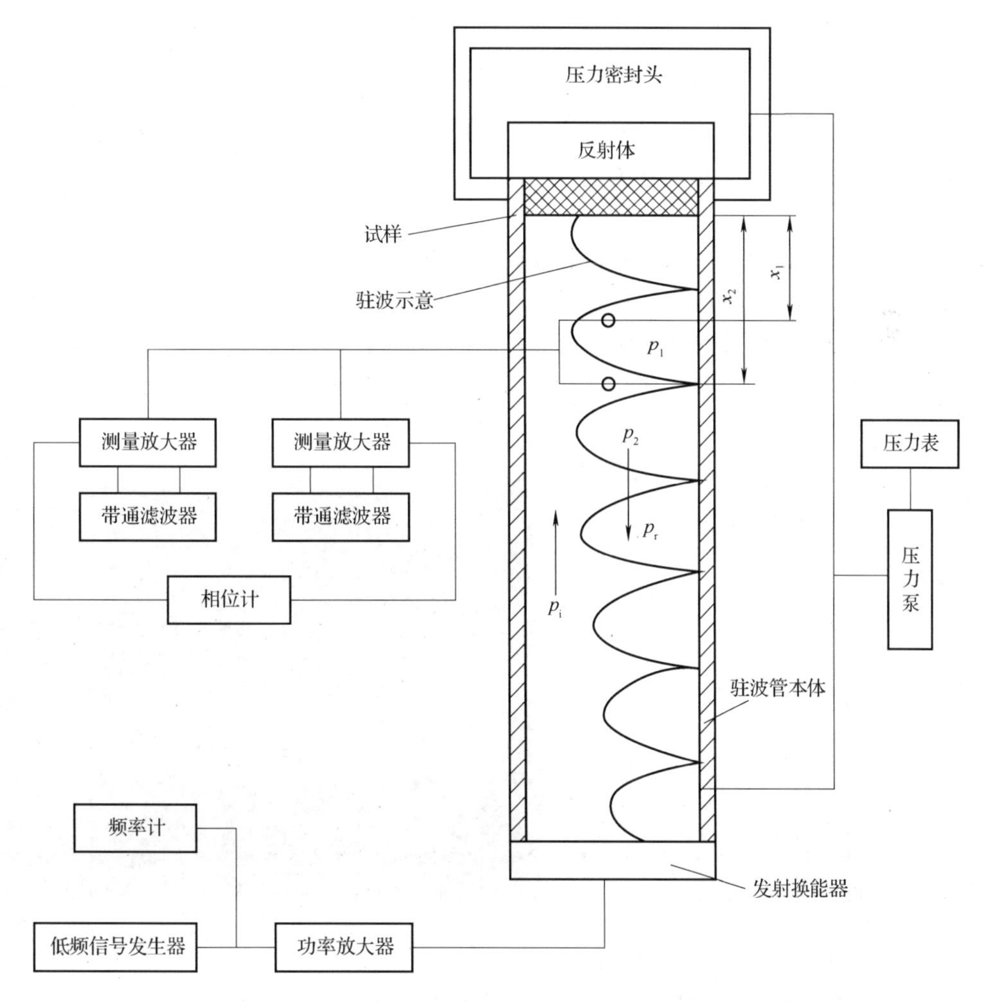

图 4-39　双水听器法原理方框图

测量面选择测量时朝向发射换能器的材料表面位置所在的平面，用坐标表示，向上为正方向，测量面处的坐标值为零。图 4-39 中 x_1 和 x_2 分别是第一个和第二个水听器的坐标位置。p_1 和 p_2 分别表示第一个和第二个水听器所在位置的声压信号；P_{i} 和 P_{r} 分别是充水阻抗管中入射波和反射波的幅值，当充水阻抗管中的声场满足理想平面波假设时，有

$$p_1 = P_{\mathrm{i}}\mathrm{e}^{-\mathrm{j}kx_1} + P_{\mathrm{r}}\mathrm{e}^{\mathrm{j}kx_1} \tag{4-47}$$

$$p_2 = P_{\mathrm{i}}\mathrm{e}^{-\mathrm{j}kx_2} + P_{\mathrm{r}}\mathrm{e}^{\mathrm{j}kx_2} \tag{4-48}$$

式中，$k = \omega / c$ 为声波波数，ω 为角频率，c 为声速。式中省略声波传播的时间因子。

由式(4-47)和式(4-48)可以得到

$$\frac{p_2}{p_1} = \frac{P_{\mathrm{i}}\mathrm{e}^{-\mathrm{j}kx_2} + P_{\mathrm{r}}\mathrm{e}^{\mathrm{j}kx_2}}{P_{\mathrm{i}}\mathrm{e}^{-\mathrm{j}kx_1} + P_{\mathrm{r}}\mathrm{e}^{\mathrm{j}kx_1}} = \frac{\mathrm{e}^{-\mathrm{j}kx_2} + r\mathrm{e}^{\mathrm{j}kx_2}}{\mathrm{e}^{-\mathrm{j}kx_1} + r\mathrm{e}^{\mathrm{j}kx_1}} \tag{4-49}$$

式中，$r = p_{\mathrm{r}}/p_{\mathrm{i}}$ 为反射系数。用 $H_{12} = p_2 / p_1$ 表示两个水听器所在位置声波的传递函数，则反射系数可以表示为

$$r = \frac{\mathrm{e}^{-\mathrm{j}kx_2} - H_{12}\mathrm{e}^{-\mathrm{j}kx_1}}{H_{12}\mathrm{e}^{\mathrm{j}kx_1} - \mathrm{e}^{\mathrm{j}kx_2}} \tag{4-50}$$

材料的吸声系数为

$$\alpha = 1 - \left|r^2\right| \tag{4-51}$$

使用双水听器传递函数法测量材料的声学性能时，对水听器间的幅值和相位一致性要求比较高，并且在测试前都需要对其进行校准。

2) 脉冲法

由于电子设备和计算机控制技术快速发展，发射和接收声波信号的起止时间可以实现精确的控制，因此有了脉冲法声管测量技术。

脉冲法的测量原理就是控制发生器发射声波的脉冲时间长度，使声管中的入射声波、反射声波和透射声波在传播时间上能够分开，从而实现分别直接测量这三个声波的声压值。测试原理示意图如图 4-40 所示，测量结果如图 4-41 所示。

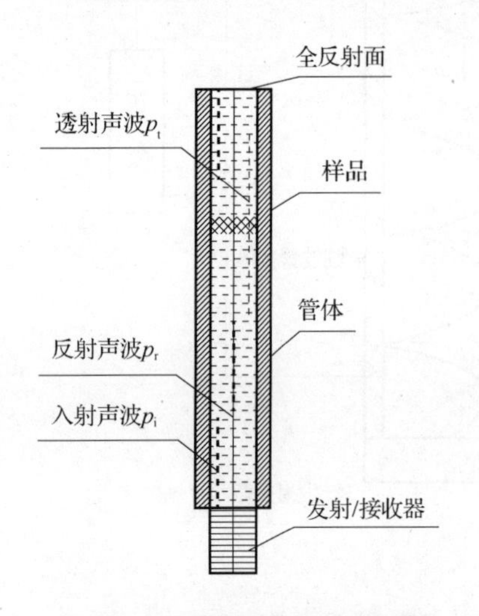

图 4-40　脉冲法声管测量原理图

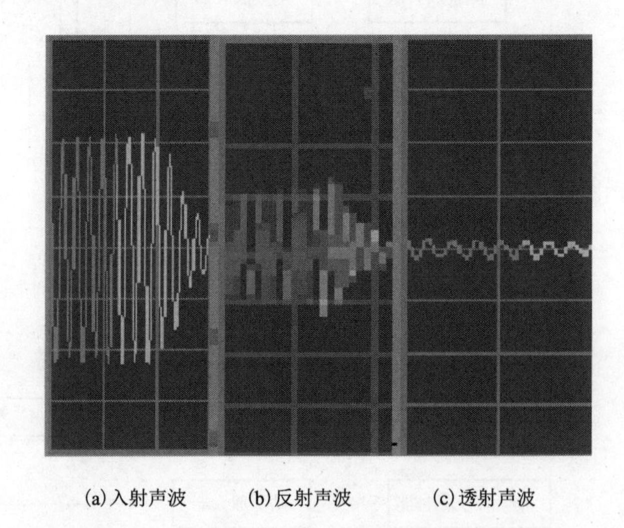

图 4-41　脉冲法入射、反射和透射声波波形图

由于脉冲法是分别直接测量三个声波的声压值，所以它是一种经典的、可靠的声管测量

方法。但是由于该方法对测量脉冲时间长度有一定的要求(要保证至少有两个稳态正弦周期的回波信号与入射波能够分开)，这就对声管长度提出了要求，因此存在低频限制。

3) 行波管法

如果能有一种测量方法，能让水声声管的测量像空气声管测量那样，透射声波在声管的另一端不形成反射，就可以在水声声管中借鉴驻波法测量的优点，这种测量方法就是行波管法。如图 4-42 所示，发射器连续发射声波，在声管下半段中入射声波和反射声波形成驻波场；在声管的上半段由于吸声器的作用，只有透射声波的传播，从而形成行波声场，实现了三个声波声压测量。

行波管法测量样品的声压反射系数与传递函数法完全一样，可以用前面给出的公式。

虽然行波管法不受声管长度和测量低频的限制，测量频率可以低至几十赫兹，能够很好地满足水声材料构件低频声学参数测量的需要，但要使透射声波在声管内不反射也是很难实现的。以前人们一般使用吸声尖劈等，但在低频时面临吸声尖劈尺寸太长的难题。近年来，随着计算机控制技术水平的提高，人们趋向于在声管透射声波一端安装主动吸声的有源吸声换能器，这种方法对水听器、换能器等设备的电声响应灵敏度及其位置加工精度等都有很高的要求，特别是随着频率的升高，测量的不确定度也会逐渐加大。目前，行波管法的测量精度和可靠性处于持续改进阶段。

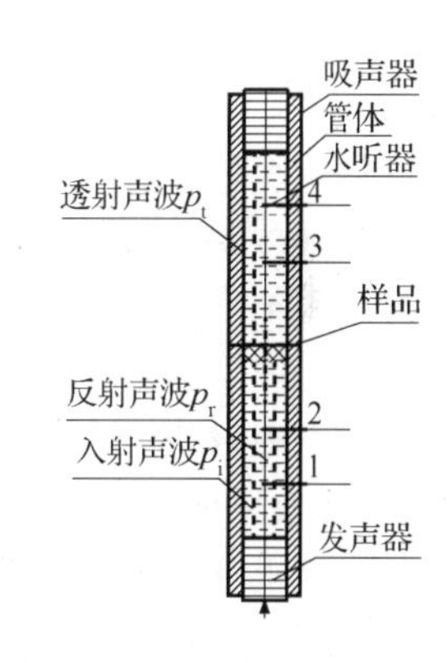

图 4-42 行波管法测量原理示意图

总结声管测量方法的发展历程，正向以下方向发展。声管测量声波信号及测量结果的数据采集和处理，由手动测量记录方式向计算机控制自动化测量和数据处理方向发展；测量的频率由单频点扫频测量向宽频测量发展，从而提高了声管测量效率。

4.5 吸 声 降 噪

在封闭的房间内装置噪声源时，在房间内任一点，除了由噪声源直接传来的直达声，还有由房间壁面(墙壁、天花板和地面等)多次反射形成的混响声。直达声与混响声叠加的结果使得室内噪声级比同一噪声源在露天广场所产生的噪声级要高一些。混响声的强弱与房间壁面的声学性能密切相关，壁面的吸声系数越小，混响声相应越强，房间内的噪声级就提高得越多。在未进行声学处理的房间中，壁面往往是声压反射系数很高的坚硬材料，如混凝土壁面、抹灰的砖墙、背面贴实的硬木板等，噪声源在房间内所产生的噪声级比在露天广场所产生的往往要提高几分贝。特别是没有经过声学处理过的产生噪声的机房、锅炉房、鼓风机房等，其壁面一般都是由坚硬材料构成的，如水泥壁面；如果是在船上，还会有更坚硬的材料，如钢板等做成船舱壁的。在这些机房内常常能产生高于 100dB 的噪声，不仅严重影响室内操作人员的身心健康，而且污染周围的环境，因而需要对产生高强噪声的房间进行吸声降噪处理。

为了解决上述问题，通常在房间壁面上铺设一些吸声材料或吸声结构，或在房间中悬挂一些空间吸声体。当噪声投射到这些吸声装置上时就会被吸收掉一部分，从而使总噪声级降低。这种借助吸声处理达到降低噪声目的的方法简称吸声减噪，它是噪声控制中的重要方法之一。

由于吸声处理只能减弱从吸声面(或吸声体)上传来的反射声，即只能降低房间内的混响声，而对于直达声并没有什么直接影响，因此只有当混响声占主要地位时，吸声处理才有明显的降噪效果；反之，当直达声占主要地位时，吸声处理就没有多大作用。由此可知，吸声降噪措施是有一定局限性的，不能盲目采用。而且降噪量不但与吸声处理的具体装置有关，而且与房间原来情况以及测点位置等因素密切相关，因此在实施吸声降噪措施之前，还需要对现场情况进行了解和分析，不可盲目搬用。

4.5.1 吸声降噪适用条件分析

(1) 如果室内顶棚、四壁是坚硬的反射面，又没有一定数量的吸声性能强的物体，室内混响声突出，则吸声降噪效果明显。

(2) 如果室内已有可观的吸声量，混响声不明显，则吸声降噪效果不大。

(3) 当室内均布多个噪声源时，直达声处处起主要作用，此时吸声降噪效果差。

(4) 当室内只有一个噪声源或噪声源较少时，在与声源的距离大于混响半径的远场范围，其吸声降噪效果比靠近声源的近场范围有显著提高。

(5) 当要求降噪的位置距离噪声源很近时，直达声占主要地位，吸声降噪的效果也不大。此时如果在噪声源附近设置声屏障以降低直达声，则噪声源附近的吸声处理也会有一定效果。

(6) 由于吸声降噪的作用在于降低混响声，而不能降低直达声，因此吸声处理使混响声降至直达声相近的水平是较为合适的。超过这一限度，降噪效果不大，而且造成浪费。这是因为吸声降噪量与吸声材料用量是对数关系，而不是正比关系，并不是吸声材料用得越多，降噪效果越好。

(7) 吸声降噪量一般为 3～8dB，在混响声十分显著的场所可达 10dB 左右，一般对于未经处理的房间，使其平均降噪量达到 5～7dB 较为切实可行。当要求更高的降噪量时，须用隔绝噪声的方法或其他综合措施。

4.5.2 降噪量计算公式

吸声降噪的效果通常用降噪量来反映，它定义为吸声处理前与处理后相应噪声级的降低量。

房间内的声场可以看成由直达声场与混响声场叠加而成的，当噪声源的几何尺寸不大时，一般把噪声源近似看成放置在相应声学中心的点声源，并设混响声场近似为完全扩散的声场，可得房间内总声场的声压级 L_P 由式(4-52)决定：

$$L_P = L_W + 10\lg\left(\frac{Q}{4\pi r^2} + \frac{4}{R}\right) \tag{4-52}$$

式中，L_W 为噪声源的声功率级，dB；r 为测点至噪声源声学中心的距离，m；Q 为噪声源指向性因子，它与噪声源的指向特性以及装置位置有关；R 为房间常数，m^2。

R 值由式(4-53)计算：

$$R = \frac{S\bar{\alpha}}{1-\bar{\alpha}} \tag{4-53}$$

式中，S 为房间内壁面总面积，m²；$\bar{\alpha}$ 为平均壁面无规入射吸声系数；L_W、Q 反映噪声源的声学特性，在实际问题中，通常预先给定；R 为反映房间声学特性的主要参数，它与噪声源的性质无关。要对房间进行处理，可以改变的量就是房间常数 R。

设在吸声处理前，房间常数为

$$R_1 = \frac{S\bar{\alpha}_1}{1-\bar{\alpha}_1} \tag{4-54}$$

吸声处理后，房间常数变为

$$R_2 = \frac{S\bar{\alpha}_2}{1-\bar{\alpha}_2} \tag{4-55}$$

由式(4-52)可以得出距离噪声源声学中心 r 处的声压级 L_{P1} 和 L_{P2} 分别为

$$L_{P1} = L_W + 10\lg\left(\frac{Q}{4\pi r^2} + \frac{4}{R_1}\right) \tag{4-56}$$

$$L_{P2} = L_W + 10\lg\left(\frac{Q}{4\pi r^2} + \frac{4}{R_2}\right) \tag{4-57}$$

吸声处理前与处理后噪声级的降低量，即吸声降噪量 D 为

$$D = L_{P1} - L_{P2} = 10\lg\left[\frac{\dfrac{Q}{4\pi r^2} + \dfrac{4}{R_1}}{\dfrac{Q}{4\pi r^2} + \dfrac{4}{R_2}}\right] \tag{4-58}$$

式(4-58)是计算吸声降噪量的基本公式。在噪声源近旁，直达声占主要地位，即 $\dfrac{Q}{4\pi r^2} \gg \dfrac{4}{R}$ 时，略去 $\dfrac{4}{R}$ 项，由式(4-58)可得相应降噪量 D_0 近似为

$$D_0 = 10\lg\left[\frac{\dfrac{Q}{4\pi r^2}}{\dfrac{Q}{4\pi r^2}}\right] = 0 \tag{4-59}$$

反之，在距离噪声源足够远处，混响声占主要地位，即 $\dfrac{Q}{4\pi r^2} \ll \dfrac{4}{R}$ 时，略去 $\dfrac{Q}{4\pi r^2}$ 项，由式(4-58)可得相应降噪量 D_m 近似为

$$D_m \approx 10\lg\frac{R_2}{R_1} = 10\lg\left(\frac{\bar{\alpha}_2}{\bar{\alpha}_1}\frac{1-\bar{\alpha}_1}{1-\bar{\alpha}_2}\right) \tag{4-60}$$

式(4-60)中只包含吸声处理前和处理后的平均吸声系数，这时减噪量 D_m 达到最大值。一般情况下，减噪量 D 随测点距离在 0～D_m 范围内变化。

由上可知，如果只限于讨论吸声降噪量，并不需要计算出声压级 L_{P1} 和 L_{P2} 的绝对值，只要分析吸声处理前和处理后相对声压级的变化就行了。记总声场的相对声压级为 ΔL，即

$$\Delta L = 10\lg\left(\frac{Q}{4\pi r^2} + \frac{4}{R}\right) \tag{4-61}$$

取 $Q=1$，当房间常数 R 取不同数值时，相对声压级 ΔL 随距离 r 变化，如图 4-43 所示。

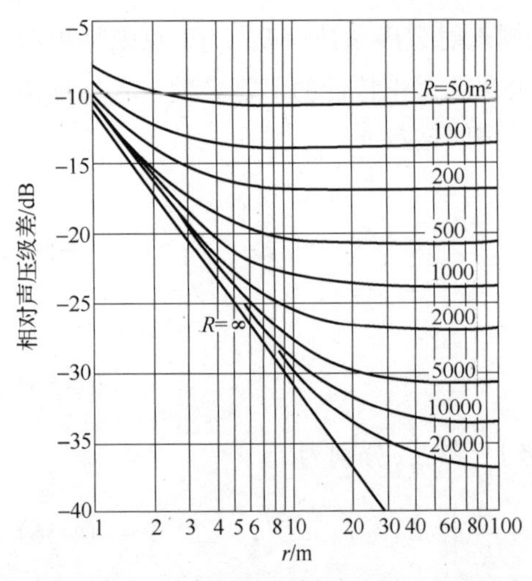

图 4-43　不同 R 值的声压级相对变化曲线

例 4-4　某车间在吸声处理前的房间常数 R 为 50m^2，处理后提高为 200m^2，试分别求出在距离无指向性噪声源中心为 1m 和 5m 处的减噪量。

解　对于无指向性噪声源，可取 $Q=1$；在吸声处理前 $R_1 = 50\,\text{m}^2$，由式(4-61)可得

$$\Delta L_1 = \begin{cases} -8.0\ \text{dB}, & r = 1\text{m} \\ -10.8\ \text{dB}, & r = 5\text{m} \end{cases}$$

在吸声处理后，$R_2 = 200\,\text{m}^2$，由式(4-61)可得

$$\Delta L_2 = \begin{cases} -10.0\ \text{dB}, & r = 1\text{m} \\ -16.3\ \text{dB}, & r = 5\text{m} \end{cases}$$

由此可得减噪量为

$$D = \Delta L_1 - \Delta L_2 = \begin{cases} 2.0\ \text{dB}, & r = 1\text{m} \\ 5.5\ \text{dB}, & r = 5\text{m} \end{cases}$$

4.5.3　空间平均降噪量

在实际问题中，对于房间进行吸声处理后的降噪效果，往往着重于整个房间内噪声级降低的平均情况，即要求作出降噪效果的总评价，而并不要求细致地了解房间内各处的降噪情况。特别是当车间内存在多台大型机组时，噪声源分布在很大的空间范围内，到达车间内给定测点的直达声分别从各个噪声源传来，由于空间平均的结果，总的直达声随距离的起伏变化就不像点声源声场中那样明显。因此，往往不适宜或不必要对直达声单独加以分析。在这种情况下，可以忽略直达声的起伏变化，把它与混响声同样处理，即把直达声场也粗略地看成完全扩散的声场。当然，这只有从统计平均的意义来说才可以适用。

设噪声源发出的直达声在房间内各处产生的平均声能密度为 ε_{D}，记房间壁面的平均吸声系数为 $\bar{\alpha}$（如果考虑空气吸收，则应以 $\bar{\alpha}+4mV/s$ 来代替 $\bar{\alpha}$），那么一次反射后，反射声产生的平均声能密度为 $(1-\bar{\alpha})\varepsilon_{\text{D}}$；二次反射后，反射声产生的平均声能密度为 $(1-\bar{\alpha})^2\varepsilon_{\text{D}}$；…以此类推。由于壁面的多次反射，房间内的声能密度累加为 ε，可得

$$\varepsilon = \varepsilon_{\text{D}} + (1-\bar{\alpha})\varepsilon_{\text{D}} + (1-\bar{\alpha})^2\varepsilon_{\text{D}} + \cdots = \frac{\varepsilon_{\text{D}}}{1-(1-\bar{\alpha})} = \frac{\varepsilon_{\text{D}}}{\bar{\alpha}} \tag{4-62}$$

即

$$\frac{\varepsilon}{\varepsilon_{\text{D}}} = \frac{1}{\bar{\alpha}}$$

上式表明，从统计平均的意义来讲，房间内壁面多次反射的结果，使声能密度增大了 $\dfrac{1}{\bar{\alpha}}$ 倍。直达声产生的平均声能密度 ε_{D}，就是当壁面为全吸收时 $(\bar{\alpha}=1)$ 房间内的平均声能密度。如果以声压级来表示，设噪声源直达声产生的平均声压级为 $\bar{L}_{P\text{D}}$，考虑壁面多次反射后声压级增大为 $\bar{L}_P$，那么有

$$\bar{L}_P - \bar{L}_{P\text{D}} = 10\lg\left(\frac{\varepsilon}{\varepsilon_{\text{D}}}\right) = 10\lg\frac{1}{\bar{\alpha}} \tag{4-63}$$

例如，当 $\bar{\alpha}=0.5$ 时，$\bar{L}_P - \bar{L}_{P\text{D}} = 3\text{dB}$；当 $\bar{\alpha}=0.1$ 时，$\bar{L}_P - \bar{L}_{P\text{D}} = 10\text{dB}$。

壁面反射使房间内声压级的提高 $(\bar{L}_P - \bar{L}_{P\text{D}})$ 与壁面平均吸声系数 $\bar{\alpha}$ 的关系如图 4-44 所

示。为了便于进行实用设计，表 4-4 列出了数值对应关系，对于一般的吸声处理问题已有足够的精度。

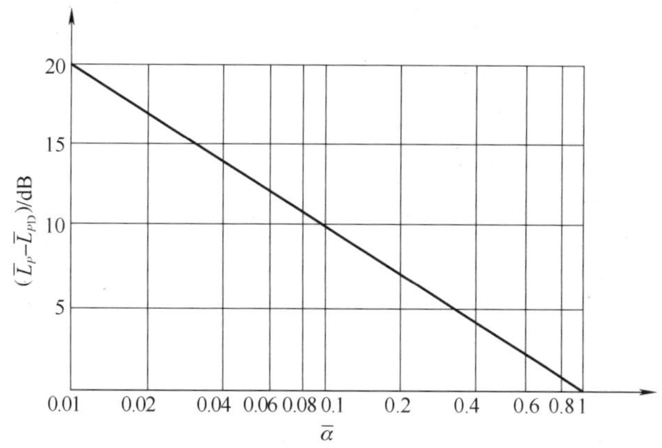

图 4-44　声压级提高量 $(\bar{L}_P-\bar{L}_{PD})$ 与壁面平均吸声系数 $\bar{\alpha}$ 的关系图

表 4-4　声压级提高量 $(\bar{L}_P-\bar{L}_{PD})$ 与壁面平均吸声系数 $\bar{\alpha}$ 的数值对应关系

$\bar{\alpha}$	$(\bar{L}_P-\bar{L}_{PD})$/dB	$\bar{\alpha}$	$(\bar{L}_P-\bar{L}_{PD})$/dB	$\bar{\alpha}$	$(\bar{L}_P-\bar{L}_{PD})$/dB
0.01	20.0	0.12	9.2	0.35	4.6
0.02	17.0	0.14	8.5	0.40	4.0
0.03	15.2	0.16	8.0	0.45	3.5
0.04	14.0	0.18	7.5	0.50	3.0
0.05	13.0	0.20	7.0	0.55	2.6
0.06	12.2	0.22	6.6	0.60	2.2
0.07	11.6	0.24	6.2	0.70	1.5
0.08	11.0	0.26	5.8	0.80	1.0
0.09	10.5	0.28	5.5	0.90	0.5
0.10	10.0	0.30	5.2	1.00	0.0

粗略地说，当壁面平均吸声系数为 $\bar{\alpha}$ 时，相当于直达声要在壁面上反射 $1/\bar{\alpha}$ 次才能全部被吸收，也就是说房间内的声能增大了 $1/\bar{\alpha}$ 倍。如果未做吸声处理时壁面平均吸声系数为 $\bar{\alpha}_1$，处理后提高为 $\bar{\alpha}_2$，相应的声压级分别为 $\bar{L}_{P1}$ 和 $\bar{L}_{P2}$，可得

$$\bar{L}_{P1}-\bar{L}_{PD}=10\lg\frac{1}{\bar{\alpha}_1} \tag{4-64}$$

$$\bar{L}_{P2}-\bar{L}_{PD}=10\lg\frac{1}{\bar{\alpha}_2} \tag{4-65}$$

由此得房内平均吸声减噪量为

$$\bar{D}=\bar{L}_{P1}-\bar{L}_{P2}=10\lg\frac{\bar{\alpha}_2}{\bar{\alpha}_1} \tag{4-66}$$

与式(4-60)相比较，因为 $\bar{\alpha}_2>\bar{\alpha}_1$，所以

$$\frac{\bar{\alpha}_2}{\bar{\alpha}_1}\frac{1-\bar{\alpha}_1}{1-\bar{\alpha}_2}>\frac{\bar{\alpha}_2}{\bar{\alpha}_1}$$

可得 $$D_m > \bar{D} \tag{4-67}$$

即平均减噪量 $\bar{D}$ 要比 D_m 低一些。很明显，$\bar{D}$ 是反映整个房间范围内噪声级降低的“平均”情况。而 D_m 是反映远离噪声源处噪声级降低“最有利”时的情况，所以 D_m 总是大于 $\bar{D}$。

4.5.4 水中消声瓦的降噪

吸声材料不仅在空气声学的噪声控制工程中有广泛的应用，在水声工程中的应用也是十分重要的，特别是在潜艇隐身技术中的应用已引起高度重视。现代先进的潜艇一般在壳体上铺贴着用吸声材料做成的消声瓦作为隐身手段，以对抗敌舰的主动或被动声呐的探测。

消声瓦是一种具有很强吸声能力的船体覆盖层，主要用来覆盖在潜艇壳体上，用以吸收由对方潜艇或水面舰艇的主动声呐发射来的声波，以降低潜艇的目标强度，达到隐身的目的。然而现代技术发展对消声瓦的要求，除了具有很强的吸声本领，还要兼具隔振和隔声的作用，以抑制由船体内产生的振动与噪声通过潜艇壳体向水中辐射的声波，以对抗敌舰被动声呐的搜索。当然还有一些水下兵器，如鱼雷、水雷等也常常会要求具有吸声功能，以改善其隐身本领。

目前做成消声瓦的主要基本材料是黏弹材料，如各种橡胶类材料等，它们一般具有较高的弹性性能，它的特性阻抗与水比较接近，而且吸声系数也较高。从声学基本理论角度来看，它的吸声原理与空气声并没有原则上的区别。同时黏弹材料还具有很强的阻尼特性，因此也兼具良好的隔振性能。

4.5.5 噪声源频谱对降噪量的影响

在前面的讨论中，假定噪声源辐射窄频带噪声，对于给定的中心频率，可得相应的降噪量。在实际问题中，噪声源辐射的往往是宽频带噪声，不但降噪量随各频带的中心频率变化，并且各频带噪声所占的相对权重也随噪声源而有所不同。由此可知，吸声处理的实际降噪效果是与噪声源的频谱密切相关的。在这种情况下，应取 A 声级作为噪声评价，以吸声处理前和处理后 A 声级的降低量来反映总的降噪效果，A 声级吸声降噪量的具体计算步骤如下。

(1) 先取适当数量的倍频程。一般可选以中频为主的 4～6 个倍频程，例如，选取中心频率为 250Hz、500Hz、1000Hz、2000Hz、4000Hz 5 个倍频程，如有必要，可选取可听声范围内的 9 个倍频程。

(2) 确定噪声源的第 i 倍频程内的声功率级 L_{Wi}。

(3) 确定吸声处理前和处理后在相应倍频程内的房间常数 R_{1i} 和 R_{2i}。

(4) 查出各倍频程的 A 修正 Δi。

(5) 分别计算吸声处理前和处理后的倍频程声压级 L_{1i} 和 L_{2i}。由式(4-56)和式(4-57)可得

$$L_{1i} = L_{Wi} + 10\lg\left(\frac{Q}{4\pi r^2} + \frac{4}{R_{1i}}\right) \tag{4-68}$$

$$L_{2i} = L_{Wi} + 10\lg\left(\frac{Q}{4\pi r^2} + \frac{4}{R_{2i}}\right) \tag{4-69}$$

(6) 分别计算吸声处理前和处理后的 A 声级 L_{A1} 和 L_{A2}；由计算 A 声级公式可得

$$L_{A1}=10\lg\left[\sum_{i=1}^{n}10^{(L_{1i}-\Delta i)/10}\right] \tag{4-70}$$

$$L_{A2}=10\lg\left[\sum_{i=1}^{n}10^{(L_{2i}-\Delta i)/10}\right] \tag{4-71}$$

(7)计算 A 声级吸声降噪量 D_A，得

$$D_A=L_{A1}-L_{A2} \tag{4-72}$$

从式(4-70)容易看出，在吸声处理前对 A 声级影响最大的是 $L_{1i}-\Delta i$ 值为最大的项，即倍频程声压级进行 A 修正后为最大的项。如果针对这一倍频程噪声进行吸声处理，就可获得较显著的降噪效果。

与上述分析相类似，A 声级空间平均降噪量的具体计算步骤如下。

(1)选取倍频程，确定噪声源倍频程声功率级 L_{Wi} 和 A 修正 Δi。

(2)确定吸声处理前和处理后在相应倍频程内的壁面平均吸声系数 $\bar{\alpha}_{1i}$ 和 $\bar{\alpha}_{2i}$，计算相应的平均倍频程声压级 $\bar{L}_{1i}$ 和 $\bar{L}_{2i}$。由式(4-64)和式(4-65)可得

$$\bar{L}_{1i}=L_{wi}-10\lg\left(\bar{\alpha}_{1i}\right)+L_0 \tag{4-73}$$

$$\bar{L}_{2i}=L_{wi}-10\lg\left(\bar{\alpha}_{2i}\right)+L_0 \tag{4-74}$$

式中，L_0 为一个常量，它反映直达声平均声压级与噪声源声功率级间的差值。由于它对吸声处理前和处理后噪声级变化并没有影响，实际计算时可以不必考虑。

(3)如果改为确定吸声处理前和处理后在相应倍频程内的房间混响时间 T_{1i} 和 T_{2i}，那么平均倍频程声压级应改用式(4-75)和式(4-76)计算：

$$\bar{L}_{1i}=L_{wi}-10\lg(T_{1i})+L_0' \tag{4-75}$$

$$\bar{L}_{2i}=L_{wi}-10\lg(T_{2i})+L_0' \tag{4-76}$$

式中，L_0' 为一个常量，实际计算时也可不考虑。

(4)分别计算吸声处理前和处理后的空间平均 A 声级 $\bar{L}_{A1}$ 和 $\bar{L}_{A2}$：

$$\bar{L}_{A1}=10\lg\left[\sum_{i=1}^{n}10^{(L_{1i}-\Delta i)/10}\right] \tag{4-77}$$

$$\bar{L}_{A2}=10\lg\left[\sum_{i=1}^{n}10^{(L_{2i}-\Delta i)/10}\right] \tag{4-78}$$

(5)计算 A 声级空间平均降噪量 $\bar{D}_A$，得

$$\bar{D}_A=\bar{L}_{A1}-\bar{L}_{A2} \tag{4-79}$$

例 4-5　某车间内噪声源的频谱以及吸声处理前和处理后，车间内的混响时间如表 4-5 所示。试求 A 声级空间平均降噪量 $\bar{D}_A$。

表 4-5　混响时间表

中心频率/Hz		125	250	500	1000	2000	4000
倍频程声功率级/dB		80.0	78.5	82.5	78.0	74.0	70.0
混响时间/s	处理前	18.7	13.6	9.9	8.4	5.4	3.9
	处理后	3.5	3.0	2.5	2.2	1.9	1.8

解　按题意只考虑 6 个倍频程内的噪声。根据式(4-75)和式(4-76)计算平均倍频程声压级 $\overline{L}_{1i}$ 和 $\overline{L}_{2i}$ 时，可取常量 L_0' 为零，代入式(4-77)和式(4-78)计算空间平均 A 声级 $\overline{L}_{A1}$ 和 $\overline{L}_{A2}$，然后代入式(4-79)计算 A 声级空间平均降噪量 $\overline{D}_A$。

具体计算结果列在表 4-6 中。

表 4-6　例 4-5 的计算结果

中心频率/Hz		125	250	500	1000	2000	4000	A 声级/dB
A 修正/dB		16.1	8.6	3.2	0.0	−1.2	−1.0	
10 lg T/dB	处理前	12.7	11.3	10.0	9.2	7.3	5.9	
	处理后	5.4	4.8	4.0	3.4	2.8	2.6	
$(\overline{L}_i-\Delta i)$ /dB	处理前	76.6	81.2	89.3	87.2	82.5	76.9	92.5
	处理后	69.3	74.9	83.3	81.4	78.0	73.6	86.8

由此可得 A 声级空间平均降噪量为

$$\overline{D}_A = 92.5 - 86.8 = 5.7(\text{dBA})$$

习　题　4

4.1　已知穿孔板厚度 $l_0 = 4$ mm，孔径 $d = 8$mm，孔心距 $B = 20$mm，空腔深度 $D = 100$mm。求共振频率 f_0。(按正方形排列打孔)

4.2　某一房间内，要求吸声系数最大的中心频率出现在 400Hz 附近，选用 5mm 厚($\rho = 1000\,\text{kg/m}^3$)的共振吸声薄板，试问板后的空气层厚度取多大合适？

4.3　一组穿孔薄板的厚度为 4mm，板后空气层厚为 10cm，若穿孔的孔径 $d = 8$mm，孔中心距为 20cm 作方形排列，试求：(1)上述构造穿孔板的共振频率为多少？(2)将题中的空气层厚度增大至 30cm，则共振频率有何变化？

4.4　混响室和驻波管测量吸声系数直接测得的主要参量各是什么？测得的吸声系数有何不同？其主要用于哪些方面？

4.5　一般壁面抹灰的房间，平均吸声系数约为 0.04，如果进行吸声处理后，使平均吸声系数提高到 0.3，试估算相应的减噪效果。如果进一步把平均吸声系数提高到 0.5，减噪效果又如何？

第5章 隔 声 技 术

在噪声传播途径中，采用密实材料制成的构件(如门、窗、墙体等)对噪声加以阻挡，是一种常见而且有效的噪声控制的措施。例如，厚度只有 1mm 的钢板，在 500～1000Hz 中频范围内，可以使噪声降低 30dB 左右；常用的厚度为 24cm 的砖墙，在中频范围内可以使噪声降低 50dB 左右。这种控制噪声的措施称为隔声措施。它并不直接吸收噪声，而只是隔离噪声，使待控制区域所受的噪声干扰减弱。

在隔声问题中，按照声源激发性质和传播途径的不同，隔声方式通常分为空气声隔声和结构声隔声(或固体声隔声)。

声源直接激发空气辐射的声波称为空气声，它主要借助空气介质传播。声源向周围空气介质辐射的空气声，在传播途径中也可以经过墙壁、楼板等固体构件，最后仍以空气声的形式传播到待控制的区域，这种间接传播的声波仍属空气声。

声源的振动或撞击直接激发固体构件振动，并以弹性波的形式在固体构件中传播出去。这种声波称为结构声或固体声。结构声主要借助固体构件传播，例如，撞击墙壁或楼板等固体构件辐射的声波、风机振动激发产生沿管道管壁传播的声波等都属于结构声。结构声在传播过程中同时也向周围空气介质辐射空气声，实际上最后人耳所感知的仍是空气声。由此可知，空气声与结构声是相互紧密联系的，只是两者侧重的方面有所不同，辨明两种传声中哪一种是主要的，将有助于人们采取有效的隔声措施。

对于空气声与结构声，通常应针对它们的特点采取不同的隔离措施，不能相互代替。例如，建筑物的楼板层一般有足够的厚度和承重量，并具有良好的密封性，因此楼上房间的大声喧闹对楼下房间的干扰并不大，即楼板对于空气声的隔离性能良好。但是楼上房间拖动桌椅的撞击声或穿木屐拖鞋时的脚步声却可以对楼下房间产生强烈的干扰，即楼板对于结构声的隔离性能往往较差。由此可见，对于空气声隔离性能良好的构件，对于结构声的隔离性能并不一定也良好。反之亦然。

5.1 隔声的定义

利用材料、构件、结构或系统来阻碍空气中噪声的传播，从而获得较安静的环境称为隔声。上述材料、构件、结构或系统称为隔声材料、隔声构件、隔声结构或隔声系统。材料的隔声效果不仅和材料特性有关，还和材料的使用场合、安装方式及测试方法有关，描述材料隔声效果的常用量有三个：隔声量(透射损失)、噪声衰减量和插入损失。表 5-1 归纳出隔声的三种基本状态。

表 5-1　隔声的三种基本状态

名称	符号、定义	图示方法	说明
隔声量/dB	$R = 10\lg(I_i/I_t)$ $= 20\lg(P_i/P_t)$	声源　I_i　I_t　接收者 I_i：经过构件前的声音强度 I_t：经过构件衰减后的声音强度	表示构件本身的隔声能力，通常在实验室测定
噪声衰减/dB	$NR = L_{P1} - L_{P2}$	声源　L_{P1}　L_{P2}　接收者 结构内外某两特定点 P_1、P_2 间的声压级 L_{P1}、L_{P2} 差值	现场测定的实际隔声效果。不仅有结构本身的衰减，还包括现场声波吸收及侧向传声、结构声的影响等
插入损失/dB	$L_{IL} = L_{P0} - L_{P1}$	声源　L_{P0}（L_{P1}）　接收者 L_{P0}：隔声结构设置前声压级 L_{P1}：隔声结构设置后声压级	现场测定某一特定点在隔声结构设置前与设置后的声压级差。不仅包括现场其他方面的影响，还包括设置隔声结构前后内外声场的变化

隔声量一般用来表示材料本身固有的隔声能力，其定义为：材料一侧的入射声能与另一侧的透射声能相差的分贝数就是该材料的隔声量，用 R 表示：

$$R = 10\lg\frac{E_i}{E_t} = 10\lg\frac{1}{\tau} \tag{5-1}$$

式中，E_i 为入射声能；E_t 为透射声能；τ 为透射系数。

5.2　单层匀质薄板的隔声性能

假设空气中有一无限大单层匀质薄板，将空间分成两部分，平面声波垂直入射于薄板界面上。如图 5-1 所示，声波透过固体介质，首先从空气至薄板界面 oa 进入薄板，再从薄板界面 cb 透入另一侧空气中。因空气和薄板介质的特性阻抗不同，声波在两分层界面上将产生两次反射和透射。

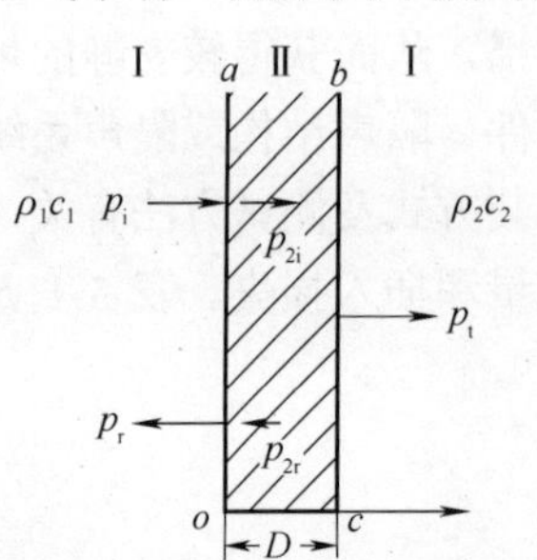

图 5-1　平面声波正入射于分层界面时的反射和透射

设空气的特性阻抗为 $\rho_1 c_1$，厚度为 D 的匀质薄板材料的特性阻抗为 $\rho_2 c_2$，入射声波的声压和质点速度分别为

$$p_{\rm i}=P_{\rm i}\cos(\omega t-k_1x),\qquad u_{\rm i}=\frac{P_{\rm i}}{\rho_1c_1}\cos(\omega t-k_1x) \tag{5-2}$$

空气中的反射波声压和质点速度为

$$p_{\rm r}=P_{\rm r}\cos(\omega t+k_1x),\qquad u_{\rm r}=-\frac{P_r}{\rho_1c_1}\cos(\omega t+k_1x) \tag{5-3}$$

在第二媒质(薄板)中的透射波及反射波的声压和质点速度分别为

$$p_{2\rm i}=P_{2\rm i}\cos(\omega t-k_2x),\qquad u_{2\rm i}=\frac{P_{2\rm i}}{\rho_2c_2}\cos(\omega t-k_2x) \tag{5-4}$$

$$p_{2\rm r}=P_{2\rm r}\cos(\omega t+k_2x),\qquad u_{2\rm r}=-\frac{P_{2\rm r}}{\rho_2c_2}\cos(\omega t+k_2x) \tag{5-5}$$

声波透过薄板后在另一侧的声压和质点速度为

$$p_{\rm t}=P_{\rm t}\cos(\omega t-k_1x),\qquad u_{\rm t}=\frac{P_{\rm t}}{\rho_1c_1}\cos(\omega t-k_1x) \tag{5-6}$$

式中，$k_1=\omega/c_1$；$k_2=\omega/c_2$；c_1、c_2分别为空气及固体介质中的声速。由$x=0$处界面上声压连续和法向质点速度连续条件可得

$$P_{\rm i}+P_{\rm r}=P_{2\rm i}+P_{2\rm r} \tag{5-7}$$

$$\frac{P_{\rm i}}{\rho_1c_1}-\frac{P_{\rm r}}{\rho_1c_1}=\frac{P_{2\rm i}}{\rho_2c_2}-\frac{P_{2\rm r}}{\rho_2c_2} \tag{5-8}$$

又由$x=D$处声压连续，法向质点速度连续条件可得

$$P_{2\rm i}\cos(\omega t-k_2D)+P_{2\rm r}\cos(\omega t+k_2D)=P_{\rm t}\cos(\omega t-k_1D) \tag{5-9}$$

$$\frac{P_{2\rm i}}{\rho_2c_2}\cos(\omega t-k_2D)-\frac{P_{2\rm r}}{\rho_2c_2}\cos(\omega t+k_2D)=\frac{P_{\rm t}}{\rho_1c_1}\cos(\omega t-k_1D) \tag{5-10}$$

将式(5-7)～式(5-10)联立求解，可得声压反射系数为

$$r_P=\frac{p_{\rm r}}{p_{\rm i}}=\frac{\left(\dfrac{\rho_2c_2}{\rho_1c_1}-\dfrac{\rho_1c_1}{\rho_2c_2}\right)\sin(k_2D)\sin(\omega t)}{2\cos(k_2D)\cos(\omega t)-\left(\dfrac{\rho_2c_2}{\rho_1c_1}+\dfrac{\rho_1c_1}{\rho_2c_2}\right)\sin(k_2D)\sin(\omega t)} \tag{5-11}$$

声强透射系数定义为 $\tau_I=\dfrac{p_{\rm t}^2}{p_{\rm i}^2}=1-|r_P|^2$

所以

$$\tau_I=\frac{4}{4\cos^2(k_2D)+\left(\dfrac{\rho_2c_2}{\rho_1c_1}+\dfrac{\rho_1c_1}{\rho_2c_2}\right)^2\sin^2(k_2D)} \tag{5-12}$$

式(5-12)中，如果$D\ll\lambda$，即$k_2D\ll1$，$k=2\pi/\lambda$；则$\sin(k_2D)\approx k_2D$，$\cos(k_2D)\approx1$。又因一般薄板介质的密度比空气的大得多，即$\rho_2c_2\gg\rho_1c_1$，故式(5-12)可简化为

$$\tau_I=\frac{4}{4+\left(\dfrac{\rho_2c_2}{\rho_1c_1}\right)^2(k_2D)^2} \tag{5-13}$$

令$M=\rho_2D$为薄板介质的面密度，单位为$\mathrm{kg/m^2}$；则有

$$\tau_I = \frac{1}{1+\left(\frac{\omega M}{2\rho_1 c_1}\right)^2} \tag{5-14}$$

透射系数的大小直接反映了薄板材料的透声本领。τ_I 越大，透射声能越多。所以隔声量 R(或称为传声损失、透射损失，单位为 dB)还可以表示为

$$R = 10\lg\frac{1}{\tau_I} = 10\lg\left[1+\left(\frac{\omega M}{2\rho_1 c_1}\right)^2\right] \tag{5-15}$$

从式(5-15)可看出，隔声量 R 通常与构件面积无关，只与材料的声学性质有关。对于一般所谓的重隔墙，常有 $\frac{\omega M}{2\rho_1 c_1} \gg 1$，于是式(5-15)还可以简化为

$$R \approx 20\lg\frac{\omega M}{2\rho_1 c_1} = 20\lg(fM) - 42 \tag{5-16}$$

从式(5-16)可以看出，板的隔声量取决于板的面密度和频率的乘积。面密度越大，隔声量越高；面密度提高一倍，隔声量增加 6dB 左右，这就是通常所说的“质量定律”；由此可见，要以增加质量来提高构件的低频隔声效果，将使构件显得十分笨重。对面密度一定的构件，隔声量随着频率的升高而增大，可达 6dB/oct。

但在实际中，声波一般都是从各个方向无规入射到构件上的，因此从理论上讲，完全的隔声量应包括构件对各个方向入射声波隔声量的和。当声波来自各个方向(0°～90°)，即无规入射时，隔声量 R_r 为

$$R_r \approx R - 10\lg(0.23R) \tag{5-17}$$

当声波来自 0°～80°，即现场入射情况时，隔声量 R_f 为

$$R_f \approx R - 5 \tag{5-18}$$

图 5-2 为三种入射波状态下 fM 与隔声量关系曲线图。使用此图，首先计算出该板的 fM 值，并在横坐标轴上确定它的位置，垂直向上引直线与三曲线之一(根据入射状态确定)相交，过交点作水平线与纵坐标轴相交，交点所示值就是该板的隔声量。

实际上，板不可能像推导理论计算公式那样是无限大的。由于受到劲度、吻合效应、阻尼和边界条件的影响，板实际的隔声量达不到理论公式计算的结果，而且理论计算值与实际结果相差较大。大量实验数据表明，面密度增加一倍时，隔声量增加 5dB 左右；频率提高一倍频程时，隔声量增加 4dB 左右。通过长期经验积累，总结出隔声量计算的经验公式为

$$R = 16\lg M + 14\lg f - 29 \tag{5-19}$$

100～3150Hz 的平均隔声量经验公式为

$$\bar{R} = 16\lg M + 8,\quad M \geqslant 200\text{kg/m}^2 \tag{5-20}$$

$$\bar{R} = 13.5\lg M + 14,\quad M < 200\text{kg/m}^2 \tag{5-21}$$

吻合效应：在上述讨论中，由于忽略了构件的弹性性质，按质量定律估计的隔声量往往与实测结果有一定的差距。实际上，入射声波来自各个方向。

吻合效应的产生是由于匀质薄板都具有一定的弹性，在声波的激发下会产生受迫弯曲振动，并沿着板前进。

如图 5-3 所示，当一定频率的声波以某一角度投射到薄板上，正好与其所激发的薄板的

弯曲振动产生吻合时，薄板的弯曲振动及向另一面的声辐射都达到极大。这一现象称为吻合效应，相应的频率称为吻合频率。由图 5-3 可见，发生吻合效应的条件是

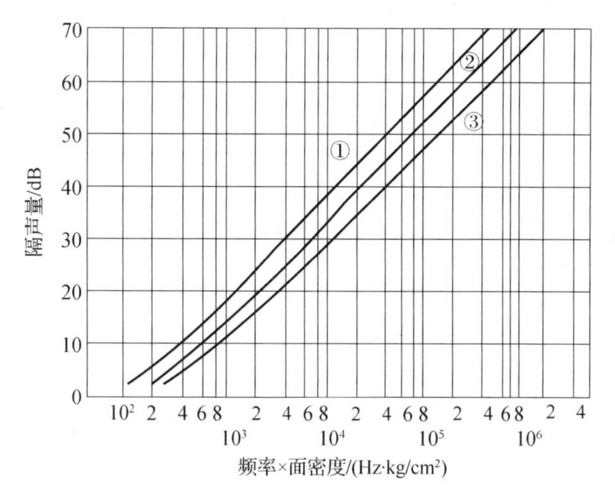

图 5-2 三种入射波状态下 fM 与隔声量关系曲线图

①正入射(0°)曲线；②现场入射(0°～80°)曲线；

③无规入射(0°～90°)曲线

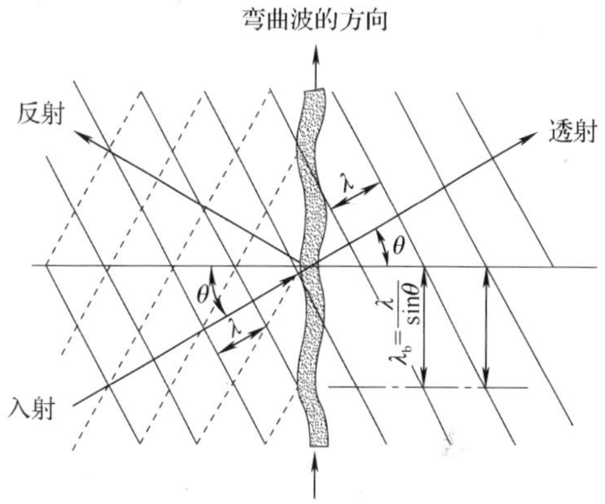

图 5-3 由平面波激发的自由弯曲波

$$\lambda_b = \frac{\lambda}{\sin\theta} \tag{5-22}$$

式中，λ_b 为弯曲波的波长，m。

由于 $\sin\theta \leqslant 1$，所以只有在 $\lambda \leqslant \lambda_b$ 的条件下才能发生吻合效应。出现吻合效应的最低频率称为临界吻合频率，简称临界频率，用 f_c 表示。f_c 与薄板的物理参量间有如下近似关系：

$$f_c = \frac{c^2}{2\pi}\sqrt{\frac{M}{B}} = 0.556\frac{c^2}{D}\sqrt{\frac{\rho}{E}} \tag{5-23}$$

式中，c 为声速，m/s；B 为构件的弯曲劲度，N·m；M 为构件的面密度，kg/m^2；D 为构件厚度，m；ρ 为构件密度，kg/m^3；E 为构件的弹性(杨氏)模量，N/m^2。

由式(5-23)可以看出，临界频率 f_c 受板厚的影响很大，随着板厚 D 的增加，f_c 向低频移动，另外 f_c 还受构件材料的密度、弹性等因素的影响。轻而弹性模量大的薄板，临界频率 f_c 常常降到听觉敏感范围内，而通常人们希望将 f_c 控制在 4kHz 以上的高频段。表 5-2 列出了常用隔声材料的密度和弹性模量。

图 5-4 给出了几种常用材料的临界频率 f_c 与构件厚度 D 的关系。常用建筑结构的 f_c 往往出现在主要声频区，除了选用密度大、厚度小的材料，使临界频率升高至人耳不敏感的区域，还可以增加板壁的阻尼，以提高吻合区的隔声量，改善总的隔声效果。在入射声波频率 $f \geqslant f_b$ 时，由于吻合效应使隔声量 R 几乎不再随频率增高而上升，这一频带宽度决定结构本身的阻尼，有如下关系：

$$R \approx R_0 + 10\lg\frac{2\eta f}{\pi f_c} \tag{5-24}$$

式中，R_0 为声波正入射的隔声量；η 为板的损耗因数，η 通常为 5×10^{-3}～10^{-2}。

表 5-2　常用隔声材料的密度和弹性模量

材料名称	密度/(kg/m^3)	弹性模量/(N/m^2)
钢铁	7900	2.1×10^{11}
铸铁	7900	1.5×10^{11}
铜	9000	1.3×10^{11}
铝	2700	7.0×10^{10}
铅	11200	1.6×10^{10}
玻璃	2500	7.1×10^{10}
普通钢筋混凝土	2300	2.4×10^{10}
轻质混凝土	1300	4.5×10^{9}
泡沫混凝土	600	1.5×10^{9}
砖	1900	1.6×10^{10}
砂岩	2300	1.7×10^{10}
花岗岩	2700	5.2×10^{10}
大理石	2600	7.7×10^{10}
橡木	850	1.3×10^{10}
杉木	400	5×10^{9}
胶合板	600	$(4.3\sim6.3)\times10^{9}$
硬质板	800	2.1×10^{9}
颗粒板	1000	3.0×10^{9}
软质纤维板 A	400	1.2×10^{9}
软质纤维板 B	500	7.0×10^{8}
石膏板	800	1.9×10^{9}
石棉板	1900	2.4×10^{10}
石棉水泥平板	1800	1.8×10^{10}
柔质板	1900	1.5×10^{10}
石棉珍珠岩板	1500	4.0×10^{9}
水泥木丝板	600	2.0×10^{8}
玻璃纤维增强塑料板	1500	1.0×10^{10}
氯化乙烯板	1400	3.0×10^{9}
弹性橡胶	950	$(1.5\sim5.0)\times10^{6}$
乙烯基纤维	43	1.7×10^{7}
氯乙烯泡沫	77	1.7×10^{7}
氨基甲酸乙酯泡沫	45	4.0×10^{6}
苯烯泡沫	15	2.5×10^{6}
尿素泡沫	15	7.0×10^{5}

注：弹性模量的换算单位：1kg/cm^2≈10^{-5}×(表中数值)；1dyn/cm^2≈10×(表中数值)；1lb/in^2≈1.5×10^{-4}×(表中数值)。

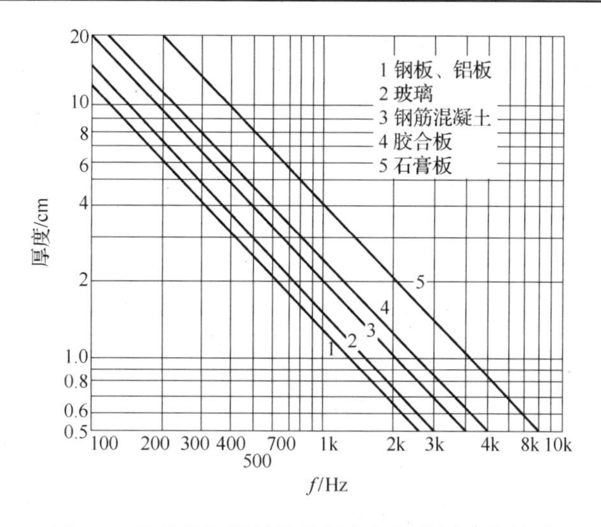

图 5-4　几种常用材料临界频率与构件厚度的关系

图 5-5 为几种板材的归一化隔声特性曲线，从图中可以看到吻合效应对这几种板材隔声效果的影响所形成的隔声低谷区。

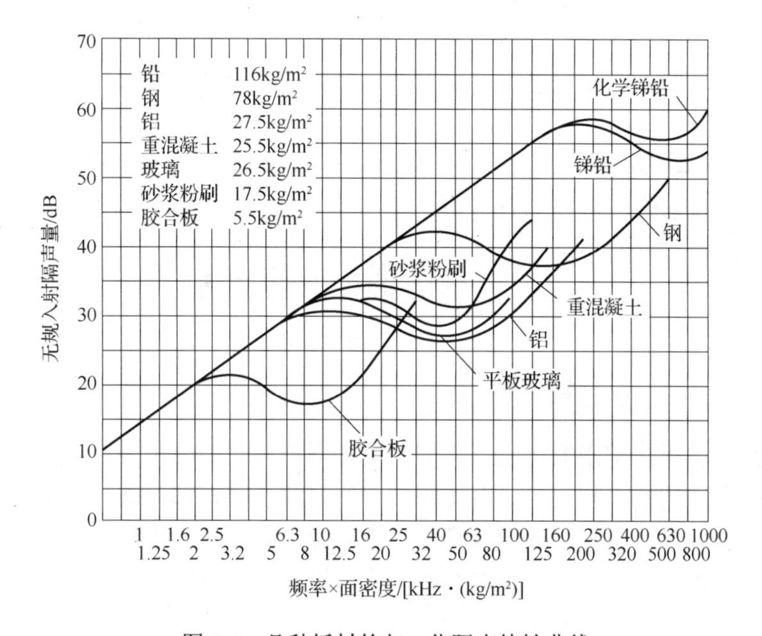

图 5-5　几种板材的归一化隔声特性曲线

综上所述，单层均匀薄板的隔声特性主要由其面密度、劲度(刚度)和阻尼等因素决定，并与入射声波的频率及入射角有关。

图 5-6 为单层匀质薄板的一般隔声频率特性曲线，该曲线分为三个区域：Ⅰ区域为劲度和阻尼控制区，Ⅱ区域为质量控制区，Ⅲ区域为吻合效应和质量定律延伸区。

当声波频率低于板的共振频率时，板的隔声量与劲度成反比，此区域称为劲度控制区，此时隔声量随频率增加每倍频程下降 6dB。在劲度控制区的上端，存在一个共振区，有一系列共振频率，这些共振频率取决于板的大小和边界固定条件。共振区的大小与墙板性质、大小及厚度等因素有关，常用建筑构件该频率的范围较低，通常在 100Hz 以下。在该区域的一些主要共振频率，声能透射很大，形成若干个隔声低谷，此时构件阻尼大小对隔声量影响很大，阻尼越大对共振抑制越大。

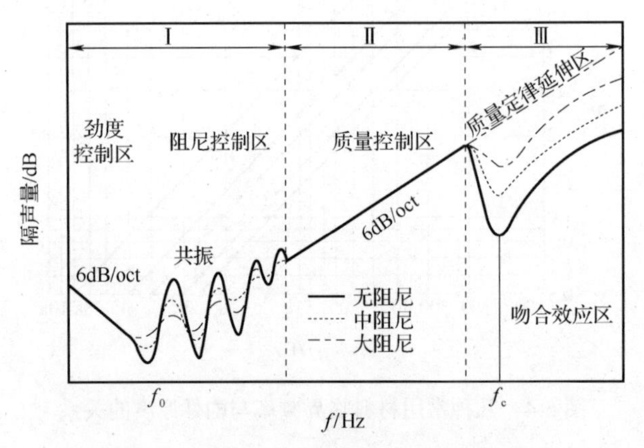

图 5-6　单层均质墙的隔声频率特性曲线

超过阻尼控制区，共振的影响减小，板的振动速度受其惯性质量的影响，此区域为质量控制区。此时质量越大，频率越高，隔声量也越大。理论上可有每倍频程 6dB 的增加率(实际上由于是无规入射，如前面讨论所述，增加率将低于 6dB/oct)，从隔声角度来看，这一区域越宽越好。

质量控制区以上即出现吻合效应的区域，隔声量也出现低谷，临界频率 f_c 为质量控制区的上限频率。增加板的阻尼也同样会减少吻合效应时的声能透射，使隔声低谷变得平缓。

5.3　单层隔墙的降噪作用

5.3.1　分隔墙噪声降低量的计算

这是一个最简单且最实用的问题。人们知道，同样构造的隔声墙在不同的室内声学环境中，对声音的隔除作用并不相同。设有如图 5-7 所示的两个相邻房间，左室为声源室或发声室，右室为接收室。当声源室的声源发声时，有部分声波向隔墙入射，其中入射声波中的一部分透过隔墙进入接收室，经过一段时间两室的声场变化趋于稳定。

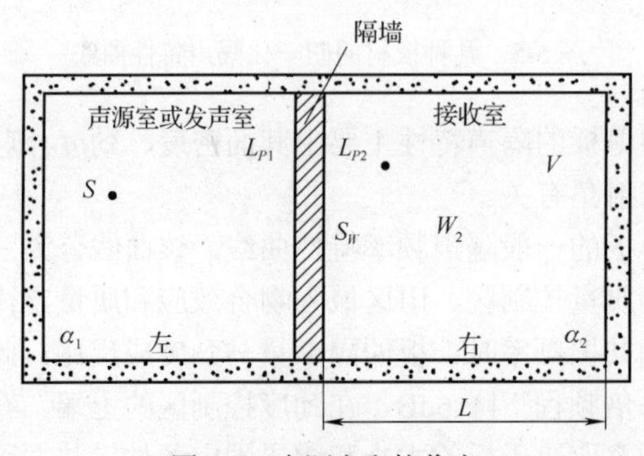

图 5-7　声源室和接收室

由于声源向隔墙入射(或透射)的声强不易直接测量，所以通常分别测定两室中间区域的平均声压级来加以间接推算。因为除了靠近声源及墙面的区域，可设两室内的声场为近似完全扩散声场。设声源室和接收室内的空间平均声压级为L_{P1}和L_{P2}，则可定义分隔墙的噪声降低量(单位为dB)为

$$\mathrm{NR}=L_{P1}-L_{P2} \tag{5-25}$$

由室内声学理论可知，右室内的声场由两部分组成，一部分是从隔墙透射过来的直达声，另一部分是由于右室内壁反射形成的混响声。现假设从分隔墙透射到右室的声功率为W_2，右室体积为V，右室的长度为L，隔墙的面积为S_W。那么可以得到右室内直接声场的平均声能密度为

$$\bar{\varepsilon}_D=\frac{W_2\left(\dfrac{L}{c}\right)}{V}=\frac{W_2}{S_W c} \tag{5-26}$$

已知混响声场的平均声能密度为

$$\bar{\varepsilon}_R=\frac{4W_2}{R_2 c}\text{，}\quad R_2=\frac{S\bar{\alpha}_2}{1-\bar{\alpha}_2}$$

式中，R_2为右室的房间常数；S为右室内总表面积。由此可以得到右室内总的声能密度为

$$\bar{\varepsilon}_2=\bar{\varepsilon}_D+\bar{\varepsilon}_R=\frac{W_2}{c}\left(\frac{1}{S_W}+\frac{4}{R_2}\right) \tag{5-27}$$

在左室内每秒钟被隔墙吸收的混响声能为

$$W_\alpha=W_{\mathrm{r}}\left(\frac{S_W\alpha_W}{S_1\bar{\alpha}_1}\right) \tag{5-28}$$

式中，W_{r}为左室内的混响声功率；α_W为分隔墙的吸声系数；S_1为左室总内表面积；$\bar{\alpha}_1$为左室内表面的平均吸声系数。假定投射在隔墙上的声能全部被吸收，即$\alpha_W=1$。又因左室内混响声功率$W_{\mathrm{r}}=W(1-\bar{\alpha}_1)$($W$为声源辐射的声功率)，代入式(5-28)，得到投射在隔墙上的声功率为

$$W_\alpha=W(1-\bar{\alpha}_1)\frac{S_W}{S_1\bar{\alpha}_1}=\frac{WS_W}{R_1} \tag{5-29}$$

式中，R_1为左室的房间常数。由此可以得到右室的透射声功率为

$$W_2=W_\alpha\tau=\frac{WS_W}{R_1}\tau \tag{5-30}$$

式中，τ为隔墙的透射系数。将$W_2=\dfrac{WS_W}{R_1}\tau$代入式(5-27)，得

$$\bar{\varepsilon}_2=\frac{W}{c}\frac{4}{R_1}\tau\left(\frac{1}{4}+\frac{S_W}{R_2}\right) \tag{5-31}$$

所以右室内平均声压的方均值为

$$P_2^2=\rho c^2\bar{\varepsilon}_2=W\rho c\frac{4}{R_1}\tau\left(\frac{1}{4}+\frac{S_W}{R_2}\right) \tag{5-32}$$

平均声压级为

$$L_{P2}=L_W+10\lg\frac{4}{R_1}-10\lg\frac{1}{\tau}+10\lg\left(\frac{1}{4}+\frac{S_W}{R_2}\right) \tag{5-33}$$

左室混响声的平均声压级为(略去直达声部分)

$$L_{P1}=L_W+10\lg\frac{4}{R_1} \tag{5-34}$$

两室的噪声降低量即平均声压级差为

$$\mathrm{NR}=L_{P1}-L_{P2}=10\lg\frac{1}{\tau}-10\lg\left(\frac{1}{4}+\frac{S_W}{R_2}\right)=R-10\lg\left(\frac{1}{4}+\frac{S_W}{R_2}\right) \tag{5-35}$$

式(5-35)表明，噪声降低量与传声损失(隔声量)并不相同，后者是由构件本身性质所决定的一个量，前者不仅与构件本身有关，而且与接收房间的吸声性能有关，注意不可混淆两者的概念。由式(5-35)可知，增加隔墙的隔声量和右室的吸声可以增加噪声的降低量。

例 5-1　两房间用隔墙分开，隔墙尺寸 $S_W=7.62\times4.57\mathrm{m}^2$，透射损失 $R=30\,\mathrm{dB}$，房 1 有噪声源，在近隔墙处有平均声压级为 108dB 的混响声场。若房 2 的房间常数 $R_2=139.35\mathrm{m}^2$。求房 2 近墙处的平均声压级。

解　$L_{P2}=L_{P1}-R+10\lg\left(\frac{1}{4}+\frac{S_W}{R_2}\right)=108-30+10\lg\left(\frac{1}{4}+\frac{34.82}{139.35}\right)\approx75.0\ (\mathrm{dB})$

若隔墙是外墙或房 2 保持不了混响场，则有

$$R_2\to\infty,\quad R_2=\frac{S\bar{\alpha}_2}{1-\bar{\alpha}_2}$$

此时噪声降低量为

$$\mathrm{NR}=R-10\lg\frac{1}{4}=R+6$$

5.3.2　构件尺寸对隔声量的影响

在前面的分析讨论中，把隔墙看成“无限大”薄板。但在实际测试时，待测试件的几何尺寸为有限大小，因此对隔声量的测量会产生一定的影响。有限尺寸构件所产生的影响，主要表现为弯曲波在构件边缘会产生反射。在一定的边界条件下，入射波与反射波叠加后在隔墙上产生驻波，每种驻波对应于一种弯曲振动方式。这类似于声波在房间内传播时产生的简正波或简正振动。

以矩形隔墙为例，设隔墙长度与宽度分别为 l_x 与 l_y，隔墙边缘为简支，可得对应于一组 (n_x,n_y) 数值的简正频率为

$$f_\mathrm{n}=\frac{c_\mathrm{b}}{2}\sqrt{\left(\frac{n_x}{l_x}\right)^2+\left(\frac{n_y}{l_y}\right)^2},\qquad c_b=\sqrt[\frac{1}{4}]{\frac{B}{\rho D}}\sqrt{\omega}$$

式中，n_x、n_y 为正整数；c_b 为弯曲波相速；B 为构件弯曲劲度；D 为构件厚度。化简后得

$$f_\mathrm{n}=\frac{\pi}{2}\left(\frac{B}{\rho D}\right)^{\frac{1}{2}}\left[\left(\frac{n_x}{l_x}\right)^2+\left(\frac{n_y}{l_y}\right)^2\right],\qquad n_x,n_y=1,2,\cdots$$

上述简正频率，也可以理解为隔墙做弯曲振动时的固有频率。在声源室内，当声波频率 f 与隔墙简正频率 f_n 一致时，隔墙产生共振，相应的简正弯曲振动剧烈激发，从而向接收室

辐射的声波也很强烈。$f=f_{\mathrm{n}}$ 时，墙板的隔声性能会显著降低。

当频率 f 远大于最低简正频率时，在 f 与 $f+\Delta f$ 频率范围内，不同方式简正振动的数目可写成 $n(f)\Delta f$ 的形式。$n(f)$ 为简正振动方式的概率密度：

$$n(f)\approx\frac{l_x l_y}{2}\left(\frac{\rho D}{B}\right)^{\frac{1}{2}}$$

把弯曲劲度 B 改用杨氏模量 E 表示，考虑到隔墙中胀缩波的相速 c_L 为

$$c_L=\sqrt{\frac{E}{\rho\left(1-\nu^2\right)}}$$

式中，ν 为泊松比。有

$$n(f)=\frac{\sqrt{3}S}{Dc_L}$$

式中，S 为隔墙面积。

可以看出，概率密度函数 $n(f)$ 与隔墙面积 S 成正比，与厚度 D 及胀缩波相速 c_L 成反比，并近似与频率 f 无关。从弯曲振动角度考虑，D、c_L 减小相当于使隔墙面积 S 增大。这表明，对于柔软的大面积薄板，可以把它看成"无限大"薄板，这时 $n(f)$ 为大值，大量不同方式的简正振动都被激发，边界条件的影响可以忽略不计，反之，对于面积不够大的刚硬厚板，$n(f)$ 为小值，不同方式的简正振动差别很大。特别是对于基本方式或低次方式的简正振动，受边界条件的影响非常显著，不能把它看成"无限大"薄板。所得实验测量结果应根据具体情况进行具体分析。

5.4　双层墙和复合墙的隔声性能

在实际隔声结构中，单位面积的质量往往受到一定限制。在这种条件下，采用多层的轻薄结构来提高隔声量是最合理的选择。

中间有空气层相隔的分离墙板称为"双层墙"，它可以使隔声量大大超过质量定律的限制。假如单层墙的隔声量为 30dB，如果隔墙厚度增加一倍，隔声量最大可增大到 36dB，即提高 6dB；但如果作为完全分离装置的双层墙，在理想的情况下，总隔声量可达 60dB。当然，实际上双层墙相互间不可能离得很远，中间空气层的耦合作用必须加以考虑，因此总隔声量并不是两层墙板隔声量的简单叠加。但作为实用的双层墙，即使中间有 10cm 厚的空气层，也大致能使隔声量增加 8～12dB。如果只要达到与单层墙同样的隔声量，则双层墙的总重量仅为单层墙的三分之一左右。

在单层墙的基础上采取适当的措施也可以提高墙板的隔声性能。例如，在墙面上覆盖一层阻尼材料，可以减少墙板的振动与辐射；采用两种或多种不同材料组成的胶合板来削弱单层墙在临界频率出现的隔声低谷等。这类墙板称为"复合墙"，它也是一种多层结构，不过与双层墙(或多层墙)有根本性的区别，对于复合墙，各材料间紧密耦合在一起，必须把它作为一个整体来考虑；反之，对于双层墙，相互间有一定的独立性，中间空气层的耦合作用较弱，可把它看成次要的修正因素。

此外，一个复合的隔声结构也可以由两种或多种具有不同隔声量的构件组成。例如，在

墙上具有门窗结构时，墙板的隔声量与门窗的隔声量有所不同。这种复合结构可以看成隔声量随空间分布不均匀的墙板，其等效的隔声量可以根据某种面积加权平均得出。

5.4.1　理想双层墙的隔声量

由前面的推导可以看到，对单层墙的隔声计算已很复杂，双层墙的隔声计算就更麻烦了，要有九个声压方程，由四个边界条件得到八个方程组。为了简单起见，在此只讨论两层薄墙的透射，即假定入射声波的波长比每层墙壁厚度都大得多，声波入射时墙就像活塞一样做整体运动。入射声波激起第一层墙板的振动后，向两层隔墙中间的空气层辐射声音，在空腔中声波将有所衰减，由于空气声要再次激发第二层隔墙振动，于是第二层隔墙向邻室空间辐射声音。界面的不连续性附加了声衰减。可以看到中间的封闭空气层在这里形同一个弹簧，它使整个墙体呈现“质量—空气—质量”组成的基本共振频率。声波以法向入射时的共振频率称为基本共振频率 f_0(单位为 Hz)，有

$$f_0=\frac{c}{2\pi}\sqrt{\frac{\rho}{D}\left(\frac{1}{M_1}+\frac{1}{M_2}\right)}=\frac{c}{2\pi}\sqrt{\frac{2\rho}{M'D}} \tag{5-36}$$

式中，$M'=\dfrac{2M_1M_2}{M_1+M_2}$为墙体的有效质量(面密度)；在该共振频率下，大量声能透过，使隔声量几乎下降到零，比相同密度的单墙隔声量要低得多。

讨论：

(1) $kD\ll 1$；$k=\dfrac{2\pi}{\lambda}$；$kD=\dfrac{2\pi}{\lambda}D\ll 1$；$2\pi D\ll\lambda$。

当入射声波频率 f 低于基本共振频率 f_0 时，双层墙像一个整体那样振动，可得其隔声量近似为

$$R\approx 20\lg\left[\frac{\omega}{2Z_C}\left(M_1+M_2\right)\right]$$

式中，$Z_C=\rho c$ 为空气的特性阻抗。

当 $M=M_1=M_2$ 时，有

$$R\approx 20\lg\frac{\omega M}{Z_C}\approx 20\lg(2fM)-42 \tag{5-37}$$

相当于两层隔墙合并成单层墙时的隔声量，当 f 趋近 f_0 时，隔声量 $R\Rightarrow 0$。即入射的声能几乎全部透过，使双层墙的隔声量大幅度下降而形成一个低谷，比单层墙的隔声量还要低得多。直至频率 f 高于 $\sqrt{2}f_0$ 时，隔声量才开始超过按质量定律所得的数值。

(2) $kD\leqslant 1$。

频率 f 超过基本共振频率 f_0 继续增加时，如果 kD 不太大，两层隔墙的隔声量可近似为

$$R\approx 20\lg\frac{\omega M_1}{2Z_C}+20\lg\frac{\omega M_2}{2Z_C}+20\lg(2kD)=R_1+R_2+20\lg\frac{4\pi fD}{c} \tag{5-38}$$

即双层墙的隔声量等于两墙单独的隔声量之和再加上一个修正值 $20\lg\dfrac{4\pi fD}{c}$。当频率增加一倍频程时，R_1、R_2 分别增加 6dB，修正值也增大 6dB。可见双层墙的隔声量在这段范围内大到按每倍频程 18dB 的规律增加。

当 $f=\dfrac{c}{4\pi D}$ 时，修正值 $20\lg\dfrac{4\pi fD}{c}=0$，此时双层墙的隔声量正好等于两墙单独隔声量之和，即

$$R\approx R_1+R_2$$

当 $f=c/(2\pi D)$，即 $kD=1$ 时，修正值为 6dB，双层隔墙的隔声量等于两层隔墙单独隔声量之和再加上 6dB。此时的频率定义为 f_L，是式(5-38)可以适用的频率上限(或极限频率)。其相应波长接近隔墙间距离 D，此时出现空腔中因隔墙间空气驻波而形成的高阶共振影响，隔声量曲线的斜率从 18dB/oct 转折到 12dB/oct。f_L 就是指 18dB/oct 上升斜率的极限频率。

(3) $kD>1$。

当 kD 继续增大时，声能透射系数 $\dfrac{1}{\tau_1}$ 值将随正弦、余弦函数的周期性变化而出现极大值和极小值。当频率提高使空气层厚度 D 大于空气层中声波半波长时 $(D>\lambda/2)$，高频的传声损失(隔声量)由理论推出近似为

$$R\approx R_1+R_2-10\lg\left(\frac{1}{4}+\frac{S_W}{S\bar{\alpha}}\right) \tag{5-39}$$

式中，S_W 为隔墙面积；$S\bar{\alpha}$ 为两墙间空气层内的总吸声量。可见 $S\bar{\alpha}$ 越大，隔声量越大。

具有两层同样面密度的双层墙，在单层墙的临界吻合频率附近将出现传声损失(隔声量)的极小值。当空气层中不放吸声材料时，双层墙的隔声曲线如图 5-8 中曲线 *a* 所示。临界频率 f_c 附近的隔声量大约是单层墙相应值的两倍。假如两层墙板具有不同的临界频率，由于复合效应将使隔声量大幅度降低的位置相互错开，那么隔声曲线上的低谷将不如图中那样显著，有可能在一小段频率范围内近似取水平线，即隔声量保持不变。当空气层内填充少量吸声材料时，隔声量明显提高，如图 5-8 中曲线 *b*，隔声低谷也变得较平坦。当空气层内填满吸声材料时，隔声性能可进一步提高，如图 5-8 中曲线 *c*。可以看出，吸声材料的效果在临界频率 f_c 附近特别显著，在最低共振频率 f_0 处也有明显影响。吸声材料的主要作用在于减弱空气层的耦合作用，使隔声曲线上由于共振现象产生的低谷得到消除。当然，吸声材料层本身也能提供一定的声衰减量。在通常情况下，双层墙间空气层内填充吸声材料后，平均隔声量可提高 7～10dB。

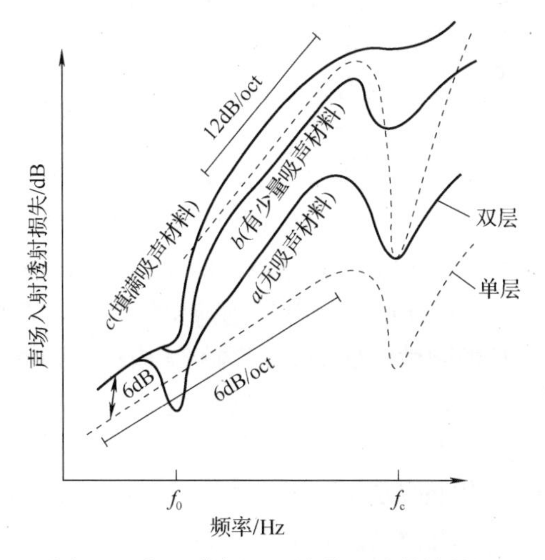

图 5-8　相同单板双层墙的隔声特性简图

5.4.2　双层墙隔声量的实际估算

严格地按理论计算双层墙的隔声量比较困难，而且与实际往往有一定差距。下面介绍一种在主要声频范围 100～3150Hz 内估算平均隔声量 $\overline{R}$ 的经验公式：

$$\overline{R} = 20\lg(MD) - 26 \tag{5-40}$$

式中，D 为空气层厚度，mm。

将式(5-40)绘成图 5-9 所示的附加隔声量图，该图适用于 $\overline{R} > 41\,\text{dB}$ 的双层墙。图 5-10 用于估算不同频率随空气层厚度变化的附加隔声量。

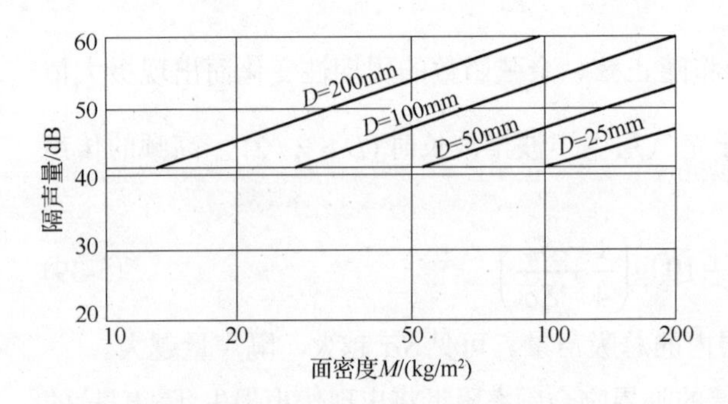

图 5-9　双层墙附加隔声量与 f、D 的关系

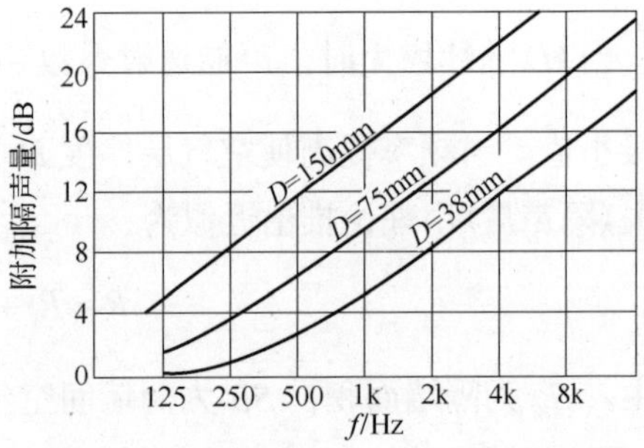

图 5-10　中间有空腔双层墙的隔声量

例如，有面密度 $M = 100\,\text{kg/m}^2$ 的双层墙，当空气层厚为 $D = 100\text{mm}$ 时，从图 5-9 中可查得 $\overline{R} \approx 54\,\text{dB}$。

又如，当 $D = 150\text{mm}$，$f = 250\text{Hz}$ 时，从图 5-10 可查出附加隔声量约为 8dB。当频率增高至 2kHz 时，附加隔声量约为 18dB。

5.4.3　声桥对隔声性能的影响

在前面的讨论中，假定两层墙隔板间没有固定连接，这对于土建工程中如直立的双层砖墙或混凝土墙或大房间内的套间等结构，可认为近似适用。在一般情况下，由于结构强度或安装上的需要，两层墙板间往往存在一定的刚性连接。特别是轻薄结构中，两层薄板间必须有框架、龙骨等构件加以连接，使它成为具有一定刚度的整体。因此，当一层墙板振动时，通过连接物会把振动传递给另一层墙板，这种传声的连接物称为声桥。由于声桥的耦合作用，两层墙板的振动趋向于合并成为一个整体的振动，因此总的隔声量将趋向下降。

典型的声桥结构如图 5-11 所示，图 5-11(a)为实心矩形断面，如土建中的木龙骨。在振动传递过程中，可设断面形状保持不变，即设声桥两端的振动速度近似相同，这种结构称为刚性声桥。图 5-11(b)为半工字形断面，如常用的薄壁钢龙骨。在振动传递过程中，声桥两端存在相对运动，而声桥本身做弹性弯曲振动。这种结构称为弹性声桥。

考虑声桥耦合作用的影响时，双层墙的隔声量将比理想双层墙只考虑空气层耦合作用时的隔声量有所下降，设其降低量为 D_{B}。则对于刚性声桥，D_{B} 可写成下面的形式：

$$D_{\text{B}} = \begin{cases} 40\lg(f/f_{\text{B}}), & f_{\text{B}} < f < f_{\text{L}} \\ 40\lg(f_{\text{L}}/f_{\text{B}}) + 20\lg(f/f_{\text{L}}), & f > f_{\text{L}} \end{cases}$$

对于弹性声桥，D_{B} 可写成下面的形式：

$$D_B = \begin{cases} 20\lg(f/f_B), & f_B < f < f_L \\ 20\lg(f_L/f_B), & f > f_L \end{cases}$$

当 $f < f_B$ 时，声能主要通过空气层耦合作用而传递，隔声降低量 D_B 近似为零，即这时声桥的作用可以忽略不计。

当 $f > f_B$ 时，声能主要通过声桥的耦合作用而传递，降低量可用上面给的式子求隔声曲线示意图，如图 5-12 所示。声桥的耦合作用使双层墙的隔声量降低，隔声曲线上的转折点也由 f_L 降低为 f_B。

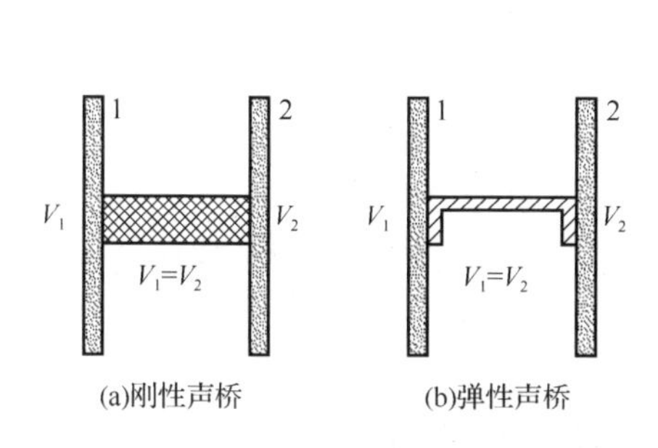

图 5-11 典型声桥结构示意图

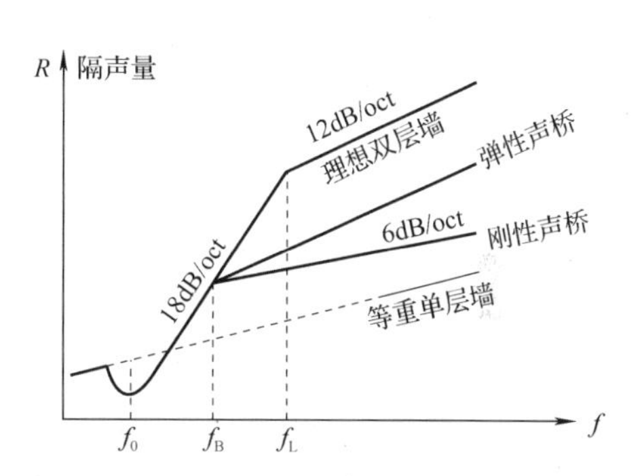

图 5-12 声桥对双层墙隔声量影响示意图

在实际问题中，为了减弱声桥对双层墙隔声性能的不良影响，应尽可能采取下列措施。

(1) 设计和施工时，应避免形成不必要的声桥。

(2) 墙板间的连接框架，宜采用弹性结构来代替刚性结构。

(3) 在声桥与墙板接触处，宜插入适当的弹性或阻尼垫层。

5.4.4 复合墙的隔声性能

按照质量定律，把墙的厚度或面密度增加一倍，隔声量只能提高 6dB，通常在实用上很不经济。采用多层墙结构，一般可以明显地提高隔声量，但它往往受到机械结构性能方面的限制。把多层结构组成一个整体形成复合墙，是切合实用要求的有效措施。

由前面的讨论可以看出，即使对于理想的单层墙和双层墙这样较简单的结构，其隔声性能也已相当复杂，很难作出完全符合实际情况的理论分析计算结果。因此，对于一些更复杂的复合墙结构，这里只限于作一些定性的讨论，阐明其隔声特性的大致规律，为实用隔声设计提供参考。

1) 附加弹性面层

对于厚而重的墙板，其面密度已经相当大，企图再增加它的厚度或重量来提高隔声量是不切实际的。如果在受声侧附加一薄层弹性面层，其隔声量可以有一定程度的提高。弹性面层与重墙组成了一种复合墙。

弹性面层通常用一块较柔软的薄板材料制成，它对隔声量的提高效果取决于面层与墙板间的耦合程度。为了获得最佳效果，面层应密实不透气，以免声直接通过开孔传递到墙板上。面层与墙板间空气间隙会组成共振系统，在其共振频率附近，将对隔声性能产生不良影响。为此，在面层与墙板间宜填充玻璃棉、毛毡等吸声材料。此外，面层与墙板间的连接方式对隔声性能也有影响，应尽可能避免刚性连接，而宜采用柔性连接，以减弱声桥的传声作用。

附加弹性面层后，隔声量的增量ΔR可用下式计算：

$$\Delta R = 40\lg(f/f_0),\quad f \gg f_0$$

式中，f_0为弹性面层(包括面层与墙板的空气间隙)的共振频率。实际上，附加弹性面层对高频的隔声量将有所增加。而对中、低频隔声性能并不好。

值得注意的是，如果附加弹性面层设计不当，使面层与墙体间接近刚性接触，它的共振频率会升高至中频范围。由于中频隔声量对墙板隔声性能起重要作用，从整体来说，附加了这种弹性面层反而会使隔声效果变差。

2) 多层复合板

用双层或多层材料胶合在一起，从整体来说，可以看成单层复合墙板。声波在这种分层材料中传播时，在界面上应满足应力、质点振速等连续条件，复合板的面密度为各层材料面密度的总和，复合板的弯曲劲度及损耗因子由各层材料相互联系的具体情况决定。

为了提高复合板的隔声效果，一般来说，应遵循以下设计原则。

(1) 相邻两层材料间声阻抗之比要尽可能大一些，使界面上的声反射系数提高，从而可以提高隔声效果。

例如，在框架结构中贴一层薄板，可以使隔声量显著增大。

(2) 对于双层复合板，宜使其中一层较为柔顺，并具有较大的损耗因子，可以用来减弱弯曲振动，使临界频率以上的隔声量提高；另一层则应具有足够大的刚性和强度，使其能满足力学性能上的要求。

例如，在金属薄板上涂一层黏性阻尼材料，复合板的刚性和强度主要由金属薄板决定。阻尼材料的用途是通过将薄板运动的动能转化为热能，从而减小薄板的振动，它对抑制薄板的共振频率和吻合频率处的隔声低谷非常有效。一般材料的内阻都很小，而黏弹性材料的内阻却比较大，可作为专门的阻尼材料使用。黏弹性材料一般由黏合剂(沥青、橡胶、树脂等)、添加剂(石墨、黄沙和铅粉等)、辅助剂(氧化锑、硬脂酸铅等)和溶剂(汽油、醋酸乙酯等)构成。

与金属薄板相比较，复合板的面密度与弯曲劲度略有提高，虽然改变幅度并不是很大，但共振现象显著减弱，中、高频隔声量可以明显提高。

(3) 对于多层复合板，宜采用“夹心”结构，即在外层用刚性较好、强度较大的薄层材料，在心层采用柔软的厚层吸声或阻尼材料。这种夹心结构整体性能良好，容易满足力学性能上的要求。在临界频率以下，由于心层的吸声或阻尼作用，双层外层基板间互相独立，复合结构的隔声量可以达到两层板各自隔声量的总和，超过质量定律所给出的数值。特别是心层在受到外层约束条件下做弯曲振动时，阻尼作用加强，因此在临界频率以上，复合板的弯曲共振现象减弱，从而使隔声量不会因吻合效应而明显下降。此外，心层的作用使总厚度以及弯曲劲度增大，从而使临界频率向高频方向移动，这对提高隔声效果也是有利的。三层复合板隔声量的典型实验结果如图 5-13 所示。实验结果表明，在中、低频范围大大超过了质量定律所给出的隔声量。

常见的阻尼结构有四种：自由阻尼层、间隔阻尼层、约束阻尼层和间隔约束阻尼层，如图 5-14 所示。自由阻尼层是最简单的结构，只不过是在单层薄板上涂上一层高内阻的材料，当单层薄板(基层板)进行弯曲振动时，阻尼层不断地受到自由拉伸与压缩，从而耗散振动能量，达到减振降噪的效果。为了进一步增加自由阻尼层的拉伸与压缩，可以在阻尼层和基层板之间增加剪切力的间隔层(如蜂窝结构)，这样的间隔阻尼层结构在阻尼层较薄时也能较大地耗散能量，同时又能增加板的刚度和隔热性能。若在阻尼层上部又粘贴一层弹性模量较大的薄板就构成约束阻尼层结构。此时阻尼层受到的是剪切力，剪切的阻尼作用比自由阻尼结构能更好地抑制弯曲振动，在约束阻尼层和基层板之间再增加一层能增加剪切力的刚性间隔层，增加阻尼层的切形变，从而更大地耗散振动能量。

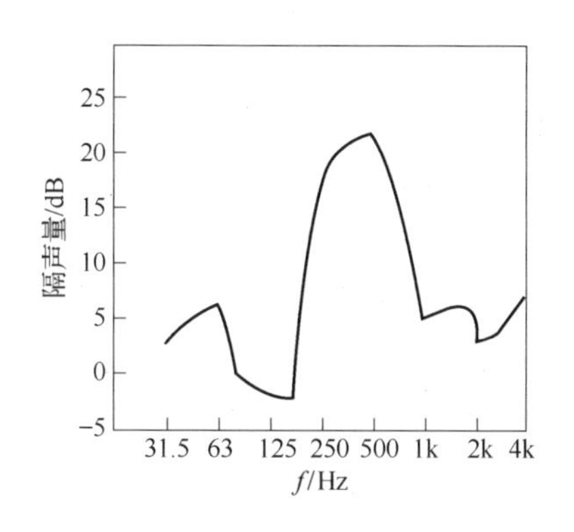

图 5-13　三层复合板隔声量的典型实验结果

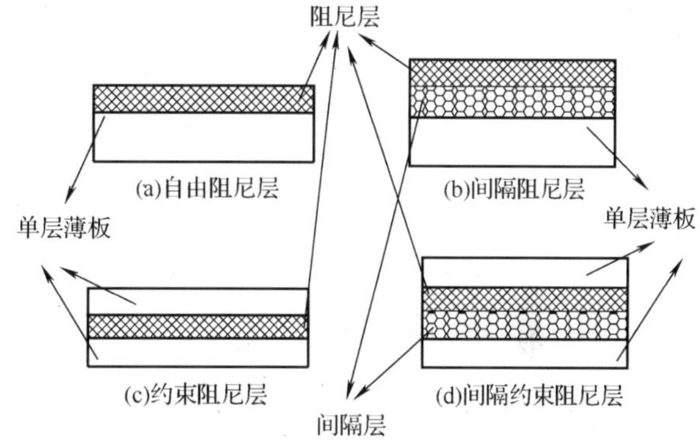

阻尼层
(a)自由阻尼层
(b)间隔阻尼层
单层薄板
单层薄板
(c)约束阻尼层
(d)间隔约束阻尼层
间隔层

图 5-14　常见的四种阻尼结构

3) 加肋板

在实际工作中，常常采用肋条加强的薄板结构。例如，带肋的墙板、铺设在横梁上的楼板等。从整体性能来说，薄板上加肋条后，总重量并不会明显增加，但它的刚性，即弯曲劲度可以显著提高，承受负载的能力相应增加。从局部范围来说，薄板被肋条划分成若干小块，对于每一块小板在一定程度上又相对独立，不过相邻小板间存在相互联系。这就是说，带肋板的运动可以看成若干相互耦合在一起的小板的运动。

由上可知，有肋板的运动近似可以看成由两种弯曲振动叠加而成：一是整体大板的弯曲振动，其最低共振频率设为 f_0，对于前面分析讨论的“无限大”板来说，相应的 f_0 值应取为零；二是各块小板的弯曲振动，当它以各种不同振动方式振动时，其最低共振频率 f_1 一般总比“无限大”板的临界频率 f_c 低得多。

当声波向有肋板的复合板入射时，其隔声量随频率的变化规律大致如图 5-15 所示。

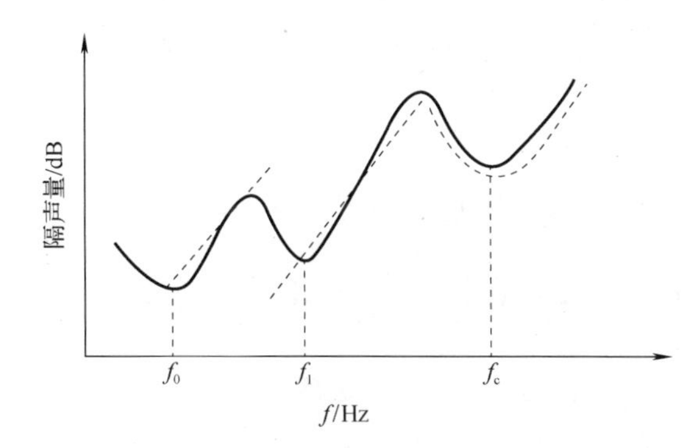

图 5-15　有肋板的典型隔声曲线

5.5　门和窗的隔声性能

由于门窗有开、关要求，它的隔声性能不同于一般匀质材料，它不仅依赖于门扇和窗扇的隔声性能，而且受扇与窗之间缝隙的影响。可以说，门窗隔声量的上限值是其扇结构本身具有的隔声量，这个量随着框扇间缝隙宽度和长度的增加而降低，在中、高频段尤其明显。

在有些建筑围护结构中，因通风、采光、出入等要求，设有一些门窗及其他一些不可避免的孔隙，这些都是隔声中的薄弱环节。对有门窗或孔隙的墙体，隔声效果会受到这些薄弱点的牵制。此时，即使将墙体的隔声量增大很多，组合墙总的隔声量也增加甚少，甚至毫无作用。

5.5.1　组合墙有效隔声量计算方法

当声波向有门、窗的墙板入射时，设透过门窗及墙板的声波互相独立，实际有效的隔声量可按照能量关系近似地求出。设门、窗以及墙板的声强(能)透射系数分别为τ_1、τ_2、τ_3，它们对应的面积分别为S_1、S_2和S_3，容易得到组合墙的平均透射系数$\bar{\tau}$为

$$\bar{\tau}=\frac{\tau_1 S_1+\tau_2 S_2+\tau_3 S_3}{S_1+S_2+S_3} \tag{5-41}$$

即$\bar{\tau}$值为各构件τ值的面积带权平均值。由此可得，有门、窗、墙板的复合墙平均隔声量计算公式：

$$\bar{R}=10\lg\frac{1}{\bar{\tau}}=10\lg\frac{S_1+S_2+S_3}{\tau_1 S_1+\tau_2 S_2+\tau_3 S_3} \tag{5-42}$$

当门、窗、隔墙的声强透射系数(或隔声量)已知时，由式(5-42)就可以计算出有门、窗及墙的组合墙隔声量。

在实际问题中，门窗结构往往是隔声的薄弱环节，当入射声的声强给定时，透过一定面积门窗的声功率往往达到可观的数值。这时，尽管隔墙本身具有很高的隔声量，但是从整体来说，复合墙的隔声效果仍是不高的。

例如，设门窗的隔声量是 20dB，门窗面积占复合墙总面积的 20%，当隔墙的隔声量是 40dB 时，由下面的公式可计算复合墙的有效隔声量：

$$\bar{R}=10\lg\frac{1}{\bar{\tau}}=10\lg\frac{S_1+S_2}{\tau_1 S_1+\tau_2 S_2}$$

$$R_1=10\lg\frac{1}{\overline{\tau_1}}\rightarrow\tau_1=10^{-\frac{R_1}{10}}=10^{-2}$$

$$R_2=10\lg\frac{1}{\overline{\tau_2}}\rightarrow\tau_2=10^{-\frac{R_2}{10}}=10^{-4}$$

$$S_1+S_2=S,\quad S_1=0.2S,\quad S_2=0.8S$$

所以

$$\bar{R}=\lg\frac{S}{(0.2\times10^{-2}+0.8\times10^{-4})S}\approx 26.8\ (\mathrm{dB})$$

即使将隔墙的隔声量提高至 80dB，复合墙有效隔声量也只能达到

$$\bar{R} = \lg \frac{S}{(0.2\times10^{-2} + 0.8\times10^{-8})S} \approx 27.0\ (\text{dB})$$

这表明对于有门窗的复合墙，其有效隔声量往往受到门窗隔声量及其面积的限制。

要提高有门窗的墙板的有效隔声量，最积极有效的措施是改善门窗结构，其次是控制门窗结构所占面积的百分比。考虑到门窗的功能要求，高隔声量的门窗设计会遇到一些实际技术困难，而要显著减小门窗的总面积也不容易实现。最佳的门窗隔声设计应参照下面的等声功率原则选择，即透过门窗的声功率应与透过墙板的声功率大致相等。设门窗的总隔声量用 R_{12} 表示，墙壁的隔声量用 R_3 表示，应近似满足下面的关系(工程统计出来的)：

$$R_{12} \approx R_3 - 10\lg\left(\frac{S_3}{S_1 + S_2}\right) \tag{5-43}$$

式中，

$$R_{12} = \lg\left(\frac{S_1 + S_2}{\tau_1 S_1 + \tau_2 S_2}\right) \tag{5-44}$$

当复合墙上具有门和窗两种构件时，R_{12} 是门和窗的隔声量按能量法则所得的平均值。

值得指出的是，上面推荐的等声功率原则在噪声控制工程中是带有普遍性的。它的理论根据是：当噪声有多个相互独立的来源时，只有对最主要的来源采取控制措施才能有明显的降噪效果；反之，对次要的来源尽管采取了高标准的控制措施，总的降噪效果实际并不大，从实用角度来考虑，往往得不偿失。因此，经济合理的最佳控制方案应当使各个重要的噪声来源尽可能降低至同样的水平。

作为隔声结构，门和窗也可以看成单层或多层墙板，其隔声性能可根据前面的论述进行理论分析或实验测定，不过有两点特殊情况应加以注意：一是门窗的几何尺寸(与声波波长相比较)一般不是很大，把它看成“无限大”板来处理时，所得结果与实际情况会有较大偏差；二是门窗为可以活动的装置，它与固定的框架间往往存在漏声的缝隙，对门窗的隔声量会产生难以准确估计的影响。

由上可知，门窗的隔声量涉及很多具体的技术问题，很难严格地加以计算或控制，在实用设计中，一般借助工程经验或实测结果加以确定。

5.5.2 门的隔声

在土建工程中，普遍的嵌板门是在木框架上嵌入单层木板而成，鉴于轻便、灵活、经济等方面因素，普通门的隔声性能大多没有进行专门考虑，其平均隔声量一般都较低。例如，木质门，木质门包括木质平板门、胶合板门、纤维板门等，骨架形式有木筋框架和蜂窝骨架。图 5-16 是两樘三合板门(户内门)隔声性能现场测定结果。门扇的面密度约为 11kg/m²。按质量定律计算门扇的隔声量应为 27dB 左右，由于门缝没作处理且缝隙较大，实测的隔声量只有 15～18dB(R_W为计权隔声量)。

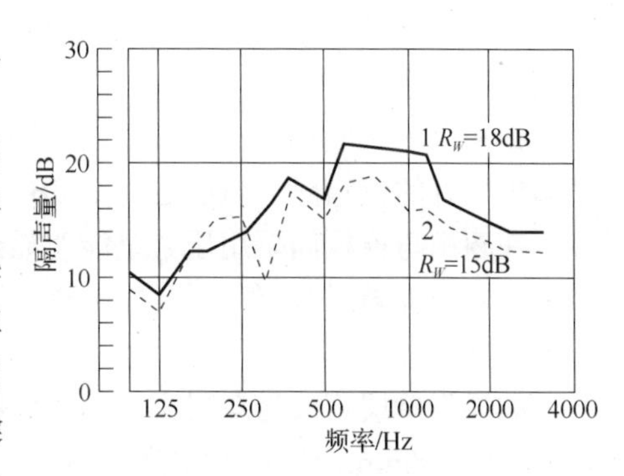

图 5-16 三合板门隔声曲线

平板门扇骨架用木条粘成，门扇的表面用胶木板或木质纤维板在骨架上平铺而成，与嵌板门比较，平板门的骨架较密，板与骨架的联结较好，隔声量可提高 7～8dB。层板门是隔声性能较好的新型设计，它在木框架的两侧都铺设胶板或木质纤维板，板与板之间的空气层内填充吸声材料。与嵌板门相比较，层板门的平均隔声量可以提高 10dB 左右。

门扇与门框的接合部位是否严密对门的隔声量有显著的影响。值得注意的是，由于声波的衍射效应，门上缝隙或孔洞产生漏声作用的有效面积(相当于声强透射系数为 1 的开窗面积)比它们的实际面积要大得多，必须予以消除。如果门扇与门框间有橡皮压紧垫，那么门的隔声量可以提高约 7dB。

对于隔声要求很高的结构，通常宜采用特殊设计的隔声门。从设计原理来说，隔声门的结构与前述层板门的结构是类似的。不过隔声门的框架及面板一般用金属材料做成，门扇两侧间空气层的厚度比普通层板门的厚度大，通常达 100～200mm。门扇的骨架可用成型钢材，面板应采用 2～5mm 厚的钢板或硬铝板，为了减弱金属结构的振动，其内表面宜涂抹或粘贴 10mm 以上厚度的阻尼材料层，或在空气层内填充矿渣棉或玻璃纤维等体积质量较大的吸声材料。为了提高隔声门的隔声量，在门扇两侧间再夹一层 2～5mm 厚的铅板。

隔声门与门框间必须保证关闭严密。门框槽口或门扇边缘应设置压紧垫(通常为软橡皮、毛毡等柔软、耐磨的材料)。门窗与门框间宜采用搭接方式紧闭，门上宜设置锁闸保证使门扇压紧在门框上。

门扇外侧宜用密实并有弹性的薄层材料(例如，薄橡皮、折叠的帆布等)镶边，并稍微探出一些于门扇的边缘外，以遮盖门四周的缝隙。

采用双层隔声门时，隔声量有显著提高，为了减少双层门之间的声耦合，门间空气层厚度宜保证在 200mm 以上，门斗内宜有吸声饰面。双层隔声门的隔声量一般低于两道互相独立的隔声门隔声量之和。如果两道门的间距足够大，门间的过渡空间会形成较大的空腔，这种建筑结构称为“声闸”，当在门间空腔内作适当吸声处理时，声闸的隔声量比双层门要大得多。由于声闸可以借助两道隔声量较低的轻便门获得很高的总的隔声效果，因此只要客观条件容许，它是一种应该优先考虑采用的隔声结构。

5.5.3 窗的隔声

窗的隔声与门的隔声在性质上是类似的，只是窗应具有透光的功能，因此必须采用玻璃透明材料。普通窗一般有钢窗、铝合金窗、塑钢窗等，窗的隔声性能主要取决于玻璃或有机玻璃的厚度、加玻璃的层数，以及窗扇与窗框间的密合程度等，与窗面面积的大小或划分单元的多少关系不大。

钢窗分为实腹钢窗和空腹钢窗两种，一般都安装 3mm 厚的玻璃，隔声性能较接近。加工精度较好的钢窗隔声量能达到 25dB，一般的只有 20～22dB。

在窗扇与窗框间采用压紧垫能明显改善窗的隔声效果，常用的压紧材料是毛毡、多孔软橡皮以及 U 形橡皮垫等。与不加压紧垫的情况相比较，采用压紧垫后，窗的隔声量可提高 4～6dB。

如果将单层窗改为双层窗，则可以明显提高窗户的隔声量。目前双层窗中空气层厚度一般取 20～100mm。有时为了有更好的隔声效果，还可以将窗户做成三层或更多层的，如图 5-17 所示。

图 5-17　多层隔声窗样品

在噪声控制中，普通的钢、铝、塑料窗的隔声性能常常满足不了要求，需要另行设计制作隔声窗。要提高窗户的隔声量，主要是要提高窗扇玻璃的隔声量和解决好窗缝的密封处理。

对于隔声要求更高的窗扇宜采用硅酸盐玻璃与有机玻璃组合而成的特种窗，这种窗由 6～8 片硅酸盐玻璃粘成的玻璃砖来代替单层玻璃，并紧密地镶嵌在钢窗框架上。其平均隔声量可以提高至 60dB 左右。

工程实例：哈尔滨市文昌桥东北林业大学段(图 5-18)，因桥上车辆通过时噪声比较大，影响到距离桥较近的教学楼中靠桥一侧的教室上课，对此省市领导及学校领导都很重视，专拨经费对其进行噪声污染治理。治理的方法之一就是将邻桥一侧的窗户全部换成隔声通风窗。治理后无论夜间还是白天，紧邻文昌桥的教室和其他房间内的关窗噪声都小于 50dBA。其中，图书馆楼室内关窗夜间平均噪声级为 39.9dBA，白天平均噪声级为 42.9dBA；丹青楼室内关窗夜间平均噪声级为 41.5dBA，白天平均噪声级为 44.5dBA；锦绣楼室内关窗夜间平均噪声级为 41.0dBA，白天平均噪声级为 43.5dBA。图 5-17 就是此工程中所用的隔声窗的样品。

图 5-18　东北林大文昌桥段教室内外

例 5-2　设 $f = 1000\text{Hz}$ 时，隔墙的隔声量 $R_1 = 40$ dB，窗的隔声量 $R_2 = 25$ dB，窗的面积占总面积的 10%，试计算这种带窗隔墙的有效隔声量 $\overline{R}$ 。

解　按题意可得隔墙与窗的声强透射系数分别为

$$\tau_1 = 10^{-0.1R_1} = 10^{-4} ,\quad \tau_2 = 10^{-0.1R_2} = 10^{-2.5}$$

$$S_1 = 0.9S ,\quad S_2 = 0.1S$$

所以带窗隔墙的有效隔声量为

$$\overline{R} = 10\lg\frac{S_1 + S_2}{S_1\tau_1 + S_2\tau_2} = 10\lg\frac{1}{0.9\times10^{-4} + 0.1\times10^{-2.5}} = 33.9\ (\text{dB})$$

另见图 5-19，可以用查图法求解。

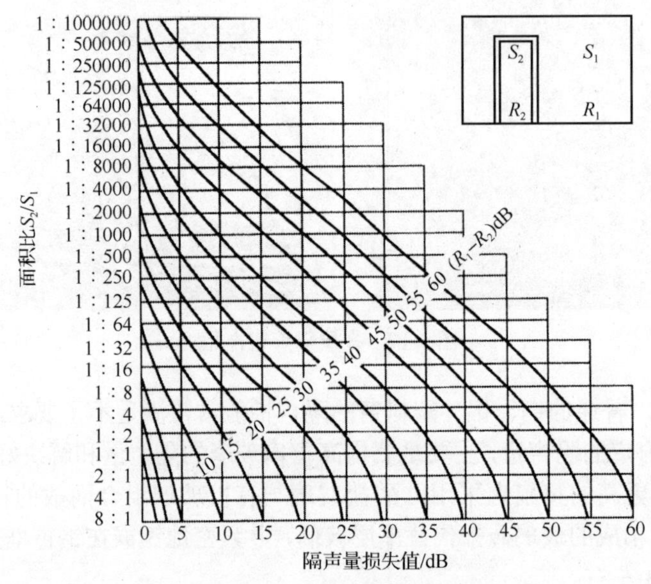

图 5-19　组合件隔声量计算图表

5.6　声　屏　障

声屏障可分为室外声屏障和室内声屏障，用在室内的声屏障常常又称为隔声屏。

5.6.1　室外声屏障计算方法

声屏障是使声波在传播途径中受到阻挡，从而达到某些特定位置上的降噪作用的一种装置。它可用于混响声较低、局部噪声、声源噪声较高的车间内，以及繁忙的交通干道两侧。

噪声在传播途径中遇到障碍物(声屏障)时，一部分被反射，一部分被吸收，还有一部分衍射或透射。声屏障通常至少有一层密实材料制成的隔声层，其目的是要保证透射声比衍射声低得多。这样在理论分析和实用设计中，就可认为通过声屏障的透射声可以忽略不计，只要考虑声屏障边缘的衍射作用即可。声屏障对直达声遮挡作用的大小实际上取决于衍射声的相对强弱。对于给定的直达声，设置声屏障后，在一定的距离范围内，衍射声的声级可以降至很低，即声屏障对直达声的遮挡作用很强。这种低声级的区域称为“声影区”，它类似于光线被不透明物体遮挡以后形成的阴影。其区域的大小与声音频率有关，频率越高，声影区范围越大。由波的衍射理论计算，屏障后面衍射声场中的声压均方值为

$$P_{\mathrm{b}}^2 = P_{\mathrm{d}}^2 \sum_{i=1}^{n} \frac{1}{3+10N_i} = P_{\mathrm{d}}^2 D \tag{5-45}$$

式中，P_{d} 为无屏障时测点的声压有效值；$D=\sum_{i=1}^{n}\frac{1}{3+10N_i}$ 称为衍射系数；N_i 为菲涅耳数，定义为

$$N_i = \frac{2\delta_i}{\lambda} \tag{5-46}$$

式中，δ_i 为从声源到接收点之间的衍射路程与直达路程之差(也称声程差)。所谓衍射路程，就是从声源经屏障边缘到达接收点的最短路程。如果屏障为有限长，声波可以从屏障顶端和两侧三个途径衍射到接收点，则 $i=1,2,3$，均方声压为三项之和。

从室内声压级的推导得知，直达声的声压均方值为

$$P_2^2 = W\rho c \frac{Q}{4\pi r^2} \tag{5-47}$$

式中，Q 为声源指向性因子，因此衍射声压的均方值为

$$P_{\mathrm{b}}^2 = P_2^2 D = W\rho c \frac{QD}{4\pi r^2} \tag{5-48}$$

而室内混响声场很少受屏障影响(假定屏障吸声不大)，室内接收点因屏障的设置而引起的声压级降低量称为插入损失，单位为 dB，用 L_{IL} 表示：

$$L_{\mathrm{IL}} = L_{P\mathrm{d}} - L_{P\mathrm{b}} = 10\lg\frac{P_{\mathrm{d}}^2}{P_{\mathrm{b}}^2} = 10\lg\frac{1}{D} = -10\lg\left[\sum_{i=1}^{n}\frac{1}{3+10N_i}\right] \tag{5-49}$$

由上式可见，插入损失随路程差的减少而降低，当 D 很小时，声屏障的插入损失就较大。

当菲涅耳数 $N_i \gg 1$ 时，声屏障的插入损失可达 10dB 以上，这是相当大的衰减量。但实际问题中，在房间内噪声源周围设置声屏障时，一般并不能达到上述衰减量。

在实际问题中，声屏障适宜与壁面吸声处理同时采用，声屏障主要对直达声起遮挡作用，而吸声处理主要用来降低混响声，两者取长补短，相辅相成，可以获得较显著的减噪效果。为了增加吸声面积，通常在声屏障的一侧或两侧铺设吸声材料，成为吸声屏障。特别是面对噪声源一侧进行高效吸声处理后，可以明显改善减噪效果。

在室外，如果屏障很长，两侧边的衍射影响可以略去，此时插入损失

$$L_{\mathrm{IL}} = -10\lg\left(\frac{\lambda}{3\lambda+20\delta}\right) \tag{5-50}$$

式中，δ 为声波从屏障顶端衍射时的声程差。如图 5-20 所示，S 为声源，R 为接收点，H 为自声源至屏障顶端的高度，r 和 d 分别为声源和接收点到声屏障的距离，由图可得

$$\delta = (r^2+H^2)^{1/2} + (d^2+H^2)^{1/2} - (r+d) = r\left[\left(1+\frac{H^2}{r^2}\right)^{1/2}-1\right] + d\left[\left(1+\frac{H^2}{d^2}\right)^{1/2}-1\right] \tag{5-51}$$

假设有 $d \gg r \geqslant H$，H/r 很小时，式(5-51)可近似得

$$\sqrt[n]{1+\frac{H}{r}} \approx 1+\frac{H}{nr}$$

$$\delta \approx r\left[\left(1+\frac{H^2}{r^2}\right)^{1/2}-1\right] \approx \frac{H^2}{2r} \tag{5-52}$$

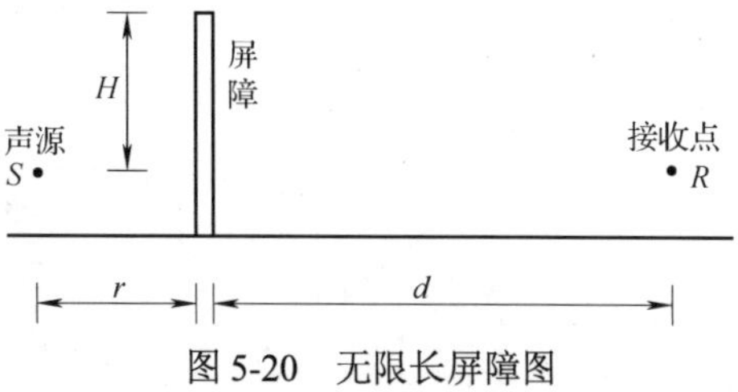

图 5-20　无限长屏障图

所以

$$L_{\mathrm{IL}} \approx -10\lg\left(\frac{\lambda}{3\lambda+20\times\dfrac{H^2}{2r}}\right) \approx 10\lg\frac{10H^2}{\lambda r} \approx 10\lg\frac{H^2}{r} + 10\lg f - 15.3 \tag{5-53}$$

以上结果适用于点声源。对于线性声源，如密集的车流，L_{IL}值比点声源低5～10dB。根据式(5-53)，以$\frac{H^2}{r}$和f为变量作出的插入损失曲线见图5-21。当屏障用于室内空间时，室内须做吸声处理，但实践证明，即使是在最理想的环境中声屏障的插入损失也不会超过24dB。

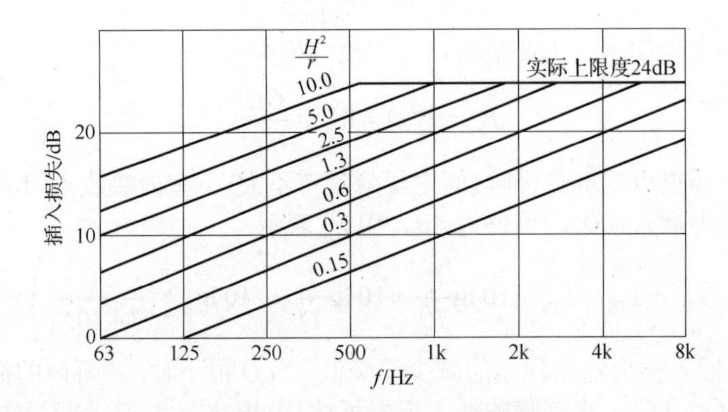

图5-21　声屏障插入损失计算图

屏障后面的声场，除了衍射部分，还要考虑声波的透射作用，因而实际屏障对噪声总的降低量与屏障的传声损失有关。设投射到屏障上的声强为I_0，则透射到另一边的声强为$I_t = I_0 \times 10^{-\frac{R}{10}}$，衍射声强为$I_d = I_0 \times 10^{-\frac{L_{IL}}{10}}$，因此接收点的总声强度为

$$I = I_t + I_d = I_0 \times 10^{-\frac{R}{10}}(1 + 10^{-\frac{L_{IL}-R}{10}})$$

屏障对噪声的实际降低量为

$$\mathrm{NR} = L_{IL} - 10\lg(1 + 10^{-\frac{L_{IL}-R}{10}}) \tag{5-54}$$

式(5-54)表明，要使噪声降低量NR大，第二项就得尽量小，即要求R(透射声强度)比L_{IL}(衍射)小得多。当$L_{IL} - R \geqslant 10\,\text{dB}$时，透射声对屏障声衰减的影响小于0.5dB，可以忽略不计。

屏障的高度应大于声波波长，用于点源时，屏宽比屏高大5倍以上，就可近似作为无限长屏障处理。图5-22列举了声屏障的几种实际布置形式。

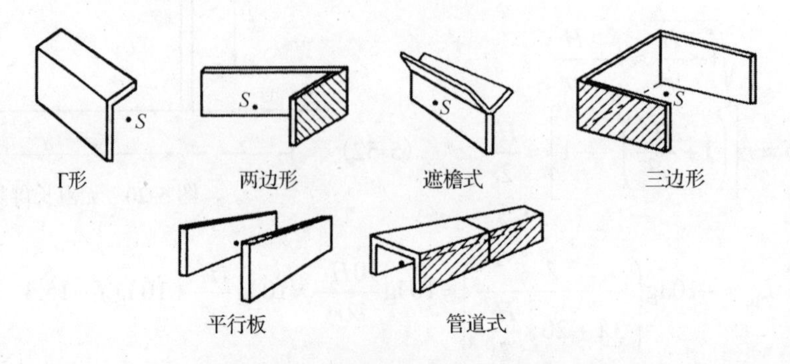

图5-22　声屏障的几种实际布置形式

5.6.2 室内隔声屏计算方法

有时在室内单纯地采取吸声处理并不能获得显著的减噪效果，其主要原因是吸声处理只能降低混响声而不能直接影响直达声。在这种场合下，采用室内隔声屏作为辅助是一种很有效的减噪措施。

由于室内多为混响场，而隔声屏的主要作用是遮挡直达声，因而一般室内的隔声屏隔声效果较差。只有当室内采取一定的吸声措施，降低反射声的影响时，室内隔声屏才能发挥一定的作用。对于室内点声源，放置隔声屏前后的插入损失可以表示为

$$L_{\mathrm{IL}}=10\lg\frac{\dfrac{Q}{4\pi r^2}+\dfrac{4}{R}}{\dfrac{QD}{4\pi r^2}+\dfrac{4}{R}} \tag{5-55}$$

式中，Q 为声源的方向指数；r 为声源至受声点的直线距离，m；R 为室内房间常数，m^2；D 为声波的衍射系数，其表达式为

$$D=\sum_{i=1}^{3}\frac{\lambda}{3\lambda+20\delta_i}=\lambda\left(\frac{1}{3\lambda+20\delta_1}+\frac{1}{3\lambda+20\delta_2}+\frac{1}{3\lambda+20\delta_3}\right) \tag{5-56}$$

式中，λ 为波长，m；δ 为声程差，m。

$$\delta_1=(r_1+r_2)-(r_3+r_4)$$
$$\delta_2=(r_5+r_6)-(r_3+r_4)$$
$$\delta_3=(r_7+r_8)-(r_3+r_4)$$

δ_1、δ_2、δ_3 分别是声源通过隔声屏上、左、右边缘至受声点与声源至受声点直线距离的声程差，m。$r_i\ (i=1,2,\cdots,8)$ 参见图 5-23。

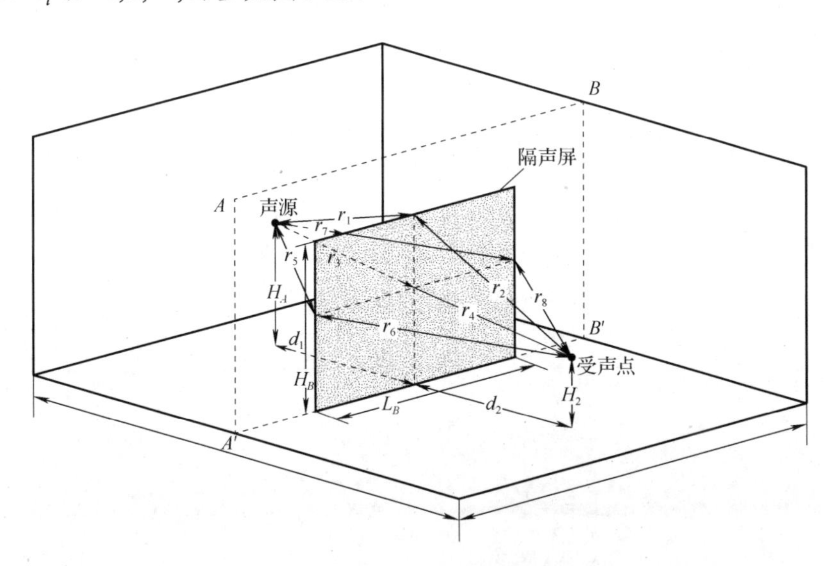

图 5-23　隔声屏与声源、受声点相对位置及参量

隔声屏作为控制噪声的手段之一，有其独特的应用地方。例如，在工厂中，对于某些高噪声机器设备，往往由于通风散热、起重运输、操作维修等原因，很难采用隔声罩、隔声墙

等形式把它们完全封闭起来，这时采用半封闭、半开放的隔声屏是适宜的。又如，在大办公厅中，工作人员间既要相互联系，又要避免相互干扰，采用隔声屏把大房间分割成两个或多个相对独立而又互相连通的小空间是相当优越的。如果在隔声屏朝向声源的一面敷以吸声材料，通常能收到较好的效果。

影响房间内隔声屏减噪效果的因素主要有下面几个。

(1) 房间内声场由直达声场与混响声场叠加而成，隔声屏能遮挡部分直达声，但并不能遮挡四面八方汇拢来的混响声，因此不能形成有效的声影区。特别是在距离噪声源较远处，混响声占主要地位，设置隔声屏往往并不能有效地降低噪声。

(2) 考虑直达声对声屏障的衍射作用时，往往忽略屏障侧面的衍射而只考虑经过其顶端的衍射，并假设屏障上方没有其他反射物体。但由于房间中隔声屏的几何尺寸受到限制，屏障上方往往存在反射面，因此插入损失的计算公式与实际情况有一些偏差。

(3) 在实用上，隔声屏往往采用轻薄结构，一般隔声性能并不是很高，特别是在拼接、安装过程中，如果出现孔洞或缝隙，屏障就会存在漏声现象。由上可知，考虑室内隔声屏减噪效果时，必须把直达声与混响声同时计算在内。虽然隔声屏对直达声的插入损失难以进行严格的理论计算，但利用式(5-49)进行半定量的估算仍是适宜的。

工程实例：长江三峡输变电工程外送系统包括三个直流输电工程。直流输电设备噪声污染主要来自换流站中的换流变压器、平波电抗器和交流滤波器。我国在早期直流工程设计中，对换流站噪声污染方面考虑较少，导致三峡—常州、三峡—广东直流输电设备投运后，设备运行产生噪声，换流站址周边噪声水平较以前有明显的上升，这对周边居民或多或少产生了一定影响。

国家电网建设有限公司(以下简称“国网公司”)高度重视工程环境保护问题，2003 年三峡—常州直流输电工程项目投运后即开启了换流站噪声治理工作。国网公司在 2003 年 12 月委托哈尔滨工程大学专业人员进行“换流站设备辐射噪声治理方法研究”。经过两年多的工作，我们取得了 5 项研究成果，为三峡—上海直流输电工程换流站噪声治理方案的设计奠定了基础。在此期间，国网公司将部分阶段性成果应用到已投入运行的换流站噪声治理中(如政平换流站、荆州换流站)等，并且取得了显著的效果。通过环保验收，其中主要的降噪措施之一就是使用声屏障。该科研成果还荣获了 2006 年国网公司科技进步二等奖，2008 年中国电力建设科学技术成果二等奖。图 5-24 就是政平换流站噪声治理前后的现场情况。

图 5-24　政平换流站噪声治理前后的现场图片

5.7　壳体的隔声

前面讨论的是室外声屏障和室内隔声屏的隔声性能，主要采用平面屏障隔声。但是在噪声控制工程中，经常遇到的是非平面的隔声构件，如管道系统的管壁、机械噪声的隔声罩壳等，它们可近似看成一维或二维弯曲的壳体结构。由于它们的形状特殊，与平面隔墙相比较，其隔声规律有所不同，并且很难作出较精确的理论分析或实验测试。下面从实用观点出发，对壳体结构的隔声性能进行讨论。

5.7.1　壳体隔声结构的特殊性

壳体是二维的面结构，与平面结构相比，壳体表面呈弯曲(或扭曲)状。壳体与平面相交时，如果沿壳体表面某些方向上交线为直线，而其垂直方向上为曲线，那么这种表面称为一维弯曲面，如圆柱面或圆锥面就是这种曲面。如果壳体与平面的交线沿任何互相垂直的方向上都是曲线，那么这种表面就称为二维弯曲面，如球面就是这种曲面。在声波作用下，壳体表面的振动方式不同于平面墙板的振动方式，因此前面所得的对于平面墙板适用的结论，对于壳体结构不能随便套用。

在“无限大”平面墙板隔声问题中，声源室与接收室都可近似看成半无限空间，室内声场可以近似假定是完全扩散的混响声场。对于壳体隔声结构，它所围成的空间中在与壳体表面垂直方向上几何尺寸一般不太大，空间驻波现象很显著，因此很难再假定入射声是各方向机会均等的混响声。这就是说，前面讨论中关于混响声入射的分析处理方法及其所得结论，对于壳体结构是否仍能近似适用是值得商榷的。例如，关于隔声罩的隔声效果，假如盲目套用前述墙板隔声量公式进行计算，往往会得出与实际情况不符的结果。

由于上述原因，实际对壳体结构的隔声效果进行测试时，也会遇到技术困难。壳体隔声结构内外的声压级差是比较容易直接测量的，但它并不代表结构的隔声量。由于壳体内部声场往往并不是近似完全扩散的，由测得的声压级值并不足以确定入射声的声强级，因此难以求出相应的隔声量。在给定测点处测出装置壳体隔声结构前后的声压级之差，作为隔声结构的插入损失来衡量它的隔声效果，这在实践上是简便易行的。不过，由于壳体隔声结构的内部空间一般来说相当小，壳体与噪声源的耦合作用相当强，与未装置壳体时的情况相比较，通常壳体内部的声场会产生明显变化，甚至噪声源本身辐射的声功率也会有明显改变。例如，机械噪声装置设计不当的隔声罩，有时反而会向周围辐射更多的噪声，使隔声罩的插入损失成为负值。

分析壳体结构的隔声性能时，下列原则性的意见是有参考价值的。

(1) 把壳体结构看成由若干块有限尺寸的互相独立的部件组装而成。当给定部件的几何尺寸(包括长度、宽度以及曲率半径等)远大于声波波长时，该部件的隔声性能近似可根据“无限大”墙板的有关公式进行估算。

例如，车间内用四堵带门、窗的侧墙与顶板围成的隔声间，几何尺寸一般达 3～6m，在 500Hz 以上的中、高频范围，其隔声量可根据侧墙与顶板的声强透射系数(或隔声量)以及相应的面积计算得到。在隔声间内部的声场可近似设为混响声场。

(2) 当组成壳体结构的部件为中等大小，即它的几何尺寸与声波波长相仿时，分析该部件的隔声性能时，应将其近似看成有限大小的墙板。这时部件的边界条件对其有明显的影响，例如，矩形管道可以看成由四块条形平板组装而成，其宽度一般在几十厘米，其隔声性能取决于各块板在声波作用下的弯曲振动。对于大型管道，侧板宽度一般为 1～3m，其隔声性能接近于加肋板。

(3) 当壳体结构的几何尺寸远小于声波波长时，必须从结构的整体性能考虑，不可以再把部件与部件间看成互相独立的，也不可以再把隔声结构内部的声场近似设为混响声场。

(4) 与具有相同面密度的平面部件相比较，壳体结构弯曲部件只是提高了弯曲劲度，弯曲振动的基本特性并没有显著变化，只是频谱向高频方向有所移动。

5.7.2　管道的隔声

管道一般分两种，一种为输送液体的管道，如上、下水管；另一种为输送气体的管道，如通风管道。由于上、下水管道管壁较厚，在压力变化较小、流速不太高的情况下，水流产生的噪声不太大。通风管道又可分为矩形管道和圆形管道，矩形管道在风速不高时，管壁可看作平板，其隔声性能基本符合质量定律，而圆形管道在声波的激励下产生的振动方式与平板不完全相同。

管道管壁一般是单层薄板，可近似看成无限长柱面。由于声波在刚性壁管道中可以传播很远的距离，并且管道系统中存在高速气流，会在弯头、阀门以及截面突变处产生再生的气体动力噪声。因此，即使在远离原始噪声源的地方，管道管壁仍然是一个有效的噪声辐射体。这表明提高管道的隔声性能在噪声控制中有重要的实际意义。

管道的隔声效果难以采用插入损失法进行衡量，因为不装管道时，噪声传播的条件完全改变，不可能与装管道时的情况进行相对比较。噪声在管道中主要沿管壁平行方向传播，即声波通向管壁时主要为掠射，与前面分析的正入射或无规入射有所不同，很难进行严格的理论分析。下面暂不对此进行深入的讨论，仍笼统地采用隔声量(即传声损失)来反映管道的隔声效果。

大型管道通常为矩形截面，在常用频率范围内，近似可用平面墙板隔声理论结果预测它的隔声性能。对于中小型管道，圆形截面管道的隔声性能具有典型的意义，即使是非圆形截面管道，把它折算成等面积的圆形截面管道，其隔声性能也不会产生明显的变化。

圆管管壁在声波作用下会产生两个方向的弯曲振动：一是沿管轴方向传播；二是沿圆周方向传播。这两种传播的振动复合起来就形成了螺旋形传播的弯曲波。

整个圆管的隔声特性可划分为两个频率范围，其分界点为沿圆周方向产生共振时的最低频率 f_r，称为圆周频率(或环频)，它由式(5-57)决定：

$$f_r = \frac{c_L}{\pi d} \tag{5-57}$$

式中，c_L 为管壁内胀缩波的传播速度；d 为管道的标称直径(近似为管道外径与内径的平均值)，m。例如，钢的胀缩波速度 c_L 约为 6100m/s，当圆管标称直径为 300mm 时，圆周频率约为 6.47kHz。

当声波频率 f 高于圆周频率 f_r 时，圆管的隔声量近似与等厚度无限大平板的隔声量相等，可用相应的公式进行估算：

$$\overline{R} \approx 14.5\lg f + 14.5\lg M - 26$$

当声波频率 f 低于圆周频率 f_r 时，圆管的曲率对隔声量有很大影响，这时不能直接利用无限大平板公式。记管壁厚度为 h，引入极限隔声量 R_m，它与比值 h/d（d 为标称直径)的关系为

$$R_m = 10\lg\frac{h}{d} + 49.2 \tag{5-58}$$

实际隔声量 R 要低于极限隔声量 R_m，两者要相差一个修正值 ΔR，修正值 ΔR 与频率比 f/f_r 的关系式见表 5-3。

表 5-3 圆管隔声量的修正值

频率比 f/f_r	0.025	0.05	0.1	0.2	0.3～0.7	0.8
修正值 ΔR /dB	−6	−5	−4	−3	−2	−3

由上归纳出圆管隔声量的计算步骤如下。

(1) 由式 $f_r = \frac{c_L}{\pi d}$ 计算出管道的圆周频率 f_r。

(2) 当 $f > f_r$ 时，计算出等厚无限大平板的隔声量。

(3) 当 $f < f_r$ 时，由式(5-58)计算出极限隔声量 R_m，由频率比求出修正值 ΔR，从而计算出实际隔声量 R。

例如，标称直径$d = 300\,\text{mm}$ 的钢管，圆周频率 $f_r = 6.47\text{kHz}$，当壁厚$h = 10\,\text{mm}$ 时，由 $R_m = 10\lg(h/d) + 49.2 = 10\lg(10/300) + 49.2 \approx 34.4$ (dB)。可得极限隔声量 $R_m = 34.4$ dB，当频率为 1000Hz 时，比值 $f/f_r = 1000/6470 = 0.154$，查找表 5-3，由插入法得出相应的修正值 $\Delta R \approx -3.5$ dB，由此可得隔声量为 $R = 30.9$ dB。

值得指出的是，在上述计算过程中未考虑吻合效应的影响。与等厚平板相比较，由于圆管弯曲劲度有所变化，因此临界频率有所不同，在临界频率附近圆管的隔声量不再采用平板隔声量来估计。

提高管道的隔声量，切实有效的措施是在管外包扎玻璃纤维、膨胀珍珠岩等具有吸声、阻尼作用的材料层。由于这些材料对高频声波有较大的衰减，因此可以大大改善高频效果。但是由于这些材料较稀松，对管道面密度的增加影响不大，因此对改善低频隔声效果的作用很有限。

管道外进行包扎的方式，可以根据具体情况采取不同的设计，常用的有下列几种。

(1) 把玻璃棉毡、泡沫塑料等成型的柔软材料绕在管道上，外面再用薄铝皮、塑料膜等不透气的膜片包覆。在这种包扎结构中，柔软材料层与护面膜片组成了一个共振系统，其最低共振频率 f_0 由材料品种、厚度、膜片面密度等因素决定，在共振频率以上有良好的隔声效果。如果外包的护面层改用玻璃布等透气的材料，最低共振频率 f_0 将有所提高，相应的隔声效果会有一定程度的降低。不过，这时包扎结构实际上也是一种有效的吸声结构，对管道外的房间来说，相当于增加了一定数量的吸声量，这对降低室内的噪声是有利的。

(2) 在管道外涂抹或灌注石棉水泥、闭孔泡沫塑料等阻尼材料，外面裸露或另加护面层。在这种包扎结构中，材料是固定的，它主要起阻尼作用，使管壁的振动减弱，从而降低管道壁面辐射的声波。材料层有一定的质量，可使复合的管壁结构的面密度增大，因此也可以相应提高隔声效果。

(3) 在管道外覆盖沙袋或膨胀珍珠岩等材料，制成半圆柱形元件，外面加环固定。在这种包扎结构中，材料层是半固定的，它的隔声作用与上述加阻尼材料层的情况相同。

此外，如果在管道外另加套管组成双层结构，或把管道敷设在地沟内，隔声效果将显著增加。

管道包扎的隔声效果适宜采用包扎结构的插入损失来衡量，即应与管道包扎前相比较，实际测出管道包扎后声压级(或声功率级)的降低量。应当注意，管道辐射的噪声接近于线声源，当离开管道轴线的距离加倍时，声压级的降低量约为 3dB 而不是 6dB。根据不同距离的测点的声压级值，可以粗略地从背景噪声中(包括混响声与其他管道辐射的噪声)区分出待测管道辐射的噪声。

管道包扎对提高中、高频的隔声量明显有效。

需要指出的是，在实际工程中，对管道进行包扎不仅是为了提高管道的隔声效果，而且往往是为了对管道起隔热作用，因此设计管道包扎结构时，应该兼顾隔声与隔热两方面的功能。此外，包扎层通常具有良好的吸声作用，最佳的设计还有可能同时为管道外房间提供可观的吸声量，做到一物多用，充分提高管道包扎的经济效益。

5.7.3 隔声罩

当辐射噪声的噪声源比较集中时，用隔声罩把声源封闭起来，以降低噪声的干扰是一个经济有效的好办法，也是控制噪声的重要手段之一。目前，不但小型噪声源可以使用隔声罩，即使燃气轮机、换流变压器等大型设备，在实现自动化控制后，也能使用隔声罩的方法来降低其噪声干扰。但有些机器设备在工艺上很难做到完全封闭，因而只能进行局部隔声封闭，这种隔声罩称为局部隔声罩。

隔声罩的优点是体积小、用料少、效果显著；但是，加了罩以后，往往会对运转的机组散热、管道安装以及维护检修等带来一些不便。因此，隔声罩的设计，要结合生产工艺、操作方便性和实际条件进行。

1. 隔声罩的隔声效果

隔声罩的隔声效果适宜采用插入损失进行衡量。设未加隔声罩的噪声源向周围辐射噪声的声功率为W，加罩后透过隔声罩向周围辐射噪声的声功率为W_τ，那么隔声罩的插入损失L_{IL}为

$$L_{\text{IL}} = 10\lg\frac{W}{W_\tau} \tag{5-59}$$

在罩内声场稳定的情况下，声源提供的声功率W应等于被吸收的声功率W'_α，即$W'_\alpha = W$，如果罩壁和顶的面积为S'，吸声系数为α'，则罩壁和顶每秒吸收的声能(吸收声功率)为

$$W_{\alpha'} = \frac{S'\alpha'}{S\bar{\alpha}}W \tag{5-60}$$

式中，S为包括罩壳地面在内的总内表面积；$\bar{\alpha}$为总内表面积的平均吸声系数。显然$S\bar{\alpha} \geqslant S'\alpha'$。由声能透射系数的定义，可得透过罩壳的声功率为

$$W_\tau = W_{\alpha'}\tau = \frac{S'\alpha'}{S\bar{\alpha}}W\tau \tag{5-61}$$

式中，τ为声能透射系数。这里的吸收指罩壳损耗和透声两部分，因此可得到隔声罩的插入损失为

$$L_{\text{IL}} = 10\lg\frac{W}{W_\tau} = 10\lg\frac{S\bar{\alpha}}{S'\alpha'\tau} = 10\lg\frac{\bar{\alpha}}{\tau} + 10\lg\frac{S}{S'\alpha'} \tag{5-62}$$

当$S \approx S'$，$\alpha' \approx 1$时，式(5-62)可简化为

$$L_{\text{IL}} \approx 10\lg\frac{\bar{\alpha}}{\tau} \tag{5-63}$$

当$\bar{\alpha} \approx \tau$时，$L_{\text{IL}} \to 0$，即所谓吸收的声能其实都透射出去了，所以隔声罩不起作用；当$\bar{\alpha} \to 1$时，即罩内强吸收，此时$L_{\text{IL}} \approx R$。可见，插入损失不会大于罩壳的固有隔声量。实际经验给出：

(1) 罩内无吸收时　　$L_{\text{IL}} \approx R - 20$

(2) 罩内略有吸收时　　$L_{\text{IL}} \approx R - 15$

(3) 罩内强吸收时　　$L_{\text{IL}} \approx R - 10$

由式(5-62)可以看出，插入损失不但与罩壳壁面的隔声量有关(即与τ有关)，而且与内

壁面的吸声系数密切相关。所以隔声罩的内壁面必须进行吸声处理，从而可能使噪声源本身辐射的声功率改变。不过实际采用的隔声罩中总有较强的声吸收，驻波现象不太严重，因此装隔声罩后噪声源声功率级的变化一般可以不必考虑。

例 5-3　一隔声罩用 0.4mm 厚的钢板制成，内壁粘贴平均吸声系数为 0.2 的吸声层，试估计隔声罩的插入损失。设频率以 1000Hz 计算。

解　0.4mm 的钢板的面密度为

$$M = \rho D = 7.8\times10^3 \times 0.4\times10^{-3} = 3.12\ (\mathrm{kg/m^2})$$

$$R = 14.5\lg f + 14.5\lg M - 26 = 14.5\lg10^3 + 14.5\lg3.12 - 26 = 24.7\ (\mathrm{dB})$$

所以

$$L_{\mathrm{IL}} \approx R + 10\lg\bar{\alpha} = 24.7 - 7.0 = 17.7\ (\mathrm{dB})$$

由此得隔声罩插入损失。

2. 隔声罩的结构设计

隔声罩的净空尺寸要与机器设备外缘几何尺寸相适配，罩壳壁面应与机器外壳保持一定的间隙，通常应留设备所占空间的 1/3 以上，内壁面与设备间的距离不得小于 10cm，要避免刚性接触。否则容易将机器外壳的振动直接传给隔声罩，使隔声罩罩壳强烈振动而成为噪声源。

隔声罩壁面宜采用轻薄结构，对隔声要求较高的隔声罩宜采用多层复合结构。罩内表面应进行吸声处理，如罩壁材料采用单层薄金属板时，内表面宜涂抹阻尼、减振材料。为此，较理想的设计是在内表面敷贴兼有吸声、阻尼作用的材料层。

隔声罩的形状对于隔声罩的声学效果来说相当重要。通常的形状为长方体或圆筒形。一般来说，曲线形壁面的刚度比较大，这对力学性能和隔声性能更为有利。球形或椭球形二维弯曲的壳体，原则上可以有良好的性能，不过由于加工困难，实际上很少采用。

隔声罩应便于装卸。在实际工程中，往往需要在隔声罩上设置观察窗或能启闭的小门。对于这种带有观察窗或小门的隔声罩，在设计原则上，与带有门窗的墙板类似，可以根据相同的理论分析进行粗略的估算。

隔声罩上未加处理的开口面积对隔声效果有严重的影响，例如，当开口面积只占隔声罩总表面积的 10%时，尽管隔声罩壁面的隔声量很高，隔声罩总的隔声效果仍几乎丧失。为此，在制作和安装隔声罩时，必须保持严密，不可有不必要的孔口或缝隙，隔声罩上引出或引入各种管道或机器转轴所用的孔口必须采用消声措施，用软性材料把孔口堵塞，或使孔口成为尽可能窄的狭缝形状，此狭缝应有适当的长度，其内侧面应贴有毛毡等吸声材料。

如果根据使用条件，不可能用隔声罩将机组全部封闭，可考虑半封闭的隔声罩把机组上最吵闹的部件加以局部隔离。应当指出，半封闭的隔声罩仅对于高频噪声有良好的降噪效果，对于中频噪声的效果相当差，对低频噪声几乎无效，见图 5-25。

有些隔声罩需要吊起移动，以便维修罩内机器设备，因此设计时还要考虑它的重量。对于一些有动力、有热源的设备，隔声罩还必须考虑通风散热的问题。

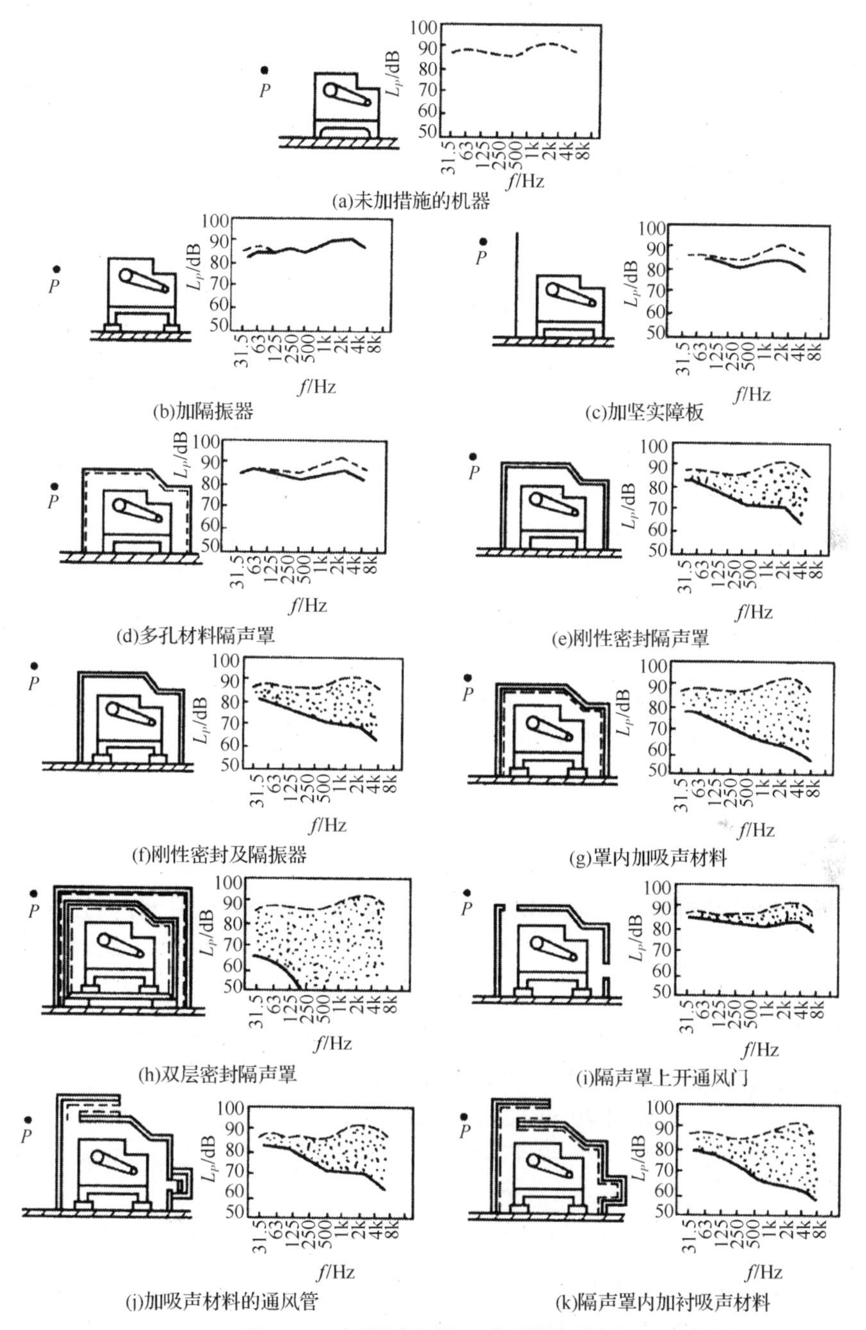

图 5-25　机器隔声罩一系列措施举例

图中示明 P 点位置上采取隔声措施前后的倍频带声压级

5.8　结构声的隔离

结构声是沿固体构件传播产生的噪声，由于固体构件一般由匀质、密实的弹性材料组成，对声波的吸收作用很小，并且能约束声波使它在有限空间内传播，因此结构声往往可以传播很远的距离。这种结构声通过构件表面的振动会辐射出“再生的”空气声，与“原始的”空气声相比较，结构声形成的再生噪声往往更加难以处理。

固体构件的机械振动可以由声源或振动源的机械力直接激发，也可以由声源先产生空气声，然后通过声压作用而间接激发。在研究结构声问题时，通常讨论的是直接激发的情况。

构件振动的激发力主要可以分为两类：一类是稳态力，如发电机、电动机等具有转动部件的机器，每转动一周，偏心作用使机座上受到的惯性离心力变化一个周期；另一类是撞击力，如冲床的冲击、人们在楼板上行走时鞋跟的敲击等。因此，结构声相应可分为稳态声和撞击声两类。控制结构声的根本途径是使给定的声源或振动源对固体构件施加的激发力予以隔离或降低，这种控制措施称为隔振技术。下面介绍楼板撞击声的隔离。

5.8.1　楼板撞击声的特性

固体构件受到重物撞击作用时，将在构件中激起振动，这种振动一方面以弹性波形式沿构件传播出去(即结构声)，另一方面也激发构件周围空气而向空间辐射空气声。笼统地说，把撞击固体构件而产生的噪声称为撞击声。

撞击作用的特点是：撞击过程持续的时间非常短促，构件所受的撞击力非常大，但撞击力与作用时间的乘积，即冲量却是个有限值。在撞击过程中，构件获得可观的振动能量。在撞击过程结束后，撞击力虽然消失，但构件的振动仍将持续一段时间。与稳态声相比较，撞击声不但在激发方式上有所不同，而且研究的侧重方面也不一样，稳态声主要是弹性波在固体构件中的产生和传播，而撞击声主要是固体构件受撞击而振动所辐射的“再生”空气声。

5.8.2　标准撞击机产生的声压级

楼板受撞击后辐射的噪声，与撞击过程中的动量变化以及单位时间内的撞击次数 N 等因数直接有关。考虑到实际问题中楼板上的各种撞击过程是随机发生的，难以控制，为此国际上常用一种标准撞击机，使激发楼板发声的撞击过程标准化，以便进行相对比较。

标准撞击机是在模拟脚步声的基础上设计的，其主要性能规定如下。

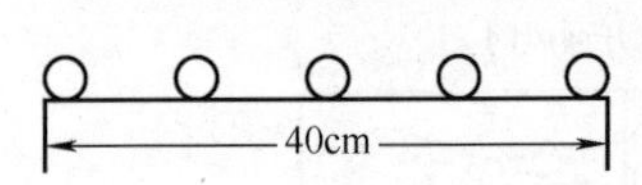

图 5-26　标准撞击机示意图

(1)撞击机应有排成一线的五个锤子，两端两个锤子之间的距离约 40cm，如图 5-26 所示。

(2)相继两次撞击之间的时间应为 100±5ms，即每秒钟内各个锤应轮流撞击两次。

(3)每个锤子的质量应为 500g(±2.5%)。

(4)在平坦的地面上，使锤子在 4cm(±2.5%)高处自由下落撞击地面。

(5)锤子撞击地面的部分应是黄铜或钢的柱体，直径 3cm，端部为球面，其半径约 50cm，如图 5-27 所示。

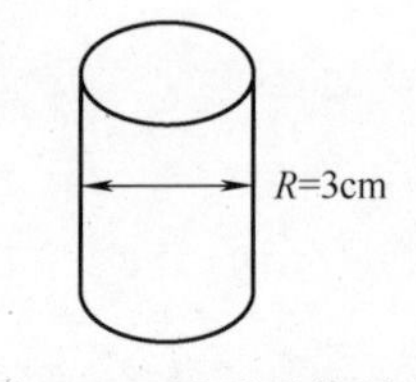

图 5-27　锤子形状示意图

(6)遇到地面是脆性易坏的情况，锤子撞击地面的部分应套上 5mm 厚的橡皮层。

用这种标准撞击机去撞击要研究的楼板，使楼板辐射噪声，并在楼下受声室内测定所产生的声压级，以此作为衡量楼板隔离声性能优劣的依据。在此情况下，通常以测定常用频率范围内的倍频程声压级作为标准的测量方法。如果采用 1/3 倍频程，应在读数上加 5dB，使测量结果换算成倍频程声压级。

在楼下受声室内的撞击声声压级不但与楼板辐射噪声的声功率级有关，而且与房间的吸声量A等因素有关，因此还需要把实际测量到的声压级 L_P 折合到归一化房间内的声压级 L_N 。折合声压级 L_N 由式(5-64)计算：

$$L_N = L_P - 10\lg\frac{A_N}{A} \tag{5-64}$$

式中，A 为楼下受声室实际的吸声量，m^2； A_N 为归一化房间的吸声量，对于普通居住房间，A_N 通常取为 $10m^2$。

吸声量：吸声系数 α 反映房间壁面上单位面积的吸声能力。房间中如有开着的窗，并设它的周长远大于波长，那么射到窗口上的所有声能基本都会传输到房间外面去，不再有声能反射回来。因此，开窗面积相当于吸声系数为1的吸声面积。这样，某一面积的吸声能力就可用相应的开窗面积来表示，称为该面积的吸声量，或等效吸声面积。吸声量记为 A，单位为 m^2。某一面积的吸声量等于它的面积乘以吸声系数。例如，$10m^2$ 的墙壁铺上吸声系数为0.4的吸声材料，它的吸声量为 $4m^2$。

房间中可移动的物体，如人员、桌椅以及悬挂吸声体等，不是房间壁面的一部分，但是它们的吸声作用也要考虑进去。通常每个单独物体的吸声作用都用它的吸声量来表示，可得房间的吸声量 A 为

$$A = \sum_{i=1}^{n}\left(S_i\bar{\alpha}_i\right) + \sum A_i \tag{5-65}$$

式(5-65)中第一项为各块壁面的吸声量之和，第二项为各个单独物体的吸声量之和。

5.8.3 楼板撞击声的控制

常用楼板结构的撞击噪声相当大，无论实心的还是空心的钢筋混凝土楼板，往往都不能满足一般住户的要求，需要采取切实有效的隔离措施予以控制。

对楼板隔离撞击声的问题，有两个方面的内容，一方面是要确定楼板隔离撞击声的基本要求，规定符合实际需要的标准；另一方面是要降低传入受声室的撞击声，并对相应的控制措施作出评价。目前控制楼板撞击声的三种常用措施是采用柔软面层、浮筑楼板和悬吊平顶等，见图5-28。

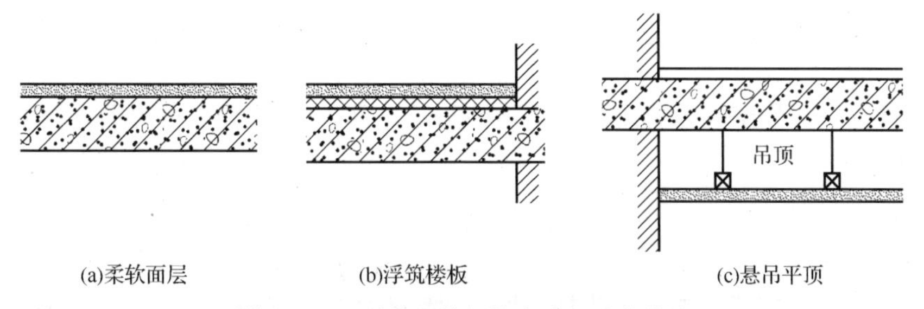

图5-28 几种常用楼板撞击声级改善措施

1. 楼板隔离撞击声的标准

用标准撞击机激发楼板时，在受声室中测定的折合撞击声声压级 L_N 只取决于楼板本身的性能。很明显，L_N 值越高，表明楼板对撞击声的隔离性能越差。

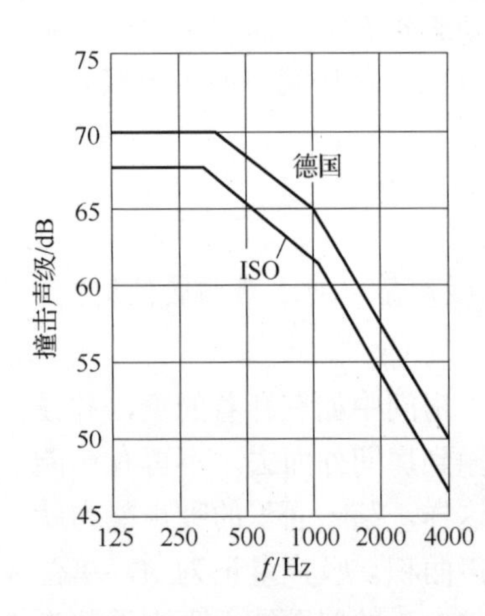

图 5-29　楼板撞击声评价标准

《民用建筑隔声设计规范》(GB 50118—2010)中对楼板隔离撞击声的标准进行了规定，规定了受声室中计权标准化撞击声压级 L_N 的容许值(实验室测量和现场测量)。不同国家制定的标准有相当大的差别，其中德国规定的标准曲线如图 5-29 所示，国际标准化组织所规定的标准曲线为图 5-29 中低的这根曲线，对于楼板隔离撞击声的要求比较高。它的形状为一条折线。在频率 10～315Hz 范围内，L_N 的容许值(换算成倍频程声压级)不变，为 315～1000Hz 范围内，L_N 的容许值按每 1/3 倍频程下降 1dB 的规律降低；在 1000～3150Hz 范围内，L_N 的容许值按每 1/3 倍频程下降 3dB 的规律降低。对于标准曲线，规定在 500Hz 时 L_N 的容许值为 65dB。由此可知，在 125Hz 和 250Hz 时为 67dB，1000Hz 时为 62dB，2000Hz 时为 54dB，3150Hz 时为 47dB。对于实际使用的楼板，如果用标准撞击机激发，在受声室中测得的各倍频程的归一化声压级 L_N 低于标准曲线上的相应值，即可认为符合标准所规定的要求。

评价楼板隔声性能时实际上需要两个量：一个是隔离空气声的隔声量 R；另一个是隔离撞击声的归一化声压级 L_N。在进行隔声测量时，必须了解这两个量之间的区别。空气声隔声量的测量是相对的，它只取决于入射声与透射声声强的比值，与噪声源辐射的声功率级并没有直接的关系；撞击声归一化声压级的测量是绝对的，作为激发源的标准撞击机是规定好的，不能随便改变，测量时所用的仪器需要绝对标准。

2. 弹性面层对降低撞击声的作用

在坚硬的楼板上铺垫一层柔顺的弹性面层，如橡皮、塑料和地毯等，可以显著地降低撞击声。不过，由于这种面层一般较薄，面密度不大，并且往往是开孔型结构，因此对于提高楼板空气声隔声量的效果是很有限的。

弹性面层对降低撞击声有两个方面的作用。一方面是面层的缓冲作用，它使撞击过程的持续时间延长，撞击力脉冲趋向平坦，上限频率 f_1 下降，中、高频撞击噪声明显减少。另一方面是面层的隔振作用，它将使楼板的策动点力阻抗有所改变，楼板振动辐射的噪声能量相应降低。

铺上弹性面层后的降噪效果可用撞击声的归一化声压级 L_N 降低值来衡量，由此可得撞击声降低值(改善量)为

$$\Delta L \approx 40\lg\left(\frac{f}{f_0}\right) \tag{5-66}$$

式中，ΔL 为撞击声改善量，dB；f_0 为加弹性面层后的系统固有频率，Hz；f 为噪声频率，Hz。

$$f_0 = \frac{1}{2\pi}\sqrt{\frac{2E}{md}} \tag{5-67}$$

式中，E 为垫层材料的弹性模量，$\mathrm{kg/(m\cdot s)^2}$；d 为垫层材料的厚度，m；m 为面层材料的面密度，$\mathrm{kg/m^2}$。

由式(5-66)可以看出，频率 f 每增加一倍频程，改善量 ΔL 相应增加 12dB。

为了提高 ΔL 的值，我们希望加弹性面层后的固有频率 f_0 越低越好，这就要求采用尽可能大的面层厚度或尽可能柔软的面层材料。图 5-30 绘出了 3mm 厚的几种弹性垫层对撞击声压级改善量的实测结果。

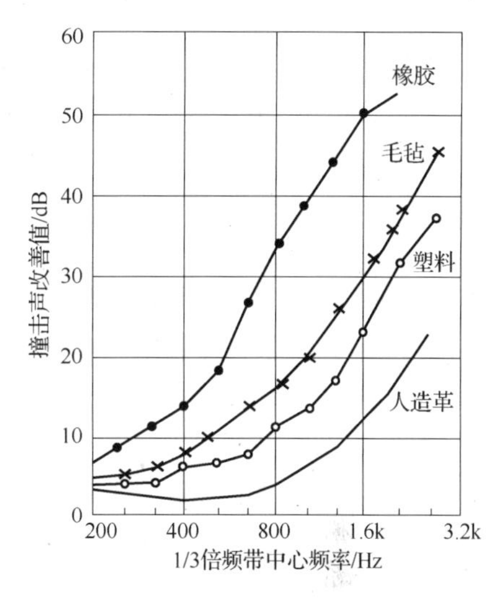

图 5-30　几种柔软薄面层的撞击声改善值

3. 浮筑楼板隔声

在基本楼板上铺设弹性垫层，再在垫层上放置另一面板，使面板与基础楼板及侧墙隔开，这种结构称为浮筑楼板。

浮筑楼板结构有两方面的优越性：一方面，它对提高空气声与撞击声的隔声性能很有效，可起事半功倍的效果；另一方面，楼板由基板、垫层和面板三层组合而成，各层所起的作用各有特点，可以互相补充，便于分别作出最佳设计。其中，基板主要起承重作用，应满足房屋结构强度方面的要求；垫层主要起隔振和隔声作用，应按声学要求设计；面板主要起护面的辅助作用，应按实际使用要求进行适当选择。

4. 吊平顶隔声

在楼板的下方弹性悬挂一个吊平顶，使楼板不能直接向楼下受声室辐射噪声，从而可以达到隔声减噪的目的。

这种结构对提高空气声和撞击声的隔声性能也是很有效的，在这里楼板主要起承重作用，而吊平顶则主要起隔声作用。

从隔离空气声的原理来说，悬挂了吊平顶，可把楼板与吊平顶看成双层墙隔声。这时，悬挂所必需的吊杆等装置以及吊平顶上方的空气层将产生不利的声桥作用。为了提高隔声效果，吊杆的数量不宜过多，空气层不宜过薄。如果在吊平顶上方铺垫适当的吸声材料，使空气层的耦合作用削弱，对于提高隔声量更为有利。

从隔离撞击声的原理来说，受到撞击后，楼板相当于一个向楼下受声室辐射噪声的噪声源。这时吊平顶主要起“单层墙”的隔声作用。采用弹性悬挂、减少悬挂点、增大空气层厚度、在平顶上方铺垫吸声材料等措施，同样是有利的。

由上可知，吊平顶应该是密实的，上面不宜有空洞。如果为了安装灯具或通风管道，必须在吊平顶上开孔，就应对可能产生的缝隙严加堵塞以免漏声。吊平顶应当与侧墙隔开，两者之间的空隙宜用柔软的材料密封，以免结构声通过侧墙传入吊平顶。

悬挂吊平顶后，受声室内撞击声降低量接近于吊平顶的隔声量。不过由于吊平顶上方吊杆和空气层的声桥作用，以及侧墙的结构传声作用等，隔声效果受到限制了，实际的撞击声降低量要低于吊平顶的隔声量。

习　题　5

5.1　试计算下列构件的隔声量 R 和临界吻合频率 f_0。(1) 20cm 厚混凝土墙；(2) 1cm 厚钢板；(3)将(1)中的墙分成两道各厚 10cm、墙间空气层厚 20cm 的双层墙，求其共振频率 f_0 及平均隔声量 R。

5.2　简述隔声量(传声损失)与噪声降低量的区别。

5.3　试计算两道各厚 1cm 的钢板、墙间空气层厚 20cm 的双层墙，其共振频率 f_0 及平均隔声量 R。

5.4　两个房间用一道分隔墙分开，该墙的尺寸为 7.6m×4.8m，隔声量为 30dB。设发声室的房间常数 $R_1 = 200\text{m}^2$，且有一个声功率级为 100dB 的点源发声。若接收室内的房间常数 $R_2 = 150\text{m}^2$，试求在接收室内的平均声压级。若因接收室内增加吸声措施，房间常数增大至 2000m^2，则声压级又降低多少？

5.5　如图所示组合墙，其中门和窗分别占 2m^2 和 3m^2，墙、门、窗对 1kHz 声波的隔声量分别为 50dB、20dB 和 30dB，求此组合墙对该频率声波的平均隔声量 $\bar{R}$。

5.6　某车间内有一道墙将空间分成两个部分，为了便于监视车间内的工作状况，该墙上有一半面积为玻璃，设墙体部分的平均隔声量为 $\bar{R}_1 = 40\text{dB}$，玻璃窗的平均隔声量为 $\bar{R}_2 = 20\text{dB}$，问该组合墙的平均隔声量 $\bar{R}$ 为多少？若将窗的面积减少为总面积的 10%，则 $\bar{R}$ 变为多少？

5.7　见题 5.7 图，无限长声屏障安置在开阔空间，有一点声源 S 发出声功率为 0.2W，中心频率为 1kHz 的频带噪声，试求接收点 R 处的声压级。

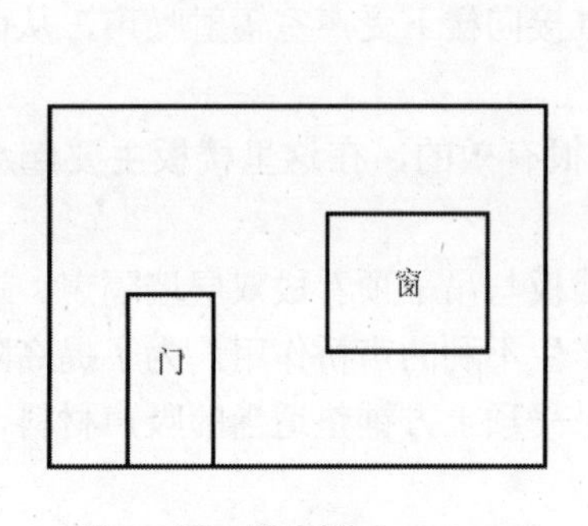

题 5.5 图　组合墙 4m×2.7m

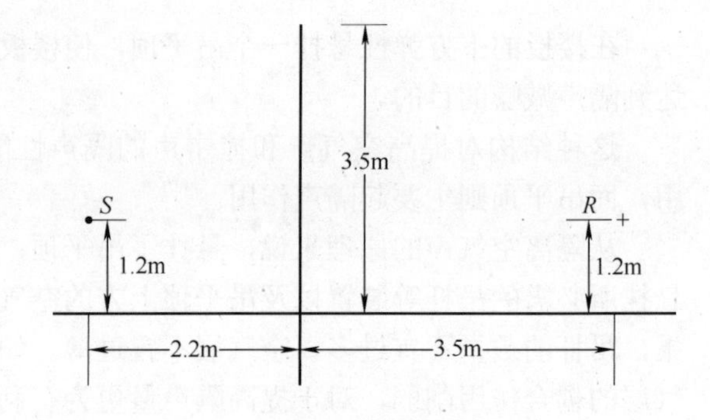

题 5.7 图　无限长声屏障示意图

5.8　某隔声罩要求对 1kHz 的声音具有 30dB 的插入损失。罩的平均透射系数为 2×10^{-4}，该罩内壁所衬贴吸声材料的平均吸声系数取多大合适？

5.9　题 5.8 中的隔声罩，因机器通风散热要求在罩上开有一个占全罩面积 1%的孔，此时隔声罩的插入损失将降低多少分贝？为改善其效果，应采取何种措施？

第6章 消 声 器

消声器是一种能阻碍声音传播而容许气流顺利通过的设备。在管道中装置各种类型的消声器是降低沿管道传播噪声的有效措施。

在噪声控制技术中，消声器是应用最多、最广的降噪设备。消声器在工程中已被广泛应用于鼓风机、通风机、罗茨风机、轴流风机、空压机等各类空气设备的进排气口消声，空调机房、锅炉房、冷冻机房、发电机房等建筑设备机房的进出风口消声，通风与空调系统的送回风管道消声，冶金、石化、电力等工业部门的各类高压、高温、高速排气放空消声及各类柴油发电机、飞机、轮船、汽车、摩托车、助动车等各类发动机的排气消声等，为改善劳动条件、保护城市环境起到了重要的作用。

6.1 消声器的分类及形式

随着消声器研究与应用技术的不断发展，消声器的种类也日趋繁多，其原理、形式、规格、材料、性能及用途等各不相同，常见的消声器分为阻性、抗性、复合式及排气放空式四种类型。表6-1为常见消声器的基本类型及形式表，图6-1～图6-4为常见各类消声器形式示意图。

表6-1 常见消声器分类表

原理	形式	消声性能	主要用途
阻性消声器	管式、片式、蜂窝式、列管式、折板式、声流式、弯头式、百叶式、元件式、迷宫式、圆盘式、圆环式、小室式	中高频	通风空调系统管道、机房进出风口、空气动力设备进排风口等
抗性消声器	膨胀式(扩张式)、共振式、微穿孔板式、干涉式、电子式等	低中频、低频、宽频带、低中频	空压机、柴油机、汽车发动机等以低中频噪声为主的设备噪声
复合式消声器	阻抗复合式、阻性及共振复合式、抗性及微穿孔板复合式等	宽频带	各类宽频带噪声源
排气放空消声器	节流减压式、小孔喷注式、节流减压与小孔喷注复合式、多孔材料扩散式	宽频带	各类排气放空噪声

实际应用的消声器往往根据需要采用综合性的复合结构。例如，阻抗复合消声器就是综合阻性和抗性两种消声器的特点制成的，它在很宽的频率范围内都具有良好的消声性能。

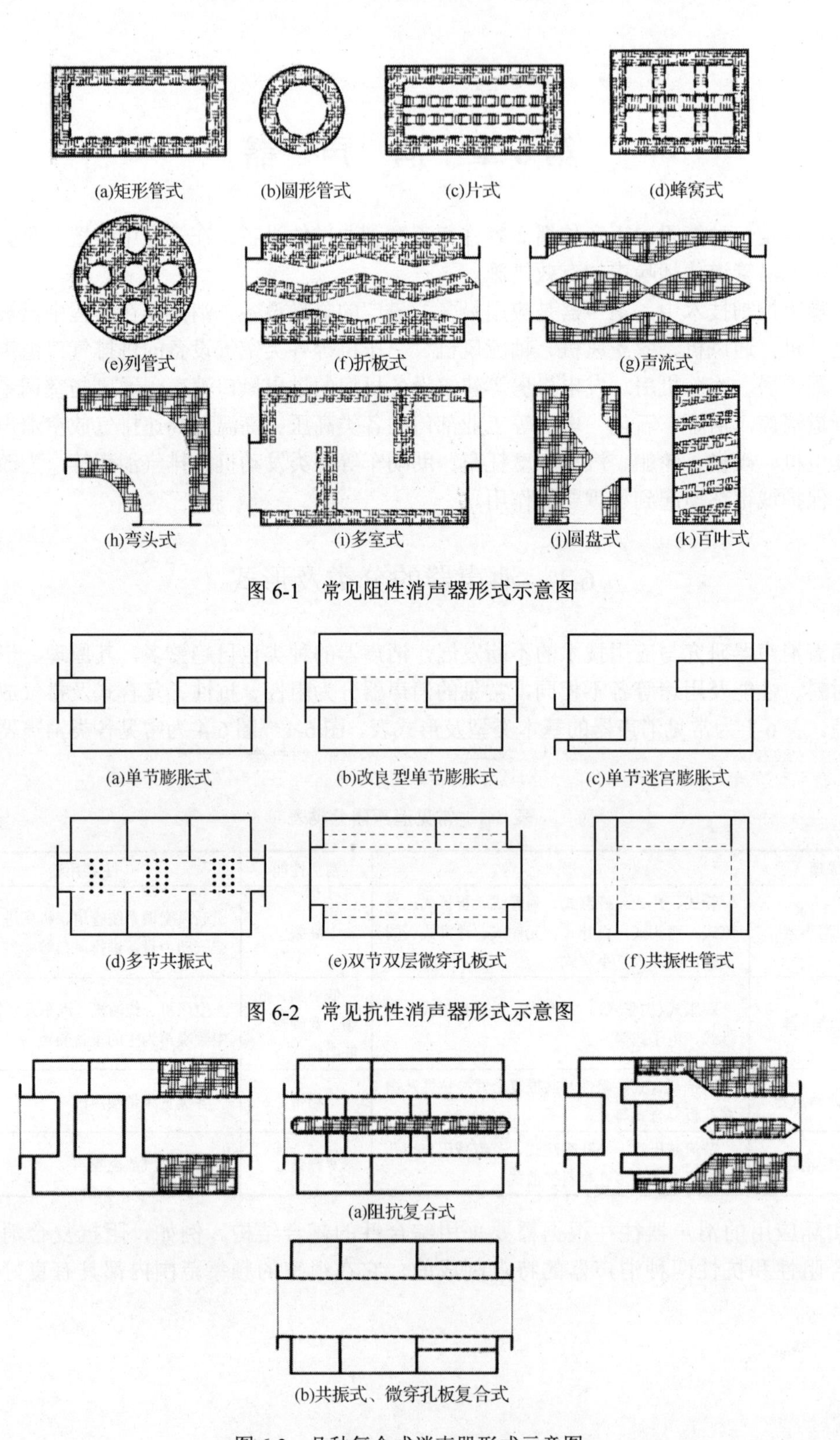

图 6-1　常见阻性消声器形式示意图

图 6-2　常见抗性消声器形式示意图

图 6-3　几种复合式消声器形式示意图

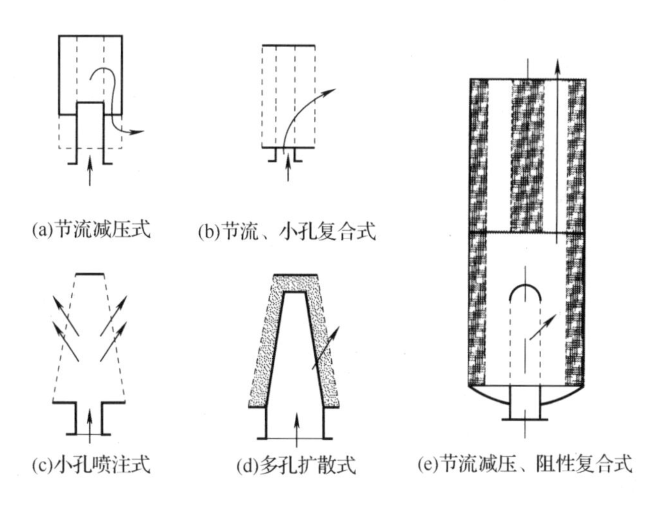

图6-4 几种排气放空消声器形式示意图

6.2 消声器的性能指标

评价消声器的性能时，应综合考虑声学、空气动力学性能和结构等要求，归纳起来，消声器的设计要统筹兼顾下列几个方面。

(1)消声器的消声性能。消声性能良好的消声器要求具有足够宽的消声频率范围，并且在所需要的消声频率范围内具有足够高的消声效果。

使用消声器的目的是降低管道中向下游传播或通过管口向外界辐射的噪声，因此消声器的设计首先要满足消声性能指标要求。故而未消声前的噪声频谱需要事前获得，以确定消声器所需的消声频率范围和消声量，从而使设计的消声器尽可能地在所要求的频率范围内获得足够高的消声量。

(2)消声器的气体动力性能。消声器的气体动力性能也是评价消声器优劣的重要指标。气体流过消声器时会产生流动阻力，从而增加了能量损耗。对于阻性和抗性消声器，装置消声器后所增加的气流阻力要尽可能低，并应保证不致明显影响消声器的消声性能。

消声器的阻力损失按其产生的机理可分为摩擦阻力损失和局部阻力损失两类。摩擦阻力损失是由气流与消声器各壁面之间的摩擦而引起的阻力损失；局部阻力损失是指气流通过消声器或管道时，由于截面的变化，气流的机械能不断损耗，从而产生的阻力损失。这两种阻力损失的大小都与气流速度的平方成正比。如果消声器内气流速度太高，将造成阻力损失过大，还可能会产生气流再生噪声，严重时消声器不仅不能消声，还可能成为新的噪声源。

(3)消声器的力学性能。由于消声器在气流环境中工作，气流和温度等因素对消声器的结构和使用的材料都有要求。因此排气消声器所用的材料(包括吸声材料和金属材料等)应能承受排气高温并耐腐蚀。此外，由于进排气管道和消声器多为薄壁结构，在机械振动和气流冲击下很容易辐射噪声，因此消声器要求具有一定的强度、刚度以及较长的使用寿命。此外，还要求结构紧凑、重量轻、便于加工、便于安装、耐用、无再生噪声。在很多实际应用中，对消声器的安装空间、几何形状、尺寸和重量都有一定的限制和要求，这些限制和要求会在一定程度上影响消声器的结构设计。

(4)经济性考虑。在实际应用中，成本是一项具有决定性的因素，因此消声器的设计必须做到在满足总体性能指标要求的前提下，实用经济、成本最低等。

上述各项性能指标和技术要求是统一的，既互相联系，又相互制约。但也可以根据具体情况有所侧重，而三者不能偏废。例如，一个空调设备的消声器，若只考虑提高消声量而使空气动力性能变差、气流阻力损失过大，以致供风不足，结果无法使用。又如，虽然消声性能和空气动力性能很好，但不牢固，用不了几天就坏了，那就毫无意义了。

消声器是在气流中工作的，气流速度的大小和消声器的空气动力性能与消声性能都有密切的关系。一般情况下，单位时间内通过消声器的流量是给定的，要缩小消声器的横截面积，可以提高消声器的消声量，又可缩小消声器的体积。但是要注意，消声器的流速不能太高，因为气流速度会随截面的缩小而提高，气流速度增高后，消声器内部阻损增大，会在消声器内产生“再生噪声”，形成新的噪声源，从而导致消声器的内部通道壁面或消声构件发生振动，向外辐射噪声。另外，当气流通过消声器时，由于其与壁面有摩擦、通道弯折和截面不连续等，会形成湍流流动而产生噪声。此外，加工安装不好也容易使消声器受激发而产生再生噪声。

评价消声器的声学性能时，常用以下几个评价量。

(1)插入损失。插入损失是装置消声器前后，自噪声源向外辐射噪声的声功率级或声压级之差。如果装置消声器前后，声场分布情况近似保持不变，那么插入损失是给定测点处装置消声器前后声压级之差。严格地说，插入损失只能反映整个系统(包括消声器、管道及噪声源)在装置消声器前后声学性能的变化，并不能直接反映消声器本身的消声性能。换句话说，插入损失不是消声器单独具有的属性。不过，由于插入损失比较容易测量，并且能反映装置消声器后的综合消声效果，因此在现场测量中广泛采用。

(2)声压级差。声压级差又称末端声压级差或噪声降低量，指消声器入口端和出口端的平均声压级差。声压级差常用于已安装好的管道的评价。

(3)轴向声衰减。轴向声衰减指消声通道内沿着轴向的声级变化，通常以每米的声衰减量表示。轴向声衰减只适用于声学材料在较长管道内连续而均匀分布的直通管道消声器。

(4)传声损失。传声损失是指消声器进口端输入声功率与消声器出口端输出声功率之比，取以 10 为底的对数并乘以 10，或者取两端声功率级之差，即 $L_{W1}-L_{W2}$。声功率通常可通过测定两端的平均声压级 $\overline{L}_{P1}$ 和 $\overline{L}_{P2}$ 来确定。设 S_1 和 S_2 分别为入口端和出口端消声通道的截面积，可得

$$L_{W1}=\overline{L}_{P1}+10\lg S_1$$

$$L_{W2}=\overline{L}_{P2}+10\lg S_2$$

注意：对上述几种评价量测量时应尽量减少(最好没有)末端的反射影响。因为管道末端反射的影响会使测量结果产生很大的差异。

消声器的设计程序可分为五个步骤。

(1)对噪声源进行声频谱分析，通常可测定 63～8000Hz 频段范围内 1 倍频程的八个频带声压级和 A 计权声级。如果噪声成分中有明显的线谱声，则需要进行 1/3 倍频程或更窄的频

带分析。

(2) 根据对噪声源的调查及其使用上的要求，决定控制噪声的标准，采取相关控制措施后应符合这一标准要求。标准过高会增加成本，过低则达不到保护环境的目的。因此环境噪声和其他不利条件的影响(如控制范围内有多个噪声源的干扰等)，也是确定消声器必须达到的消声量的考虑因素。

(3) 计算消声器所需的消声量 ΔL，对不同的频带消声量要求是不相同的，应分别进行计算：

$$\Delta L = L_P - \Delta L_d - L_a \tag{6-1}$$

式中，L_P 为声源每一频带的声压级，dB；ΔL_d 为当无消声措施时，从声源至控制点经自然衰减所降低的声压级，dB；L_a 为控制点允许声压级，dB。

(4) 由各频带所需的消声量 ΔL 来选择不同类型的消声器，如阻性、抗性或其他类型。在选取消声器类型时，宜作方案比较，并在作出综合平衡后确定。

(5) 检验实际消声效果，看是否达到预期要求，若未达到则需要修改原设计方案作出补救措施。

6.3 消声器的原理与特性

6.3.1 阻性消声器

阻性消声器的消声原理是：利用装置在管道内的吸声材料或吸声结构的吸声作用，使沿管道传播的噪声不断地被吸收，从而达到消声的目的。阻性消声器的消声性能主要取决于消声管道的几何尺寸以及内壁的声学特性，如消声器的结构形式、吸声材料的吸声特性、通过消声器的气流速度及消声器的有效长度等。

在声电类比中，吸声材料或吸声结构的作用相当于交流电路的电阻。这种消声器具有较宽的消声频率范围，在中、高频段性能尤为显著。

阻性消声器是各类消声器中形式最多、应用最广的一种消声器，特别是在风机类消声器中应用最多，如图 6-5 所示。

图 6-5 几种常用消声器实例图

阻性消声器的基本结构是内部装有吸声材料层或共振吸声结构的管道，这种管道简称消声管道。对于小口径消声管道，吸声结构一般直接装置在管道内壁上。对于大口径消声管道，吸声结构按一定的方式装置在管道中部，从而把管内通道分割成并联的若干较小通道。

消声器内存在的气流对消声器的性能有不可忽视的影响。气流会改变声在消声管道内传播的规律，还会在消声器内激发“再生噪声”而形成新的噪声源。当气流速度提高时，不但会由于阻力损失增大而使消声器的气体动力性能变坏，而且会对消声器的消声性能产生不良影响。

消声管道的内壁为吸声壁面，当声在消声管道内传播时，由于声能不断被管道内壁吸收，声波的声压或声强将随距离增大而衰减，从而可以达到降噪效果。材料的消声性能类似于电路中的电阻耗损电功率，所以称为阻性消声器。

1. 平面波假定和一维理论

对于刚性壁管道，当声波频率低于截止频率时，声在管道中只能以平面波形式传播。这时，不论管道截面的形状如何，在同一截面上的声压或声强各处相同。

对于非刚性壁管道，当声波波长远大于截面几何尺寸时(即在低频时)，作为粗略近似，仍可认为在同一截面上的声压或声强各处相同，即假定管道内传播的声波仍为平面波。根据这种假定而对管道中声传播所作的近似分析称为一维理论或平面波理论。

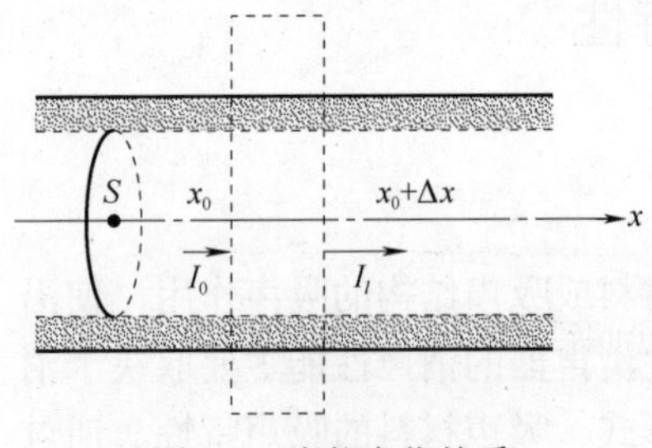

图 6-6　声能变化关系

如图 6-6 所示，分析长度为 Δx 的一段消声管道内的声能变化情况。设管道内有效通道截面积为 S，在 x_0 处的声强为 I_0，单位时间内进入这段管道的声能为 SI_0。声传播 Δx 距离后，在 $x_0+\Delta x$ 处，由于部分声能被吸声壁面吸收，声强降低为 I_l，单位时间内从这段管道离开的声能为 SI_l，因此单位时间内在这段管道中被吸收的声能 E 为

$$E = SI_0 - SI_l = S(I_0 - I_l) = -S\Delta I \tag{6-2}$$

很明显，声强增量 $\Delta I = I_l - I_0$，实际上是个负值，它与管道截面几何尺寸以及壁面声学特性有关。

考虑壁面附近空气质点的振动，对于刚性壁面，质点的法向振动速度 $U_n = 0$，而壁面的法向声阻抗率 Z_S 无限大。反之对于非刚性的吸声壁面，U_n 一般不是零，而 Z_S 也不是无限大。记壁面上的声压为 P，可得

$$U_n = \frac{P}{Z_S} \tag{6-3}$$

在单位吸声壁面面积上，单位时间内被吸收的声能为

$$\mathrm{Re}[PU_n] = P^2\,\mathrm{Re}\left[\frac{1}{Z_S}\right] = P^2 G_S \tag{6-4}$$

式中，G_S 为 Z_S 倒数的实部，即壁面的法向声导纳。

设管道横截面的有效周长为 L，在长度为 Δx 的一段管道内，吸声壁面面积为 $L\Delta x$，因此单位时间在这段管道中被吸收的声能 E 也可记为

$$E = P^2 G_S L\Delta x = -S\Delta I \tag{6-5}$$

将声强$I=\dfrac{P^2}{\rho_0 c_0}$代入式(6-5)并取极限，得

$$\frac{\mathrm{d}I}{\mathrm{d}x}=-\frac{\rho_0 c_0 G_S L}{S}I=-\frac{\sigma L I}{S} \tag{6-6}$$

式中，$\sigma=\rho_0 c_0 G_S=\dfrac{\rho_0 c_0 r}{r^2+x^2}$，$Z_S=r+\mathrm{j}x$为声阻抗率。式(6-6)的解为

$$I=I_0\exp\left[-\frac{\sigma L}{S}(x-x_0)\right] \tag{6-7}$$

式中，I_0为$x=x_0$处的声强。由上可知，在消声管道中，声强以指数规律随距离衰减。当声波传播距离为l时，声强衰减为

$$I_l=I_0\exp\left[-\frac{\sigma L}{S}l\right] \tag{6-8}$$

同理，可以推导出声波经管长为l时的轴向衰减量：

$$L_A=10\lg\frac{I_0}{I_l}=4.34\frac{\sigma L}{S}l \tag{6-9}$$

式中，I_l为衬贴吸声材料管道中长为l处的声强。

可见消声器的传声损失与吸声材料的声学性能、气流通道周长、断面面积以及管道长度等因素有关。材料的吸声系数(σ适当地大)和气流通道周长与通道面积之比越大，管道越长，则轴向衰减量L_A就越大。可见，截面相同面积的管道，L/S值以长方形(图6-7)为最佳，方形次之，圆形最小。为此，对于截面较大的管道，常在管道纵向插入几片消声片(片长沿管轴)，将它分隔成多个通道以增加周长和减小截面积，消声量可明显提高，如图6-8所示。有时，为了改善低频的消声效果，吸声片可制作得厚一些，但这会导致体积增大，阻力系数也相应增加。可见消声器动力特性和消声结构形式有密切关系，在设计时需要按实际情况综合考虑各种因素。需要说明的是，上面的推导过程虽然是在假定管内传播的是平面声波，且管内衬贴吸声材料的吸声系数不太高的情况下得出的，但由此得出的声衰减与几个参量的关系却具有普遍意义。同时，由于式(6-9)中的σ项涉及吸声材料的许多物理参数，即使同一种材料，其σ值还与材料的厚度、密度等因素有关。因此可知，对消声器消声量的精确计算并不容易。

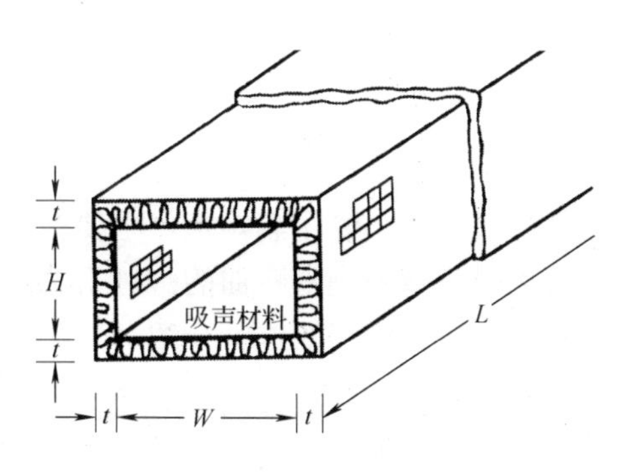

图6-7　直管式阻性消声器

图6-8　片式消声器实物图

另外，A.N.别洛夫也由一维理论推导出长度为 l 的消声器的声衰减量 L_A 为

$$L_A = \varphi(\alpha_0)\frac{L}{S}l \tag{6-10}$$

式中，$\varphi(\alpha_0)$ 函数与材料的吸声系数 α_0 的换算关系见表 6-2。

表 6-2　α_0 与 $\varphi(\alpha_0)$ 的换算关系

α_0	0.05	0.10	0.15	0.20	0.25	0.30	0.35	0.40	0.45	0.50	0.55	0.6～1.0
$\varphi(\alpha_0)$	0.05	0.11	0.17	0.24	0.31	0.39	0.47	0.55	0.64	0.75	0.86	1～1.5

另外，H.J.赛宾也给出了消声器的声衰减量的经验计算公式：

$$L_A = 1.03(\bar{\alpha})^{1.4}\frac{L}{S}l \tag{6-11}$$

式中，$\bar{\alpha}$ 为吸声材料无规入射平均吸声系数，为便于计算，表 6-3 中列出了 $\bar{\alpha}$ 与 $(\bar{\alpha})^{1.4}$ 的关系。

表 6-3　$\bar{\alpha}$ 与 $(\bar{\alpha})^{1.4}$ 的换算关系

$\bar{\alpha}$	0.05	0.10	0.15	0.20	0.25	0.30	0.35	0.40	0.45	0.50	0.60	0.70	0.80	0.90	1.00
$(\bar{\alpha})^{1.4}$	0.015	0.040	0.070	0.105	0.144	0.185	0.230	0.277	0.327	0.329	0.489	0.607	0.732	0.863	1.000

以上计算式只限于频率很低的平面声波，在均匀衬贴吸声不太高材料的直管中传播时才有效。为适合任意均匀吸声材料衬贴的直管道中各频率声衰减的计算，L.克莱莫用波动理论推导出长方形截面管道壁面衬垫吸声材料的理论计算式。它虽有简化的图表可查，但涉及材料的许多物理参量的测量仍然很复杂，且实际消声器不可能完全符合理论假设条件，所以计算值与实际测量结果往往差距很大。但是理论计算式对消声器的设计仍有很大的指导意义。

高频率的声波由于方向性很强，用直管式消声器时将形成“光束状”传播，很少接触衬贴吸声材料，消声量明显下降。这一下降的开始频率称为“高频失效频率 f_n”，其经验公式为

$$f_n \approx 1.85\frac{c}{D} \tag{6-12}$$

式中，D 为消声通道截面边长，矩形管道取边长平均值，圆形管取管径，其他可取面积的开方值，单位为 m。

2. 阻性消声器常用形式

常用的阻性消声器种类很多，对于消声通道截面形式来说，除了扁矩形，主要有方形和圆形；对于通道轴线走向来说，可以是平直的，也可以是折弯或圆滑弯曲的；对于截面面积来说，可以是等截面的也可以是变截面的。本节将对这些类型消声器进行介绍。

1) 管式消声器

管式消声器是阻性消声器中结构形式最简单的一种，在气流管道内壁加衬一定厚度的吸声材料层即构成管式阻性消声器，如图 6-9 所示。管式消声器一般仅适用于风量很小、尺寸较小的管道。

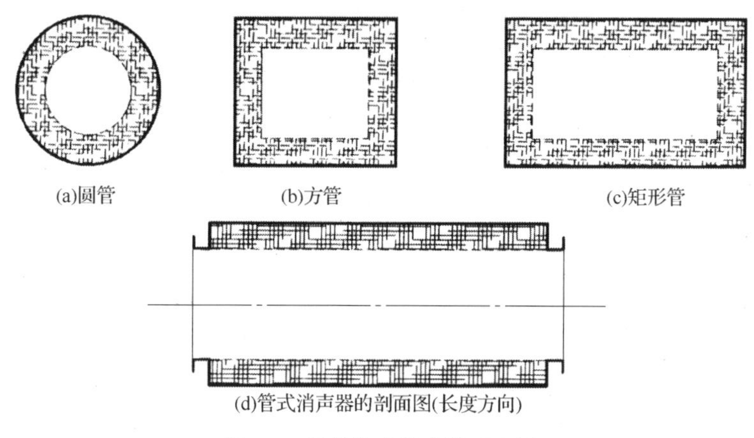

图 6-9 阻性管式消声器示意图

2) 片式消声器

对于气流流量较大、需要通道截面积大的消声器，为防止高频失效，通常将直管式阻性消声器的整个通道划分成若干个小的通道，做成片式消声器，如图 6-10 所示。一般来说，设计片式消声器时，每个通道的尺寸应该相同，使得每个通道消声特性一样，这样只要计算单个通道的消声量，即可得出该消声器的消声量。

片式消声器是最基本的阻性消声器，在设计理论上已经成熟，在实用上也有重要的价值。

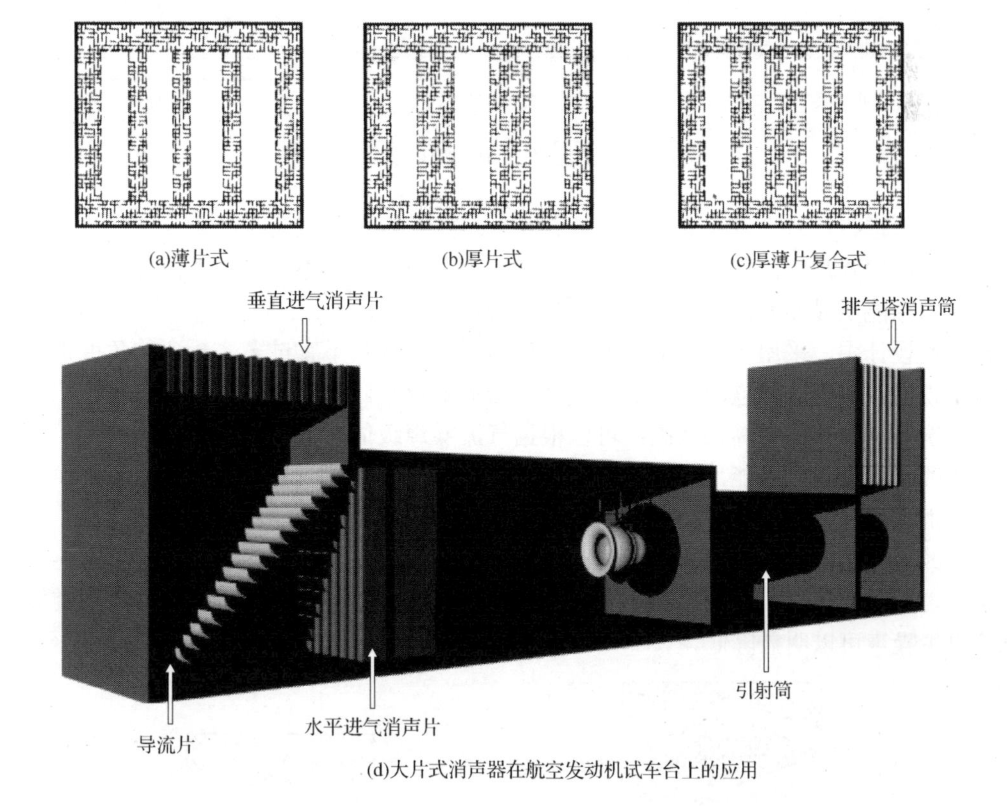

图 6-10 几种片式消声器示意图和应用图

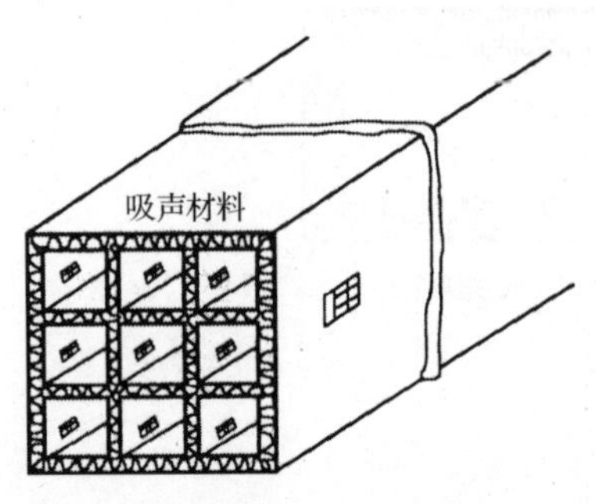

图 6-11　蜂窝式阻性消声器

3) 蜂窝式消声器

蜂窝式消声器是由若干个小型直管消声器并联而成的，形似蜂窝，故得其名，如图 6-11 所示。蜂窝式消声器因管道的周长 L 与截面积 S 的比值比直管和片式消声器的大，故具有较高的消声量。且由于小管的尺寸很小，消声失效频率大大提高，从而改善了高频消声特性。但由于它构造复杂且阻损也较大，通常用于风量较大，但流速较低的情况。

4) 折板式消声器

在工程实践中，为了改善消声器的高频消声性能，常常把片式消声器改变成折板式消声器，如图 6-12 所示，这种消声器可以看成片式消声器的变形。这种消声器可以增加声波在管道内的传播路程，使材料能更多地接触声波。特别是能增加中、高频声波在传播途径中的反射次数，从而使消声器中、高频的消声特性有明显的改善。当声波沿通道传播至转弯角处时，基本方式的简正波(基波)会部分地转化成高次波而迅速地衰减掉，因此可以提高消声效果。当消声通道内频率参数较大，产生高频失效现象时，采用这种折板式消声器是很有利的。

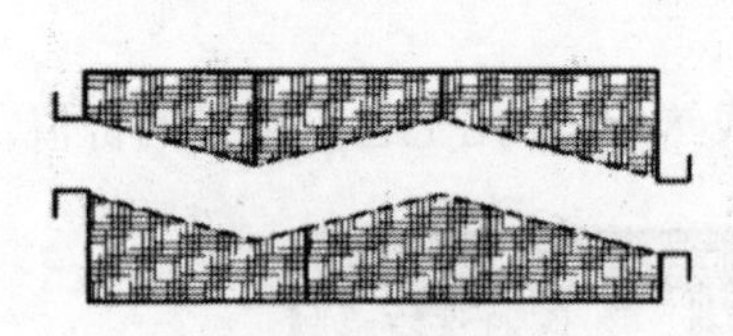

(a)单通道折板式

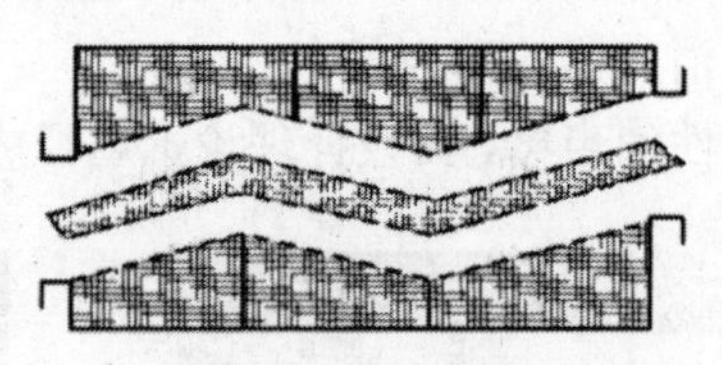

(b)双通道折板式

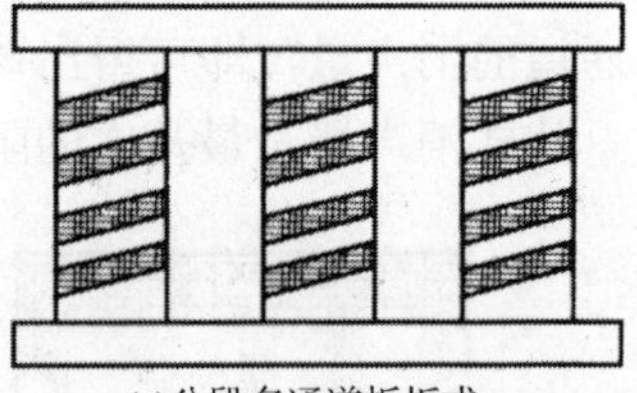

(c)分段多通道折板式

图 6-12　三种阻性折板式消声器示意图

不过当通道折弯时，气流的压力损失将相应增大，特别是气流在凸角处往往会形成脱体涡旋，从而产生强烈的湍流噪声。如果不注意这点，设计方法不正确，不但有可能使消声器的气体动力性能明显变差，而且未必能提高高频消声效果。

在实用设计中，采用折板式消声器时，通道折弯的次数不宜过多，折弯的角度也不宜过大，保证视线不能穿过通道即可。折板式消声器的消声量，在中、低频范围可以按照直管消声器的情况进行估计；在高频范围，可以根据气流噪声级估计消声后所能达到的噪声级。

为了改善低频消声性能，宜采用尺寸较大的吸声结构(图 6-13)，这种类型的消声器通常称为菱形消声器，它在很宽的频率范围内，都具有良好的消声性能。

为了改善消声器的气体动力性能，宜把折弯的通道改成圆滑弯曲的通道，见图 6-14。这种类型的消声器通常称为声流式消声器。它的声学性能与尺寸相仿的折板式消声器类似，不过气流再生噪声可以明显降低。

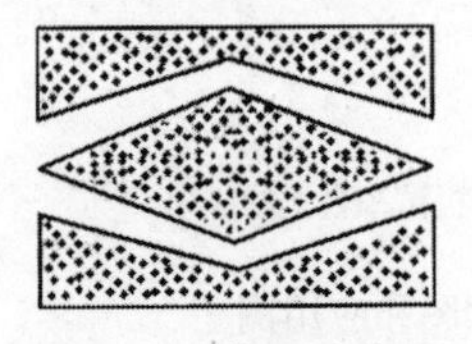

图 6-13　菱形消声器

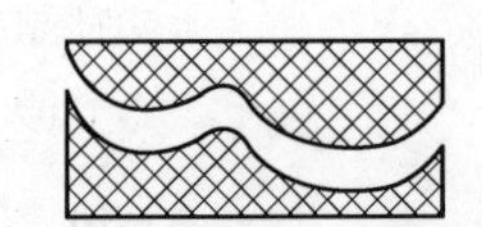

图 6-14　声流式消声器

5) 室式消声器

室式消声器实际上是在壁面上均衬贴有吸声材料，形成小消声室，在室的两对角插上进出口风管，如图 6-15 所示。当声波进入消声室后，就在小室内经多次反射而被材料吸收。由于从进风口至室内，又从室内至出风口，管道截面发生两次突变，故还起到抗性消声器的作用。基于这些原因，室式消声器的消声频带较宽，消声量也较大。但其阻损较大，占有空间也大，一般适用于低速进排风消声。

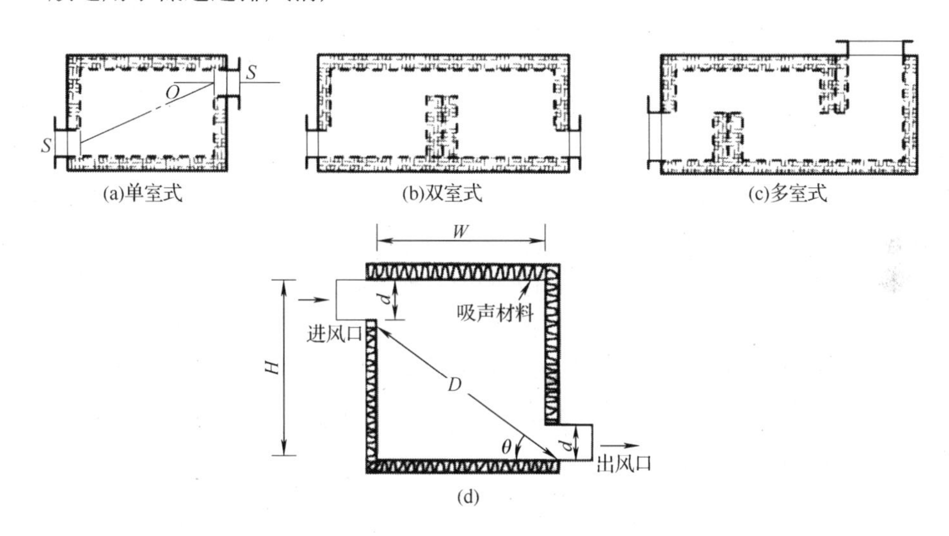

图 6-15 室式消声器

室式消声器的传声损失 L_{TL} 可按以下近似公式估计：

$$L_{\mathrm{TL}} = -10\lg\left[S\left(\frac{\cos\theta}{2\pi D^2} + \frac{1-\bar{\alpha}}{S_m\bar{\alpha}}\right)\right] \tag{6-13}$$

式中，S 为进风口的面积，m^2；S_m 为小室内吸声衬贴表面面积，m^2；$\bar{\alpha}$ 为材料平均吸声系数；D 为进风口至出风口的直线距离，m。$D^2 = W^2 + (H-d)^2$，m^2；$\cos\theta = W/D$，见图 6-15。

从式(6-13)可以看出消声器的消声原理，括号内第一项是入口到出口的直达声，$\cos\theta$ 相当于指向性因数，$\dfrac{1-\bar{\alpha}}{S_m\bar{\alpha}}$ 为房间常数的倒数，前项为直达声随距离的衰减，后项为混响声的衰减。入口相当于声源，出口为接收点。由于没有考虑到进出口的面积突变因素，因此实际进出口的声压级差比传声损失还要大。

室式消声器的另一种形式是将若干个单室串联起来而成，又称“迷宫式”消声器，如图 6-16 所示。消声原理和计算方法类似于单室，其特点是消声频带宽，消声量较高，但阻损较大，适用于低风速条件。

6) 盘式消声器

盘式消声器是在装置消声器的空间尺寸受到限制的条件下使用的，如图 6-17 所示，其外形呈盘形，这使得消声器的轴向长度和体积大为缩减。因消声通道截面是渐变的，气流速度也随之变化，阻损比较小。还因进气和出气方向互相垂直，声波发生弯折，从而中、高频的消声效果得到提高。一般轴向长度不到 50cm，插入损失为 10～15dBA，适用于风速小于

16m/s 的情况。

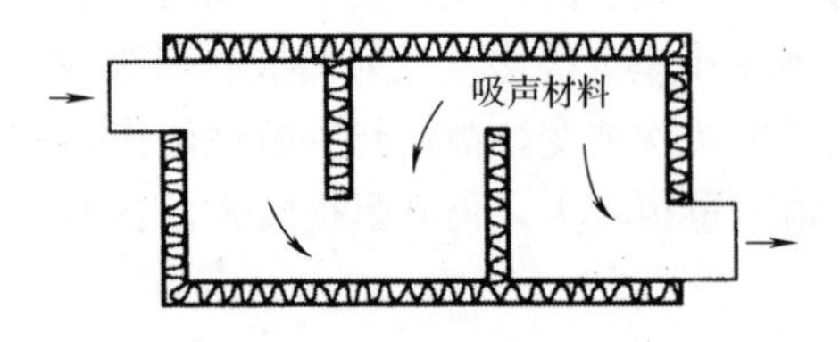

图 6-16　迷宫式消声器

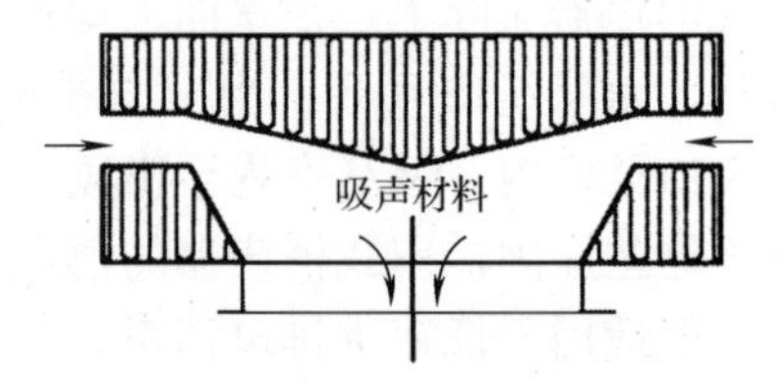

图 6-17　盘式消声器

7) 消声弯头

当管道内气流需要改变方向时，必须使用弯管，在弯道的壁面上衬贴 2～4 倍截面线度尺寸的吸声材料，就可得到一个有明显消声效果的消声弯头。图 6-18 给出三种不同形式的直角消声弯头示意图。图中 d 为弯头通道净宽度，L 为弯头两端平直段长度，R 为弯道半径。

消声弯头主要利用声波在通道转弯角处的消声作用，应把它看成一个“集总元件”。入射到消声弯头的声波，一部分被反射，一部分被吸收，剩下一部分透过弯头继续沿管道传播，因此，消声弯头实际上具有一定的抗性消声作用。弯头的消声效果通常用插入损失来衡量，不过由于在弯头上反射的声波一般不太强烈，因此插入损失与传声损失差别并不大。

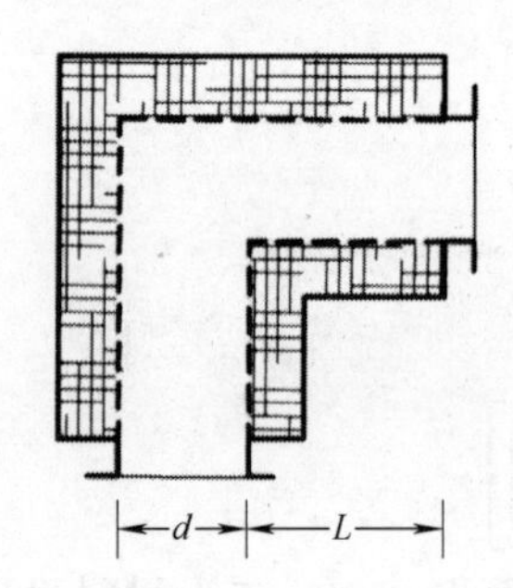

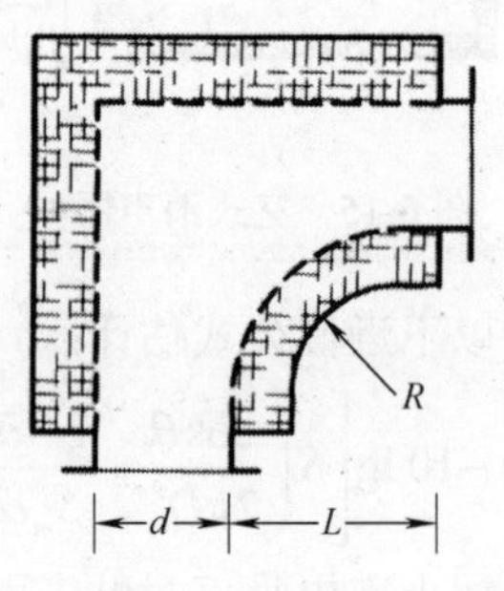

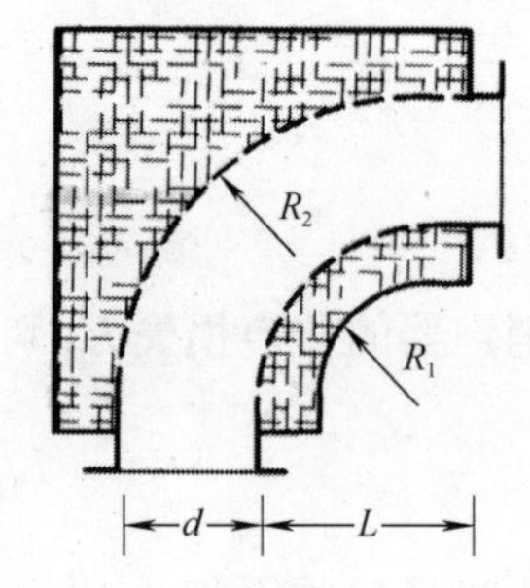

图 6-18　消声弯头

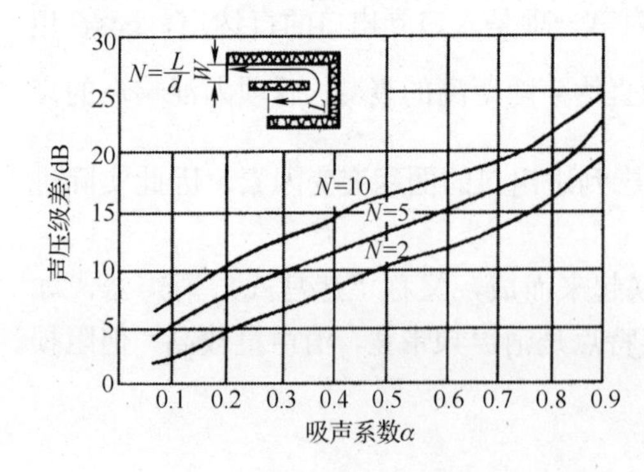

图 6-19　180° 消声弯头声压级差和衬贴材料吸声系数的关系

弯角 θ 是反映弯头弯曲程度的量，当 θ=90° 时，通常称为直角弯头。实验表明，弯头的消声量近似地与弯角 θ 成正比。例如，30° 折角的插入损失仅为 90° 折角的 1/3，而 90° 折角又为 180° 折角的 1/2。图 6-19 为 180° 消声弯头声压级差随衬贴材料吸声系数 α 与 N 的变化关系。其中，L 为弯头中轴线长度，d 为吸声贴面材料表面之间的距离，N 为 L 与 d 之比。

3. 气流对消声器消声性能的影响

设计适当的片式消声器可以有很高的消声系数，并且在严格控制的条件下，理论计算与实测结果基本相符。但是，噪声控制的实践经验表明，实际使用的消声器的消声效果往往达不到理论预期结果。这种理论与实际不相符的情况对于高消声量的消声器往往更加突出。产生这一现象的原因是多方面的，其中气流对消声器消声性能的影响通常是重要的因素。

气流主要通过两条途径影响消声器消声性能：一是气流的整体运动影响了气流中声波的传播，吸声结构表面上的边界条件相应改变，从而使声波在消声管道内传播时的衰减规律与静态时有所不同；二是由于气流本身在消声器内产生了一种附加噪声，即气流再生噪声。这两个因素实际上往往同时起作用，但它们的本质是完全不同的，相互间也没有直接的联系，应加以区别对待。

此外，当气流通过消声器时，从消声器入口端到出口端之间，气流的静压会有一定程度的降低，称为气流的阻力损失，它与流速的平方成正比，并与通道的平直性以及壁面粗糙度等因素有关。在阻性消声器中，如果通道迂回曲折或流速很大，那么压力损失是应加以考虑的重要因素。

1) 气流对声传播规律的影响

气流对消声器的影响主要与 $1/(1+Ma)^2$ 有关。Ma 为马赫数，即消声器内流速与声速之比，

$$Ma = V/c$$

$$L_A' = L_A(1+Ma)^{-2} = \frac{4.34\sigma Ll}{S(1+Ma)^2} \tag{6-14}$$

式中，L_A' 为有气流时的消声值；L_A 为无气流时的消声值。

气流对消声器性能的影响不但与气流速度有关，而且与气流方向有关。当流速越高时，Ma 值越大，对消声性能影响就越大。当气流方向与声传播方向一致时(如装在风机的排气管道上的消声器)，Ma 为正值，式(6-14)中 L_A' 的消声量将变小；当气流方向与声传播方向逆向时(如装在风机进气管管上的消声器)，Ma 为负值，L_A' 的消声量将变大。也就是说，顺流与逆流比较起来，逆流较为有利些。但是，工业上的输气管道，气流速度都不会太高，即使流速 V 为 30～40m/s，Ma 为 0.1 左右，对整个消声器的消声性能影响也不大，因此一般可忽略不计。

另外，从气流速度引起声波传播折射的现象来看，消声器性能在排气管道与进气管道也表现得不同。由于气流在管道中的速度场是不均匀的，就同一截面而言，管道中央气流速度最高，离开中心位置越远，速度越低，到接近管壁处，气流速度近似为零。这样在排气管中，由于气流方向与声传播方向相同(图 6-20)，在管道中央声波传播速度高，而在侧壁声速低。根据声折射原理，声射线向管壁方向弯曲，对阻性消声器来说，由于管壁衬贴吸声材料，所以能够更有效地吸收声能。

在进气管道中，气流方向与声传播方向相反(图 6-21)，这导致管道中央声速低，管壁处声速高，根据折射原理，声射线向管道中央弯曲，这对直管阻性消声器的消声作用是不利的。

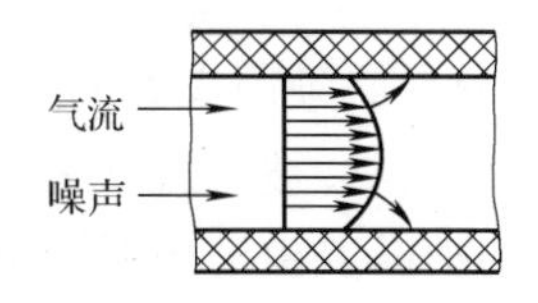

图 6-20　气流与声传播同向时的折射

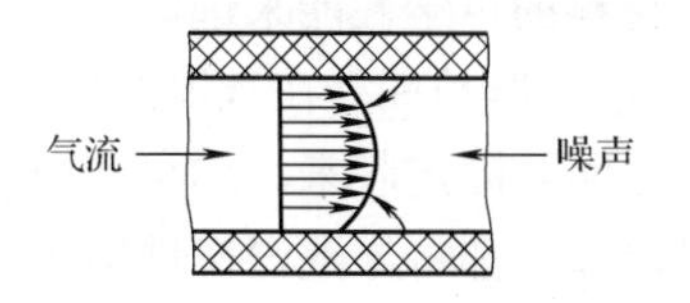

图 6-21　气流与声传播逆向时的折射

综合上述两方向的因素，消声器安装在排气管和进气管道上，各有利弊。由于工业中输气管道中的气流速度都不是很高，无论从哪一个角度来看，气流对声传播规律的影响都不是很明显。

2) 气流再生噪声的影响

根据上面的分析可知，气流对消声管道内声传播的衰减规律有一定的影响，但当气流速度不太大时 ($Ma \leqslant 0.2$)，对消声系数最多只改变百分之几十的数值，绝不会使它变为零或负值。在现场测量中，当气流速度提高时，消声器的消声性能往往明显变差。与未装消声器时相比较，装上消声器后，的确可能发生没有消声效果，甚至反而会使声级提高的现象，即消声器的插入损失为零，甚至为负。产生这种现象的原因，不能归之于消声管道内消声系数的下降，而应归之于气流在消声器内产生的“再生噪声”。

在阻性消声器内，气流产生的再生噪声主要有两种。

一种是消声器内的壁面或其他构件在气流冲击下产生振动从而辐射噪声，一般把它称为结构噪声，以低频噪声为主。由于激发壁面振动的气体动力性作用力与流速平方成正比，因此这种结构噪声的强度大致按流速四次方的规律变化。当消声器结构的刚度比较小而流速比较低时，这种噪声往往占主要地位。

另一种是消声器内高速气流的湍流脉动引起的噪声(称为湍流噪声，以中、高频噪声为主)。这种湍流噪声本质上是一种偶极子辐射，噪声源主要分布在距离壁面为 δ 的附近区域内，噪声强度大致按流速六次方的规律变化。此外，即使消声器内不存在气流，消声器机械结构也会受到外来因素激发而振动，从而在消声器内部产生具有一定强度的本底噪声。

气流再生噪声在消声器内所产生的噪声级主要取决于流速和消声器的结构，与沿消声器轴向的位置也有一定的关系，对于长直消声管道来说，气流再生噪声一边产生，一边沿着管道传播，随距离的增大而衰减。当达到动态平衡时，在管道中部可得均匀分布噪声级。

所以，消声器的设计应使气流的流速不要过高，若流速过高，不仅消声器的声学性能将受到影响，而且空气动力性能也会变差。一般来说，对于空调消声器，流速不宜超过 10m/s；对于压缩机和鼓风机消声器，流速应选在 20～30m/s；对于内燃机、凿岩机消声器，流速应选在 30～50m/s；对于大流量排气放空消声器，流速可选在 50～80m/s。

4. 设计消声器注意事项

(1) 消声器的形式和长度要根据气流的动力性能及声学性能要求确定，如气流流量、允许阻力损失、噪声频谱和消声量等。

(2) 吸声材料是决定阻性消声器消声性能的重要因素。在长度和横截面相同时，消声值的大小一般取决于吸声材料的吸声系数，而吸声系数的大小又与材料的种类、密度和厚度有关，应根据材料的声学性能来选取。

(3) 阻性消声器长期处在气流之中，在设计时对吸声材料必须用牢固的护面，如玻璃布、穿孔板或铁丝网等固定起来。如果选取护面不合理，吸声材料会被气流吹失或者护面装置被激起振动等，这些都将导致消声性能下降。采取什么样的护面要由消声器管道内气流速度和工况条件来决定。

6.3.2　抗性消声器

抗性消声器的消声原理是：通过管道内声学特性的突变处将部分声波反射回声源方向，从而达到消声目的的消声器。抗性消声器并不直接吸收声能，在声电类比中，它的作用相当于交流电路的 LC 滤波器，抗性消声器的特点是能在低、中频范围内有选择地消声。

抗性消声器的最大优点是不需要使用多孔吸声材料，因此在耐高温、抗潮湿、对流速度大、洁净要求较高的条件下均比阻性消声器具有明显的优势。

抗性消声器是内燃机排气系统中广泛采用的消声装置。它由若干声学特性不同的单元连接而成。声波沿管道传播时，在声学特性突变的交界截面上会产生反射，一部分声波向声源方向反射回去，剩下一部分继续向前传播，从而达到消声的目的。

抗性消声器又可分为扩张式消声器、共振式消声器、微穿孔板式消声器、干涉式消声器及有源消声器等不同类型，以适应多种不同的使用条件。

抗性消声器已广泛地应用于各类空压机、柴油机、汽车及摩托车发动机、变电站、空调系统等许多设备产品的噪声控制中。

扩张式消声器主要借助管道截面积突然扩张(或收缩)产生的反射作用，共振式消声器借助旁接共振系统产生反射作用，干涉式消声器则借助两束相干声波的相互抵消作用。实用的抗性消声器一般由多节上述基本类型的消声器组合而成。

与阻性消声器相比较，抗性消声器中的声反向作用非常强烈，装置消声器前后，自声源向消声器入射的声波可能明显改变，因此用插入损失和传声损失来评价消声效果时会有所不同，实际具有的插入损失往往要比传声损失低一些。

1. 声波沿突变截面管道的传播

如图 6-22 所示，当声波沿着截面积为 S_1 和 S_2 相接的两管道内传播时，S_2 管对 S_1 管来说附加了一个声负载，在接口平面上将产生声波的反射和透射。

设 S_1 管中的入射声波声压为 p_i，沿 x 正向传播，反射波声压为 p_r，沿 x 负向传播，并设 S_2 管无限长，末端无反射，则在 S_2 管中仅有沿 x 正向传播的声压为 p_t 的透射波。于是它们的表示式分别为

$$
\begin{aligned}
p_i &= P_i \cos(\omega t - kx) \\
p_r &= P_r \cos(\omega t + kx) \\
p_t &= P_t \cos(\omega t - kx)
\end{aligned}
\tag{6-15}
$$

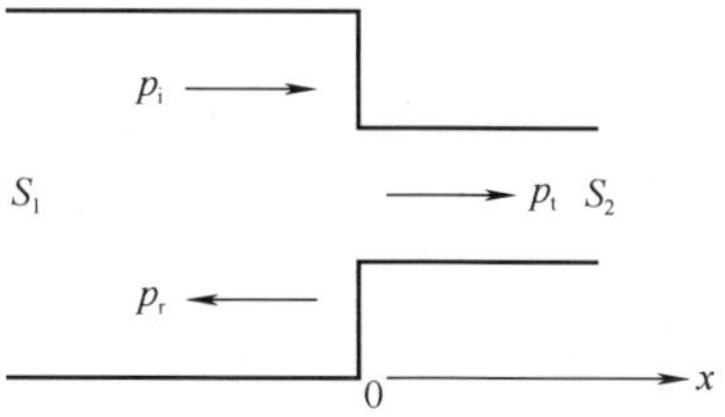

式中，P_i、P_r、P_t 分别为入射、反射和透射声压幅值；$\omega = 2\pi f$ 为圆频率；$k = \dfrac{2\pi}{\lambda}$ 为圆波数。

p_i
p_r
S_1
p_t S_2
0
x

图 6-22　突变截面管道中声的传播

相应的质点振速方程分别为

$$
\begin{aligned}
u_i &= \frac{P_i}{\rho c}\cos(\omega t - kx) \\
u_r &= -\frac{P_r}{\rho c}\cos(\omega t + kx)
\end{aligned}
\tag{6-16}
$$

$$u_t = \frac{P_t}{\rho c}\cos(\omega t - kx)$$

在 $x=0$ 处，声压符合连续条件，界面两边声压应相等

$$p_i + p_r = p_t \tag{6-17}$$

另外，在 $x=0$ 处，体积速度应该连续，即流入的流量率(截面积乘以质点振速)必须与流出的流量率相同，又因 $u=\dfrac{p}{\rho c}$，于是有

$$S_1\left(\frac{p_i}{\rho c}-\frac{p_r}{\rho c}\right)=S_2\frac{p_t}{\rho c} \tag{6-18}$$

由此可得声压反射系数为

$$r_P = \frac{p_r}{p_i} = \frac{S_1 - S_2}{S_1 + S_2} \tag{6-19}$$

同样还可以求出声强的反射系数 r_I 和透射系数 τ_I：

$$r_I = \left(\frac{S_1 - S_2}{S_1 + S_2}\right)^2 \tag{6-20}$$

$$\tau_I = 1 - r_I = \frac{4S_1S_2}{(S_1+S_2)^2} \tag{6-21}$$

声功率为声强乘以面积，即 $W = IS$，所以声功率透射系数为

$$\tau_W = \frac{I_2S_2}{I_1S_1} = \tau_I\frac{S_2}{S_1} = \frac{4S_2^2}{(S_1+S_2)^2} \tag{6-22}$$

比较式(6-21)和式(6-22)，可以看出，不论扩张管($S_1 < S_2$)，还是收缩管($S_1 > S_2$)，只要两管的面积比相同，τ_I 便相同，但两者 τ_W 截然不同。

若考虑截面积为 S_1 的管道中，插入长度为 l、面积为 S_2 的扩张管，如图 6-23 所示，与前面的推导相似，此时有 $x=0$ 和 $x=l$ 两个分界面，各由声压连续和体积速度连续可得四组方程，从而可得经扩张管后声强透射系数为

$$\tau_I = \frac{1}{\cos^2(kl)+\frac{1}{4}\left(\frac{S_1}{S_2}+\frac{S_2}{S_1}\right)^2\sin^2(kl)} = \frac{1}{1+\frac{1}{4}\left(m-\frac{1}{m}\right)^2\sin^2(kl)} \tag{6-23}$$

式中，$m=\dfrac{S_1}{S_2}$，称为抗性消声器的扩张比。

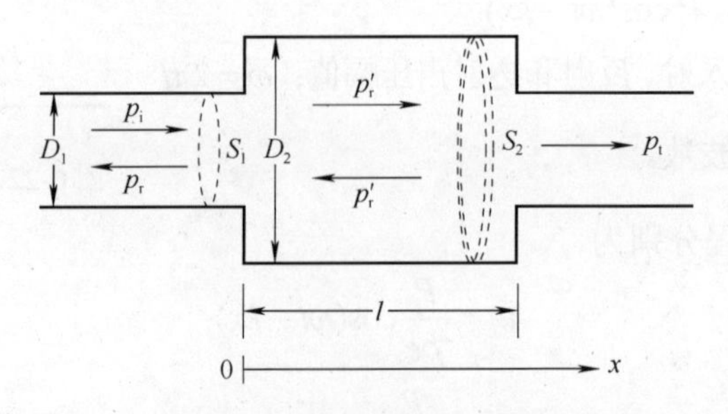

图 6-23　单节扩张式消声器

2. 单节扩张式消声器

单节扩张式消声器是抗性消声器的最简化形式，如图 6-23 所示，消声器的消声量(传声损失)可以用入射声波与透射声波的声功率级之差来衡量。由于单节扩张式消声器进出口管的截面面积相同，声强与声压的平方成正比，因此以分贝为单位时，消声器的传声损失可用式(6-24)决定：

$$L_{\mathrm{TL}}=10\lg\frac{1}{\tau_I}=10\lg\left[1+\frac{1}{4}\left(m-\frac{1}{m}\right)^2\sin^2(kl)\right] \tag{6-24}$$

为了计算方便，已将式(6-24)绘成图 6-24。

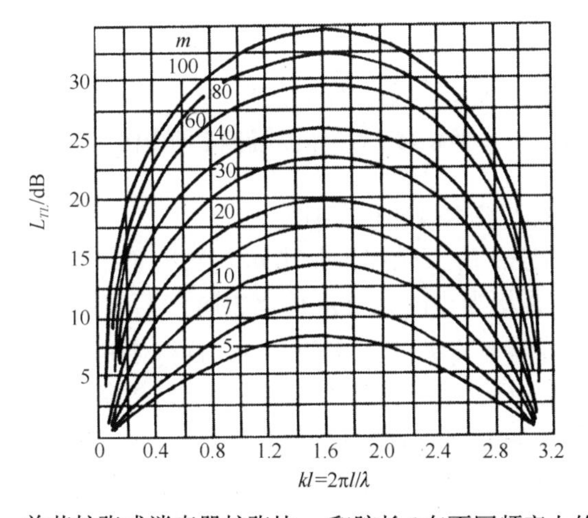

图 6-24 单节扩张式消声器扩张比 m 和腔长 l 在不同频率上的消声量

由式(6-24)可以看出，L_{TL} 与 $\sin(kl)$ 有关。由于 $\sin(kl)$ 是频率的周期函数，可见消声量随频率作周期性的变化。当 $kl=\pi/2$ 的奇数倍时，$kl=(2n-1)\pi/2(n=1,2,\cdots)$，$\sin^2(kl)=1$，传声损失达最大值 L_{TLm}，由式(6-24)得

$$L_{\mathrm{TLm}}=10\lg\left[1+\frac{1}{4}\left(m-\frac{1}{m}\right)^2\right]=20\lg\left(m+\frac{1}{m}\right)-6 \tag{6-25}$$

最大传声损失 L_{TLm} 与 m(扩张比)的关系可做成表 6-4。

表 6-4 最大传声损失 L_{TLm} 与扩张比 m 的关系

m	L_{TLm} /dB	m	L_{TLm} /dB
1	0	6	9.8
2	1.9	7	11.1
3	4.4	8	12.2
4	6.5	9	13.2
5	8.3	10	14.1

相应的频率 f_n 为

$$f_n=\frac{(2n-1)c}{4l},\quad n=1,2,\cdots$$

可以看出，此时单节扩张室长度为相应波长 1/4 的奇数倍。

当 kl 为 π 的整数倍，即 $kl = n\pi(n = 1,2,\cdots)$ 时，$\sin(kl) = 0$，这时消声量(传声损失)为零，相应的频率称为通过频率，可由下式计算：

$$f_n' = n \times \frac{c}{2l}, \quad n = 1,2,\cdots$$

可以看出，在通过频率时，消声器的长度 l 为半波长的整数倍。在一般情况下，传声损失随频率的变化如图 6-25 所示。

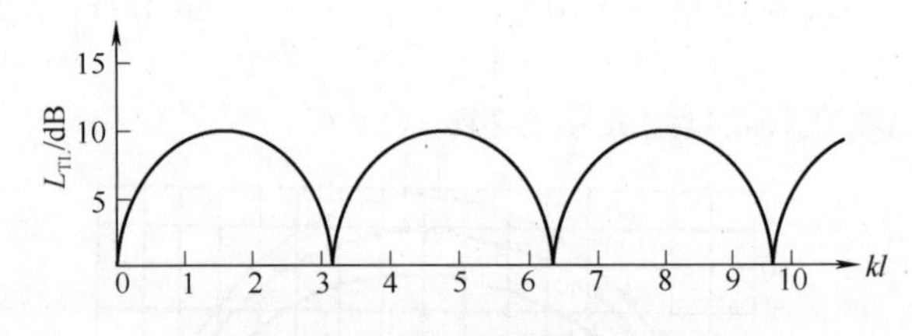

图 6-25　传声损失随频率的变化

根据上面的分析，有两点基本规律值得注意。

(1) 最大消声量(传声损失) L_{TLm} 是由扩张比 m 决定的。

当 m 值较小时，L_{TLm} 是相当小的。当 m 值增大时，L_{TLm} 近似按 m 值的对数规律缓慢地增加。如果要求消声器具有明显有效的消声量，那么就得使 m 有足够大的数值。例如，要求 $L_{TLm} \geqslant 10\text{dB}$，$m$ 值应控制在 6 以上。在实际问题中，m 值受到客观条件限制不宜或不能取得最大，因此单节扩张式消声器的消声量受到限制。

(2) 消声量达最大值时的频率 f_n 和通过频率 f_n' 与比值 c/l 成正比，即消声器的频率特性取决于消声器的长度 l，当长度 l 增大时，频率特性就向低频方向移动，而最大传声损失并没有明显的变化。

为避免传声损失在某些频率出现低谷，通常将两个或多个长度不相等的扩张腔串联起来，使其低谷相互错开，以达到各频率传声损失较均匀的特性。

用内插管插入腔体的消声器如图 6-26 所示。如果入口和出口处的插入长度分别为 $l/2$ 和 $l/4$，由理论分析可知，当插入管为 $l/2$ 时，可消除半波长奇数倍的声波完全通过频率($L_{TL} = 0$)；当插入管为 $l/4$ 时，可消除半波长的偶数倍的声波完全透射过的频率；两者组合的结果则可消除原来只有单腔的声透射损失低谷。图 6-27 为带有内接管的双节扩张腔的传声损失频率特性。可以看出，总的特性曲线中已不再出现消声器的低谷频率。

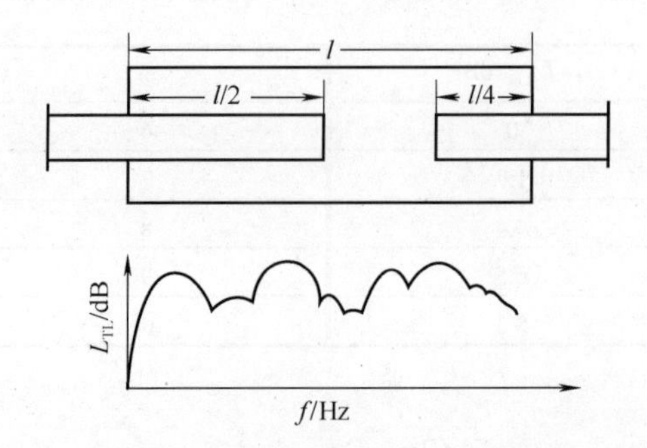

图 6-26　插入管单节扩张式消声器及其消声特性示意图

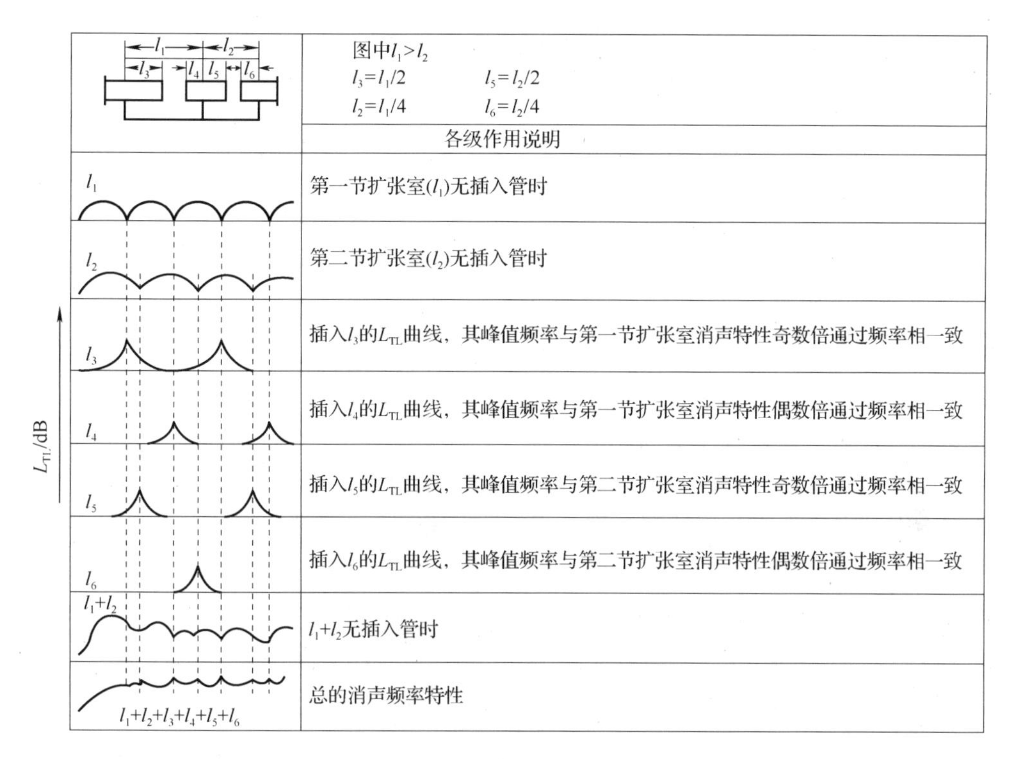

图 6-27　带有内接管的双节扩张室消声器的消声特性

3. 上下截止频率

由式(6-24)可知，消声量随扩张比 m 值的增大而提高，但当 m 值过大时，扩张室截面积也较大，此时也会如阻性消声器一样产生高频失效现象，使消声量显著降低。抗性消声器的上限失效频率通常可由式(6-26)计算：

$$f_{\text{上}}=1.22\frac{c}{d} \tag{6-26}$$

式中，c 为声速，m/s；d 为扩张室截面特征尺寸，m，圆管为直径，方管为边长，矩形管可取截面积的平方根。

由式(6-26)可见，扩张室的截面积越大，消声上限截止频率越低，即消声器的有效消声频率范围越窄。因此扩张比不能盲目选择太大的，要兼顾消声量和消声频率两个方面。

抗性扩张式消声器除存在上限频率之外，还存在下限频率，即当声波波长比扩张室尺寸大得多时，连接管与扩张室本身也构成一个共振系统，相当于一个低通滤波器，当声波频率与其共振频率相同时，消声器将失去消声作用。通常取 $\sqrt{2}$ 倍的共振频率为抗性消声器的下限失效频率，则

$$f_{\text{下}}=\sqrt{2}f_0=\frac{\sqrt{2}c}{2\pi}\sqrt{\frac{S}{lv}} \tag{6-27}$$

式中，c 为声速，m/s；S 为消声器气流通道截面积，m^2；V 为扩张室体积，m^3；l 为扩张室长度，m。

6.3.3 共振式消声器

共振式消声器是在管道侧壁旁接一个共振系统，在共振频率附近，连接处的声阻抗很低，当声波沿管道传播到三叉点时，由于声阻抗失配，大部分声波向声源方向反射回去，还有一部分声波由于共振系统的阻尼作用转化为热能而被吸收掉，只剩下小部分声波通过三叉点继续向前传播，从而达到消声的目的。

1. 单节共振式消声器

最简单的共振式消声器是单节共振式消声器，它的构造如图 6-28 所示。一个密闭的空腔经过短管与管道内部相通，组成了一个共振器。

由于共振式消声器具有较强的频率选择性，即只有在以共振频率为中心的一定宽度频率范围内起有效的消声作用，因此设计共振式消声器时首先必须根据所要降低噪声源的峰值频率来确定共振式消声器的共振频率，然后设计并确定共振吸声结构。

共振式消声器的声学性能已在共振吸声结构里讲过，它的共振频率已给出：

$$f_0 = \frac{c}{2\pi}\sqrt{\frac{S_0}{Vl_e}} = \frac{c}{2\pi}\sqrt{\frac{G}{V}} \tag{6-28}$$

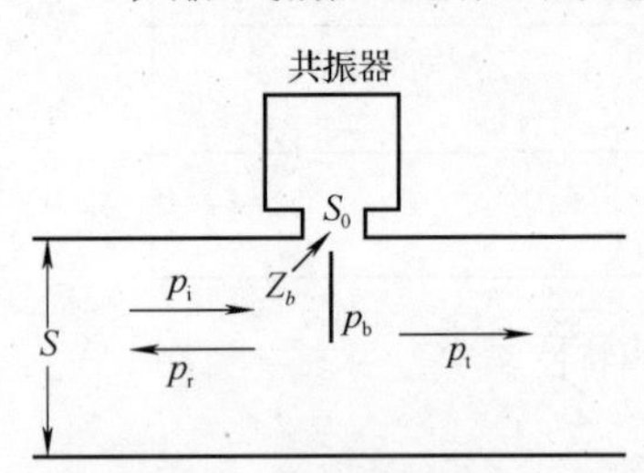

图 6-28　单节共振式消声器

式中，$l_e = l_0 + \frac{\pi}{4}d$，为颈的有效长度，$l_0$为颈的实际长度，$d$ 为孔径；V为腔的体积；S_0 为颈口面积；G为声传导率。

$$G = \frac{S_0}{l_0 + \frac{\pi}{4}d}$$

密闭的空腔类似于空气弹簧，具有一定的声顺 C_A，短管中的空气柱类似于质量块，具有一定的声质量 M_A，空气振动时壁面的摩擦阻尼使共振器也具有一定的声阻 R_A。类比电阻，可以得出共振器的声阻抗 Z_A：

$$Z_A = R_A + \mathrm{j}\left(\omega M_A - \frac{1}{\omega C_A}\right) = R_A + \mathrm{j}X_A \tag{6-29}$$

式中，R_A为声阻；X_A为声抗，$\mathrm{Pa \cdot s/m^3}$。

下面介绍单个共振器对管中声波的作用。

设在三叉点 A 处，入射声波和反射声波的声压分别为 p_i、p_r，透射声波的声压为 p_t，向共振器传播的声波声压为 p_b。由声压连续条件可得

$$p_i + p_r = p_t \tag{6-30}$$

又由于 A 点各方面声压应相等，所以有

$$p_i + p_r = p_t = p_b \tag{6-31}$$

$$\frac{p_t}{p_i} = 1 + \frac{p_r}{p_i}$$

由体积速度连续原理可得

$$u_i + u_r = u_t + u_b \tag{6-32}$$

u 是类比电路中的电流。设管道为无限长，则入射波、反射波以及透射波的声阻抗应为

$\rho c/S$，共振器的声阻抗为 Z_A，S 为管道截面积。

因有

$$\frac{Sp_{\mathrm{i}}}{\rho c}-\frac{Sp_{\mathrm{r}}}{\rho c}=\frac{p_{\mathrm{b}}}{Z_A}+\frac{Sp_{\mathrm{t}}}{\rho c} \tag{6-33}$$

又因声压透射系数为

$$\tau_P=1-|r_P|^2,\qquad \tau_P=\frac{p_{\mathrm{t}}}{p_{\mathrm{i}}}$$

所以，声强透射系数为

$$\tau_I=|\tau_P|^2=\left|\frac{\dfrac{2S}{\rho c}}{\dfrac{1}{Z_A}+\dfrac{2S}{\rho c}}\right|^2 \tag{6-34}$$

所以，传声损失(消声量)为

$$L_{\mathrm{TL}}=10\lg\frac{1}{\tau_I}=10\lg\left|1+\frac{\rho c}{2SZ_A}\right|^2 \tag{6-35}$$

在开口处共振器的声阻抗为

$$Z_A=R_A+\mathrm{j}\left(\omega M_A-\frac{1}{\omega C_A}\right)$$

共振器的共振频率为

$$f_0=\frac{c}{2\pi}\sqrt{\frac{G}{V}}$$

当声波频率 f 偏离共振频率 f_0 时，在开口处共振器的声阻抗 Z_A 为

$$Z_A=R_A+\mathrm{j}\frac{\rho c}{2\pi f_0 V}\left(\frac{f}{f_0}-\frac{f_0}{f}\right)$$

所以

$$L_{\mathrm{TL}}=10\lg\left[1+\frac{\alpha+\dfrac{1}{4}}{\alpha^2+\dfrac{1}{4K^2}\left(\dfrac{f}{f_0}-\dfrac{f_0}{f}\right)^2}\right] \tag{6-36}$$

式中，$\alpha=\dfrac{SR_A}{\rho c}$；$R_A=\dfrac{R_f}{S_0}$；$R_f$ 为流阻率；S 为孔的面积；$K=\dfrac{\sqrt{GV}}{2S}$。

若忽略共振器声阻的影响，即 $\alpha=0$，则式(6-36)可化为

$$L_{\mathrm{TL}}=10\lg\left[1+\frac{K^2}{\left(\dfrac{f}{f_0}-\dfrac{f_0}{f}\right)^2}\right] \tag{6-37}$$

$$L_{\mathrm{TL}}=10\lg\left\{1+\left[\frac{\sqrt{GV}}{2S\left(\dfrac{f}{f_0}-\dfrac{f_0}{f}\right)}\right]^2\right\} \tag{6-38}$$

由式(6-37)和式(6-38)可以看出，当 $f=f_0$ 时，L_{TL} 将变得很大。当 f 偏离 f_0 时，L_{TL} 迅速下降，其降低量与 K 有关，如图 6-29 所示。K 越小，共振越尖锐，只有在很窄的频率范

围内才能有效地起消声作用。由此可见，对于宽频带的噪声，如果要求获得较好的消声效果，必须选择足够大的 K 值。

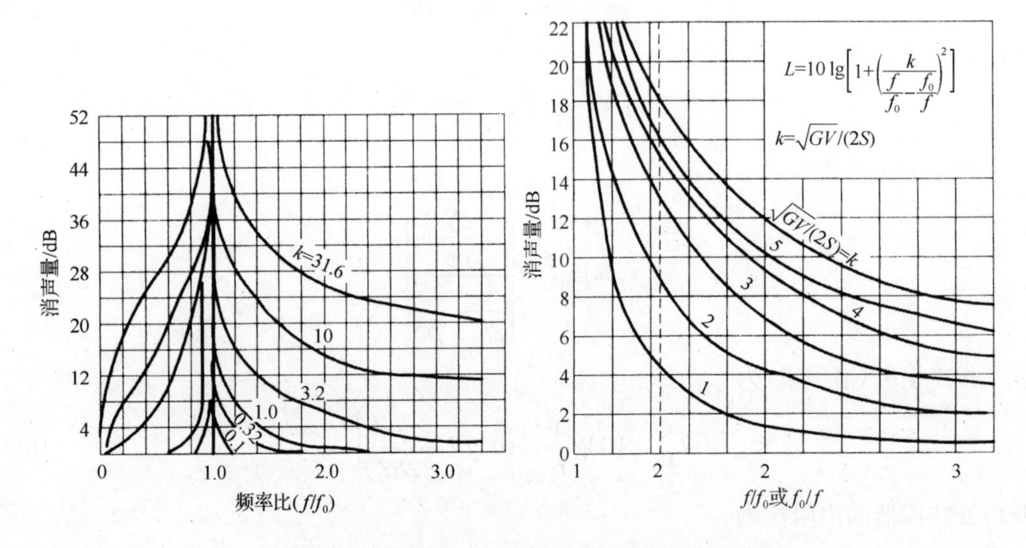

图 6-29　共振消声器的消声量和频率比的关系

当频率 f 趋近于共振频率 f_0 时，根据式(6-38)所得消声量将无限增大，这是不合理的。实际上，这时应该考虑共振器声阻的影响，即应该根据式(6-36)计算消声量。此时可得共振时的消声量为

$$L_{\mathrm{TL}}=10\lg\left(1+\frac{\alpha+0.25}{\alpha^2}\right)=20\lg\left(1+\frac{1}{2\alpha}\right) \tag{6-39}$$

由式(6-39)可以看出，声阻越大，α 值相应越大，消声量就越低。不过，当偏离共振频率时，适当增加声阻可以使有效消声的频率范围略为加宽些。

式(6-37)是计算单个频率的消声量的，实际上一般噪声的频谱都是宽频带的，所以在实际中往往需要求出在某个频带内的消声量。工程上常使用倍频程与 1/3 倍频程，对于这两种频带宽度下的共振消声器的消声量，式(6-39)还可以简化为

对于倍频程：
$$L_{\mathrm{TL}}=10\lg(1+2K^2) \tag{6-40}$$

对于 1/3 倍频程：
$$L_{\mathrm{TL}}=10\lg(1+19K^2) \tag{6-41}$$

例 6-1　一个直径为 20cm 的管道，旁接一个共振频率为 500Hz 的共振器，如果要求在 250～1000Hz 频率范围内，消声量在 10dB 以上，试估计共振器空腔容积最低值。

解　f 在 250～1000Hz 范围，偏离共振频率为 1 倍频程，即 $\left(\frac{f}{f_0}-\frac{f_0}{f}\right)^2$ 在 f=250Hz 或 f=1000Hz 时相等。所以要想消声量保持在 10dB 以上(忽略声阻的影响)。由式(6-37)可得

$$L_{\mathrm{TL}}=10\lg\left[1+\frac{K^2}{\left(\frac{f}{f_0}-\frac{f_0}{f}\right)^2}\right]$$

$$1+\frac{K^2}{\left(\frac{f}{f_0}-\frac{f_0}{f}\right)^2}=10$$

由题意知

$$\left(\frac{f}{f_0}-\frac{f_0}{f}\right)^2=\frac{9}{4}$$

所以

$$1+\frac{K^2}{\frac{9}{4}}=10，\quad K^2=\frac{81}{4}，\quad K=\frac{\sqrt{GV}}{2S}=\frac{9}{2}$$

因为

$$f_0=\frac{c}{2\pi}\sqrt{\frac{G}{V}}$$

所以

$$K=\frac{\sqrt{GV}}{2S}=\frac{9}{2}=\frac{2\pi f_0}{2sc}V，\quad V_{\min}=\frac{9Sc}{2\pi f_0}$$

$$S=\frac{\pi D^2}{4}=\frac{\pi}{4}0.20^2=0.01\pi(\mathrm{m}^2)$$

解得 $c=340\mathrm{m/s}$，$f_0=500\mathrm{Hz}$。所以

$$V_{\min}=\frac{9\times0.01\pi\times340}{2\pi\times500}=0.0306\approx0.031\ (\mathrm{m}^3)$$

共振式消声器的特点是频率选择性较强，在共振频率附近消声量很大，偏离共振频率时消声量急剧下降。因此，这种消声器较适宜用于消除噪声中特别强的频谱成分，尤其是低频成分。

2. 多节共振式消声器

为了弥补有效消声频率范围过窄的缺点，可以采用多节共振式消声器或者设计具有双峰频率响应特性的共振器，使它们具有若干不同的共振频率。这样一来，由于各个共振频率互相错开，各个大小不等的消声量互相调剂，可以使总的消声量在较宽的频率范围内有比较大的数值。

另外，为使共振频率附近的消声频带变宽，可增大小孔的流阻，如在孔上蒙上一层或几层细孔织物或在腔内填充吸声材料等，但消声量的峰值会因流阻增大而有所下降。

单腔同一规格多孔共振式消声器，相邻小孔的中心距可选择大于或等于孔径的5倍，这样可使孔间的声辐射互不干扰，总的声传导率 G 便等于多个孔的单个传导率总和。

与扩张式消声器相比较，共振式消声器同样具有结构简单、消声量高等优点，特别是它对气流的压力损失大大减小，可以应用于对压力损失要求较严的场合。其主要缺点是对噪声频率的选择性太强，如果要求有效消声频率范围足够宽，势必要采用容积相当庞大的共振腔，这在实用上往往较难实现。

设计共振式消声器可参考以下几点。

(1) 为了获得较大的消声量，应在容许范围内尽可能选取较大的 K 值。要增大 K 值，可以缩小管道的截面积 S，或者增大共振腔的容积。前者通常受到管道内流速的限制，后者则由容许消声器所占空间体积所决定。

(2) 根据实际所需的消声频率特性，选择适当的共振频率。如果共振腔的容积足够大，那么就适宜把共振腔分割成两个或几个空腔，设计成多节共振式消声器。多节共振式消声器选择两节或三节较适宜，各节共振器的共振频率不宜相同，但也不宜相差太大。

(3) 根据共振频率要求，选择适当的穿孔直径和相应的穿孔数。穿孔板的厚度一般由消声器的结构强度要求所决定，穿孔直径一般宜取得小些，这样可减小气流的压力损失并降低再生噪声。

(4) 当 K 值较小时，在共振腔内填充一些吸声材料，使共振器具有一定的声阻，可以使较宽频率范围内的消声特性有所改善。不过，由于声阻不易严格控制，盲目地增加声阻并不能达到预期效果。

(5) 利用共振式消声器通道内壁，未穿孔的部分衬贴吸声材料层，组成阻性-抗性复合的消声器是适宜的。

6.3.4 其他类型消声器

1. 阻抗复合式消声器

阻性或抗性消声器的有效消声频率均有一定范围，这使得消声器对宽频带的气流噪声适用性受到限制，为使消声器在宽频带范围内有良好的消声效果，可将两种类型的消声器结合起来。这就是所谓的阻抗复合式消声器。

阻抗复合式消声器的消声原理，简单地讲就是阻性和抗性原理的结合。图 6-30 是几种复合式消声器构造示意图。图 6-31 是某地下人防工程中采用的珍珠岩阻抗复合式消声器。这是一种结合扩张、共振和阻性三种类型的消声器，用膨胀珍珠岩吸声砌块分段组合砌筑而成。由于充分利用了不同类型消声器的消声特性，在很宽的频带范围内均有良好的消声性能，尤其是低频，比一般消声器效果好得多。

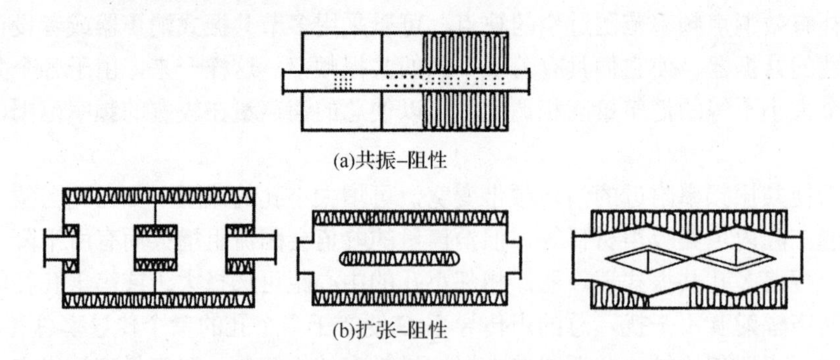

图 6-30 几种复合式消声器构造示意图

2. 微穿孔板消声器

微穿孔板消声器是在共振式吸声结构的基础上发展而来的，它由孔径≤1mm 的微穿孔板和孔板背后的空腔构成，其主要特点是穿孔板的孔径减小到 1mm 以下，利用自身孔板的声阻，取消了阻性消声器穿孔护面板后的多孔吸声材料，消声器结构得到简化。因此微穿孔板消声器兼有抗性与阻性的特点。

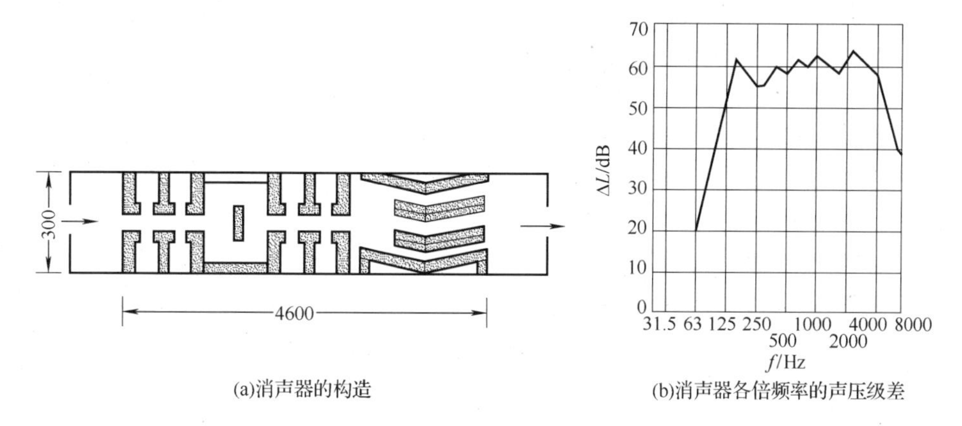

(a)消声器的构造　(b)消声器各倍频率的声压级差

图6-31　珍珠岩阻抗复合式消声器与消声特性

微孔板消声器的消声原理，实质上和共振式消声器相同，由于孔径很小、开孔率低、腔体大、声阻大，因而有效消声频带宽，对低频消声效果较显著。若采用穿孔率不同的双层微孔板消声器，使两层共振频率错开，则可在很宽的频带范围内获得良好的消声效果。

图6-32给出两种微孔板消声器示意图，它的特点是不使用任何多孔吸声材料，而是在薄板上钻许多微孔。为加宽吸声频带，孔径应尽可能小，但因受制造工艺的限制，而且微孔易堵塞，故常用微孔的孔径为0.5～1mm，开孔率控制在1%～3%。微穿孔板的板材一般用厚为0.2～1.0mm的铝板、钢板、不锈钢板、镀锌钢板、PC板、胶合板、纸板等。

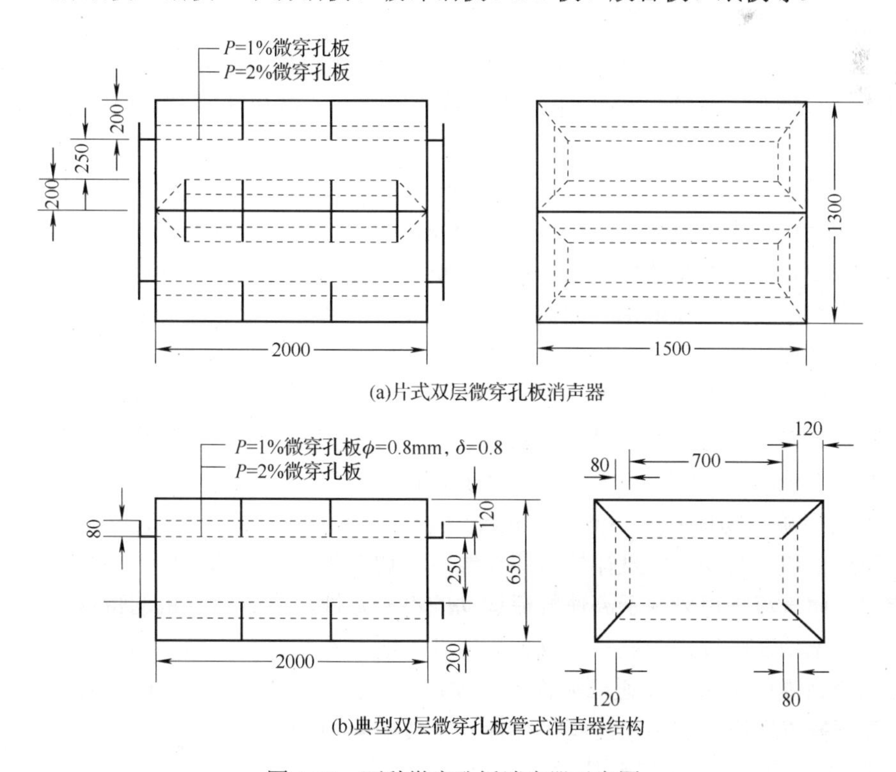

(a)片式双层微穿孔板消声器

(b)典型双层微穿孔板管式消声器结构

图6-32　两种微穿孔板消声器示意图

采用金属结构代替消声材料，比前述消声器具有更广泛的适应性，它具有耐高温、防湿、防火、防腐等特性，还能在高速气流下使用。尤其适用于放空排气和内燃机、空压机的排气系统。为获得宽频带吸声效果，一般用双层微穿孔板结构。微穿孔板与管壁之间以及微穿孔板与微穿孔板之间的空腔，按所需吸声的频带不同而异，通常吸收低频空腔大些(150～200mm)，中频小些(80～120mm)，高频更小(30～50mm)。前后空腔的比不大于1∶3。前端接近气流的一层微穿孔板穿孔率可略高于后层。为减小轴向声传播的影响和加强消声器结构刚度，可每隔500mm加一块横向隔板。

微穿孔板是高声阻、低声质量的吸声元件，在高速气流下比阻性消声器的消声性能好得多。若要求有同样的消声量，微孔板消声器可比阻性消声器体积大大缩小，阻力损失也比一般阻性消声器小得多。

微穿孔板消声器的最简单形式是单层管式消声器，这是一种共振式吸声结构。对于低频声，当声波波长大于共振腔(空腔)尺寸时，其消声量可以用共振消声器的计算公式即式(6-36)计算。对于中频消声，其消声量可以应用阻性消声器计算公式进行计算。对于高频噪声，其消声量可以用如下经验公式计算：

$$L_{TL} = 75 - 34\lg v \tag{6-42}$$

式中，v为气流速度，m/s，其适用范围为 20～120m/s。

可见，消声量与流速有关，流速增大，消声性能变差。金属微穿孔板消声器可承受较高气流的冲击，当流速为70m/s时，仍有10dB的消声量。

3. 气流噪声与排空消声器

人们很早就认识到，高速气流绕过障碍物或自小孔喷出时会产生噪声。这种噪声通常称为气流噪声。例如，风吹过电线时会发出呼呼的响声，风从缝隙穿过时也会发出类似的响声。

气流噪声是一种气体动力性噪声，常见的气流噪声有内燃机排气噪声、枪炮噪声、风机噪声、喷气发动机噪声以及高压锅炉放气排空噪声等。这些噪声的特点是噪声级高，排气压力和气流流速也很高，影响的环境范围很大。例如，喷气飞机噪声声功率级高达160dB，宇航火箭噪声声功率级可达196dB。如何根据气流噪声的特点采取相应的降噪措施，在噪声控制技术中具有重要的意义。

为了合理地设计消声器，先看一下气流噪声的发生机理及其传播规律。

众所周知，发出噪声的声源是振动着的物体。对于机械噪声来说，声源一般是受激振动的固体；对于气流噪声来说，声源是做起伏变化运动的气体。

除了作为声源的物体有所不同外，机械噪声与气流噪声的发声机制也存在本质上的差别。机械噪声一般具有动力学规律性，即在给定的边界条件和初始条件下，声源振动发声过程是一定的。而气流噪声来源于高速气流运动的不稳定性，它具有随机的特性，即在给定的条件下，声源振动发声过程一般具有统计规律性，而并不具有动力学规律性。

气体从管口喷射出来的高速气流称为“喷注”，它会产生强烈的噪声。对于喷气发动机以及各种高压排气管道，这种喷注噪声往往是主要的噪声源。

如图6-33所示，当高速气流从管口喷出后，会产生卷吸作用，带动周围气体一起运动，沿喷注方向，喷注的宽度随距离逐渐扩展，流速相应地逐渐降低，按喷注的结构，大致可分三个区域：Ⅰ混合区、Ⅱ过渡区、Ⅲ充分扩散区。混合区的长度约为喷口直径 D 的 4.5 倍。混合区内存在一个锥形的喷注核心，其流速保持不变，即等于喷口的流速。在核心周围，喷注与从周围卷吸进来的气体剧烈混合，它是产生喷注噪声的主要区域。

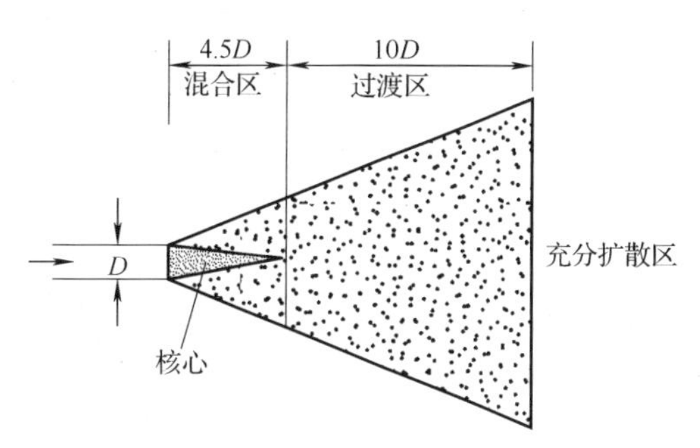

图 6-33　射流影响区域的划分

过渡区的范围从喷注核心的尖端算起，直至约 10 倍的喷口直径处。气体在整个过渡区内继续混合，平均流速则随距离的增大而缓慢降低。在横截面上流速分布保持相似，它是产生喷注噪声的次要区域，所以喷注噪声的频率也较低。过渡区以外为充分扩散区，喷注宽度更大而流速相应更低，它所产生的喷注噪声一般可以忽略不计。

喷注与周围气体的分界面并不明显，大致呈圆锥面，其顶角为 25°～30°。喷注噪声是连续的宽频带噪声，其峰值频率 f_m 为

$$f_m = \beta \frac{V}{D}$$

式中，β 为斯特劳哈尔数，与雷诺数 Re 有关，$Re = VD/v$，v 为气体动力黏滞性系数；当 $Re > 10^4$ 时，$\beta = 0.2$；V 为排气口流速，m/s；D 为排气管口直径，m。可见，V 越大，D 越小，即流速大而管径小，则峰值频率就越移向高频。

喷注噪声产生的声压在近场与流速 V 的平方成正比，而与距离 r 的三次方成反比。在远场则与流速 V 的四次方成正比，而与距离 r 成反比。因此，喷注噪声的声功率与流速 V 的八次方成正比。由理论分析结合实验结果可得，对于一般亚声速喷注，近似总声功率级为

$$L_W = 10\lg S + 80\lg V - 45 \tag{6-43}$$

式中，S 为喷口面积，m^2；V 为流速 m/s。

例 6-2　已知 $S = 0.01\text{m}^2$，$V = 300\,\text{m/s}$；求喷注噪声产生的总声功率级。

解　$$L_W = 10\lg 0.01 + 80\lg 300 - 45 \approx 133.2\ (\text{dB})$$

由式(6-43)所得计算值，与实验结果的偏差在±5dB 范围内。

为了控制高速气流噪声，原则上可采取下述几种措施。

(1)降低气流流速。这是一种最直接而有效的方法，由式(6-43)可知，适当降低流速，声功率将成倍地下降。从声学观点讲，应控制管道排气口的截面积，使由流速产生的噪声控制在容许限度之内。其次，对于高温排放气体可用水冷方法，使气体体积收缩从而使噪声降低。

(2)分散压降。声功率与压降高次幂成正比，若把压降分散到若干个局部结构，可保持总压降不变，而只是分散为各局部结构压降，从而可降低声功率。分散降压措施是在排气管中增加几个通道，使气体从高压容器向外排放，分散到多个通道内，从而使管内各处流速得到控制。图 6-34 是将大喷管射流分散至四个小喷管，其排气面积不变，但可使压降分散。

(3)改变噪声频谱特性。在发声功率不变的条件下，如能将噪声频谱主要频段提高，使

峰值频率 f_m 落在人耳感觉不敏感的声频范围或感觉不到的超声频率范围，即便这种移频没有减小声功率，但也起到了消除主要声频区的噪声效果。移频的主要方法是在总排气面积保持相同时，用许多小喷口来代替大喷口。

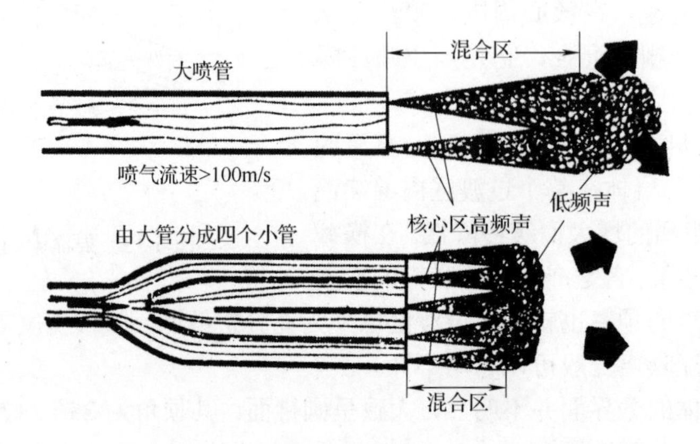

图 6-34　将大喷管射流分散至四个小喷管

4. 排空消声器

排空消声器的消声原理，在于控制或改变气体动力性噪声源的发声特性，使噪声源辐射可听声的声功率降低，从而达到消声的目的。与阻性、抗性消声器相比较，排空消声器的特点是在声源处消声而不是在噪声传播途径中消声。

1) 节流减压排气消声器

这是利用分散压降的原理，通过多层孔板或穿孔管降低高压排气噪声的一种很有效的措施。它的消声效果主要决定于消声器的节流级数、节流孔面积。节流减压排气消声器主要用于高压、高温放空排气，节流级数在实用上常取 2～6 级，消声量一般可达 15～25dBA。图 6-35 为几种不同结构形式的多级节流减压放空排气消声器示意图。

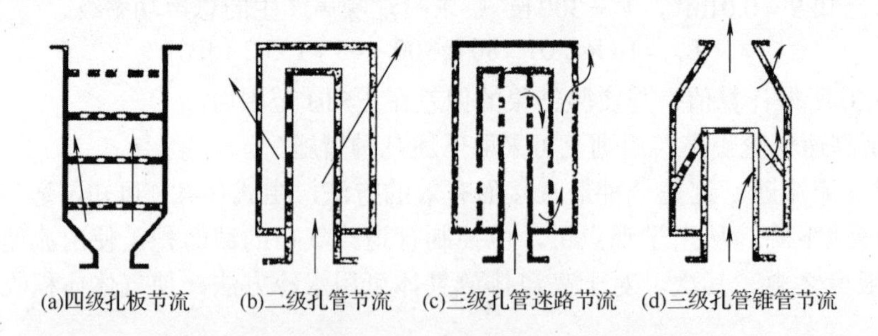

图 6-35　多级节流减压排气消声器示意图

2) 小孔喷注消声器

小孔喷注消声器以许多小喷口代替大截面喷口，它适用于流速极高的放空排气，当通过小孔的气流速度足够高时，噪声的发声频率移向高频或超声频，从而起到消声作用。

这种消声器具有结构简单、消声效果良好、占有体积小等独特优点，工程应用很广。图 6-36 是几种小孔喷注放空排气消声器示意图。

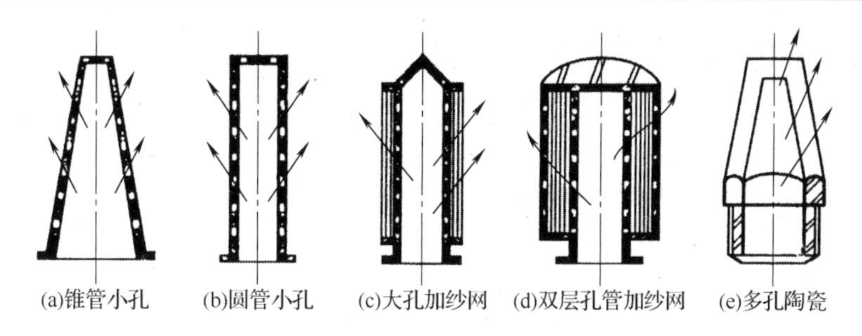

图 6-36 小孔喷注放空排气消声器示意图

3) 节流减压、小孔喷注复合排气消声器

这种组合消声器综合了上述两种消声器的特性，对不同压力高速放空排气，降低的声级可达 30～50dBA，尤其适用于发电站锅炉安全门放空排气。

5. 干涉式消声器

两束从同一声源发出的声波，经不同传播途径后叠加在一起，会产生干涉现象。当两束声波相互间的相位差为 0 或 2π 的整数倍时(同相)，两声波相互加强；当相位差为π的奇数倍时(反相)，两声波相互抵消。这种相位差保持恒定的声波称为相干声波。而从不同声源发出的噪声，相互间的相位差随机变化，并不能保持恒定，因此两声波叠加时应按能量法则进行，而不能按矢量法进行。这时两声波叠加后不会发生相互抵消的现象，这种声波称为不相干声波。

干涉式消声器主要借助于声波的相互抵消作用达到消声的目的。按照获得相干声波的方式，可把干涉式消声器分成两大类：一是无源的(被动式)，把声波分成两路，在并联的管道内分别传播不同的距离后，再会合在一起；另一种是有源的(主动式)，即根据实际存在的声波，外加相位相反的声波，使它们相互抵消。

图 6-37 为无源式干涉式消声器原理图。在管道系统中装置并联的分支管道。设两分支管道的长度分别为 l_1 和 l_2，管道截面的面积都是 S，入射声波在分支点 A 处等分成两种，分别传播 l_1 和 l_2 后，在分支点 B 会合。如果声传播路程之差等于半波长的奇数倍，即 $l_1 - l_2 = (2n+1)\dfrac{\lambda}{2}$ $(n = 0,1,2,\cdots)$，那么两声波的相位差为π的奇数倍。因此在 B 处叠加后将相互抵消，记相应的频率为 f_n：

$$f_n = (2n+1)\frac{c}{2(l_1 - l_2)}, \quad n = 0,1,2,\cdots$$

由此可知，对于频率为 f_n 的声波，不能通过这种分支管道传播出去，这种频率称为抵消频率。

从能量角度看，干涉式消声器与前述扩张或共振式消声器有本质上的不同。在干涉式消声器中，两分支管道中传播的声波叠加后实际上相互抵消，声能通过微观的涡旋运动转化为热能，即干涉式消声器中存在声的吸收。而在扩张式或共振式消声器中，管道中传播的

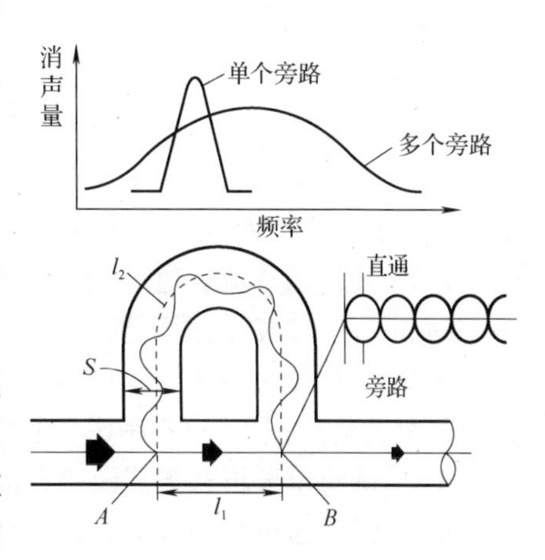

图 6-37 无源式干涉式消声器原理图

声波在声学特性突变处由于声阻抗失配而发生反射，声波只能改变传播方向而并没有被吸收掉。

干涉式消声器的消声特性具有显著的频率选择性，在抵消频率时，消声器具有非常高的消声量。但当频率偏离抵消频率时，消声量急剧下降，其有效的消声频率范围一般只能达到一个 1/3 倍频程，因此对于宽频带噪声很难具有良好的消声效果。

习　题　6

6.1　如图所示通道中加吸声层或吸声蕊的阻性直管式消声器。

(1) 若设计要求消声量为 25dB，两种消声器的长度为多少时才能满足设计要求？

(2) 两者的截止频率分别为多少？

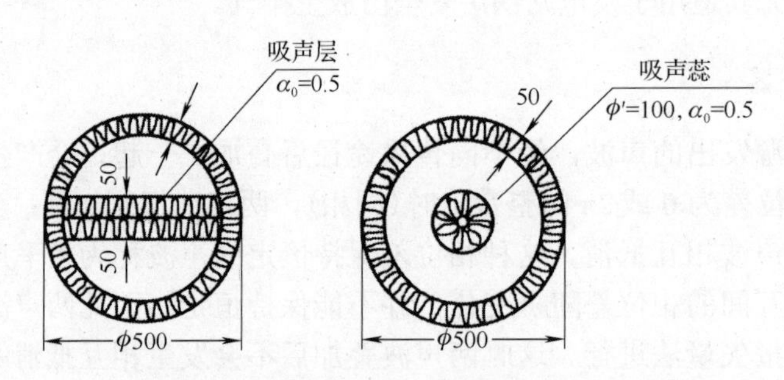

题 6.1 图　通道中加吸声层或吸声蕊的消声器

6.2　如图所示，为单扩张式抗性消声器。

(1) 最大传声损失为多少？

(2) 相应于最大传声损失的声波激发频率 f 为多少？

(3) 当激发频率为 340Hz 时，传声损失 L_{TL} 为多少？

(4) 当扩张室的长度增加至 600mm 时，可得到最大传声损失的声波频率为多少？

6.3　已知柴油机进气气流噪声峰值频率为 125Hz，设进气口的管径为 150mm。若气流速度的影响可忽略，试设计一长度为 2m 的单扩张式消声器，要求在 125Hz 中心频率附近的传声损失不低于 15dB。

6.4　某声源排气噪声在 125Hz 处有一峰值，排气管直径为 100mm，长度为 2m，试设计一单节扩张式消声器，要求在 125Hz 上有 13dB 的消声量。

6.5　某风机的出风口噪声在 200Hz 处有一明显峰值，出风口管径为 200mm，试设计一扩张式消声器与风机配用，要求在 200Hz 处有 20dB 的消声量。

6.6　某常温气流管道，直径为 100mm，试设计一单腔共振消声器，要求在中心频率 63Hz 的倍频带上有 12dB 的消声量。

6.7　如图所示共振式消声器，试计算出现消声量最大时的激发频率，并估算频率为 100Hz 处的传声损失。(不考虑各孔的声阻，小孔孔径为 6mm，共 50 孔均布)

6.8　试简单分析共振式消声器的传声损失机理及其消声频率特性。

6.9　消声器可分为几类？试对这几类消声器的工作原理进行小结。

6.10　降低放空排气噪声通常可采取哪些措施？简单说明其降噪原理。

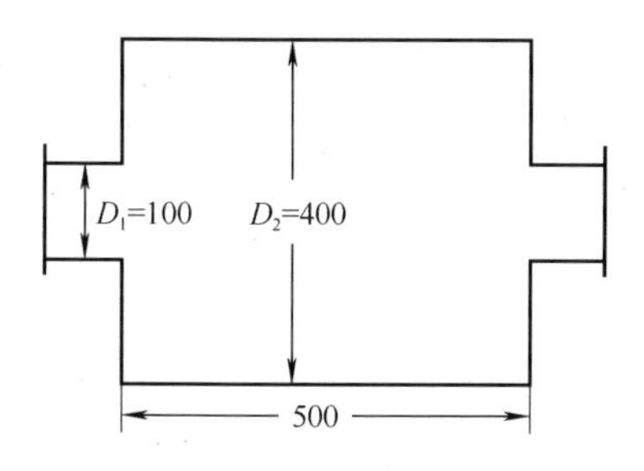

题6.2图　单扩张式抗性消声器(图中长度单位为mm)

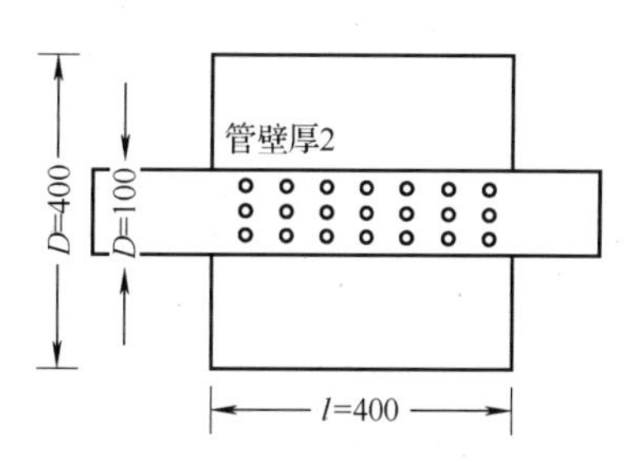

题6.7图　共振式消声器(图中长度单位为mm)

第 7 章　隔振与阻尼减振

声波起源于物体的振动，物体振动时会向周围(空气或液体)辐射噪声，这种噪声一般称为辐射声。除此之外，物体的振动还会通过与其相连的固体结构传播声波，这种声波一般称为固体声，固体声在传播过程中还会向周围辐射噪声，特别是当物体发生共振时，会向周围辐射很强的噪声。

振动除了产生噪声，干扰人的学习、生活和健康外，还会对水下运动的物体产生影响，在 1～100Hz 的低频振动范围内，更会直接对人产生影响。

振动控制与噪声控制一样，也可从以下三个方面着手，首先是对振动源进行控制，清除或减小振动源产生的振动；其次是切断或抑制从振动源向外界的振动传递；最后是防止振动物体或结构的共振。

7.1　振动对人体的影响

噪声和振动通过不同的渠道对人体产生作用，噪声主要通过听觉器官，而振动则可以通过人体各部位与振动物体接触。

从物理学和生理学角度看，人体是一个复杂的弹性系统，因此具有若干明显的固有频率。当振动源的频率与这些固有频率一致时，会发生共振现象，对人体的影响特别大。

振动的干扰对人、建筑物及设备都会带来直接的危害。振动对人体的影响分为全身振动和局部振动。全身振动是指人直接位于振动体上时所受的振动，局部振动是指手持振动物体时引起的人体局部振动。人能感觉到的振动频率主要在 1～100Hz。按频率范围划分，振动还可分为低频振动(30Hz 以下)、中频振动(30～100Hz)和高频振动(100Hz 以上)。

实验表明，人体全身垂直振动时，在 4～8Hz 范围内有个最大的共振峰，它主要由胸腔共振产生，对心脏、肺脏的影响最大；在 10Hz 附近还有一个较小的共振峰，它主要由腹腔共振产生，对肠、胃、肝脏的影响较大。在全身振动下，还会发生其他局部器官的共振，头部共振频率为 25Hz，手为 30～40Hz，上下颚为 6～8Hz，中枢神经系统为 250Hz。低于 2Hz 的次声振动甚至有可能引起人的死亡。

频率一定时，振动对人体的影响主要取决于振动的强度，还与在振动中的暴露时间有明显关系，短时间内可以容忍的振动，时间一长就可能变成不能容忍的了。

当振动增强到一定程度时，人就会感觉到“不舒适”，对振动“讨厌”，这是一种心理反应，是人对客观的振动信息作出的主观判断，因此个体差异十分明显。当振动进一步增强时，人对振动不仅有心理反应，而且会出现生理反应，相应的振动强度称为疲劳阈。对超过疲劳阈的振动，人的神经系统及其功能会受到不良影响，如注意力分散、工作效率降低等。当振动继续增强，达到一定的强度(称为极限阈)时，对人不仅有心理和生理的影响，还会产生病理性的损伤，长期在超过极限阈的强烈振动下工作时，将使感受器官和神经系统产生永久性病变，即使振动停止后也较难复原。这种由于振动引起的病变称为振动病，它的局部症状是承受强烈振动的部位，如手、肘、肩的骨关节会发生损伤，手指肿胀、僵硬，手臂无力等，全身症状是头晕、头痛、烦躁、失眠、食欲不振和疲乏无力等。随着承受强烈振动的工作年限的延长，这种振动病的发展会趋向严重。

人体受到撞击或突然进入失重、超重状态时，在短时间内将承受很大的加速度。这相当于发生一次非周期的全身振动。实验表明，人在短时间内可以忍受较大的振动加速度，但如果超过了一定的限度，将造成皮青肉肿、伤筋折骨、器官破裂、脑震荡、脑贫血或充血而休克等损伤。

振动的影响是多方面的，它损害或影响振动作业工人的身心健康和工作效率，干扰居民的正常生活，还影响或损害建筑物、精密仪器和设备等。

7.2　振动评价和标准

评价振动对人体的影响比较复杂，根据引起人体对某种振动刺激的主观感觉和生理反应的各项物理量，国际标准化组织和一些国家推荐提出了不少标准，主要包括局部振动标准、整体振动标准和环境振动标准。

7.2.1　局部振动标准

国家标准化管理委员会制定了《机械振动　人体暴露于手传振动的测量与评价　第 1 部分：一般要求》(GB/T 14790.1—2009/ISO 5349-1：2001)、《机械振动　人体暴露于手传振动的测量与评价　第 2 部分：工作场所测量实用指南》(GB/T 14790.2—2014)、《振动与冲击　人体的机械驱动点阻抗》(GB/T 16440—1996)等相应标准。

GB/T 14790.1—2009 标准规定了在三个正交轴向上测量和手传振动暴露的一般要求，规定了频率计权和带限滤波器的要求以使测量能进行统一的比较。获得的测量值可用来预测在 8～1000Hz 倍频程覆盖频率范围内的手传振动的有害影响。

该标准适用于周期性和随机或非周期性的振动，也暂时适用于重复性冲击激励。该标准给出了以频率计权振动加速度和日暴露时间表示的手传振动暴露的评价指南，没有规定安全的振动暴露限值。不过该标准在附录 B 手传振动对健康的影响指南中指出，过度地暴露于手传振动，可能引起手指血流失调和臂的神经及运动功能的失调。由手传振动所引起的血管失调和骨与关节异常，在一些国家是可以得到赔偿的职业病，这些失调也包含在欧洲认定的职业病清单中。

研究认为，人对(加)速度最敏感的频率范围是 8～16Hz。

7.2.2　整体振动标准

国家标准化管理委员会制定了《机械振动与冲击　人体暴露于全身振动的评价　第 1 部分：一般要求》(GB/T 13441.1—2007/ISO 2631-1：1997)。

该标准主要涉及人体全身振动，但并不包括那些直接传递到四肢上的振动(如电动工具)而带来的严重影响。

该标准不包括振动暴露界限，但还是定义了相关的评价方法，以便可单独预备用作界限的基础。该标准还包括对含有间断性高峰值(即有高波峰因数)振动的评价。

标准规定了周期、随机和瞬态的全身振动的测量方法，指出了综合评定振动暴露可接受程度的主要因素。GB/T 13441.1—2007 标准的附录 B 至附录 D 提供了振动对健康、舒适与感知、运动眩晕的可能影响的指南。考虑的频率范围为：对健康、舒适与感知为 0.5～80Hz，对运动眩晕病为 0.1～0.5Hz。

振动对人体的作用取决于振动强度、振动频率、振动方向和暴露时间。振动规范曲线见图 7-1（垂直振动）和图 7-2（水平振动）。图中曲线为疲劳-工效降低界限，当振动暴露超过这些界限时，常会出现明显的疲劳及工作效率的降低。对于不同性质的工作，可以有 3～12dB 的修正范围。超过图中曲线的两倍（即+6dB）为暴露极限，即使个别人能在强的振动环境中无困难地完成任务，也是不允许的。将曲线向下移 10dB，为舒适降低界限，降低的程度与所做事情的难易有关。

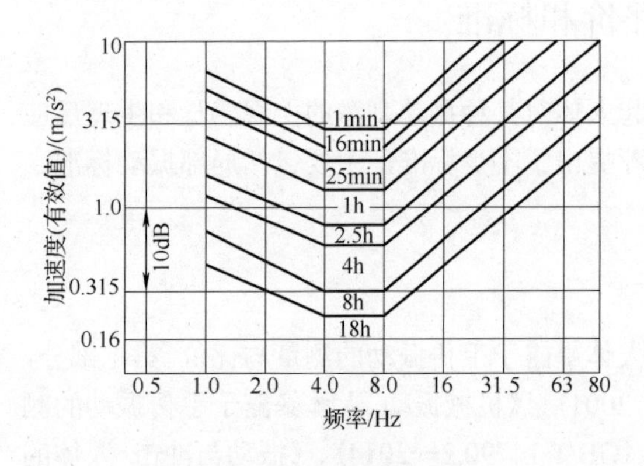

图 7-1　垂直振动标准曲线

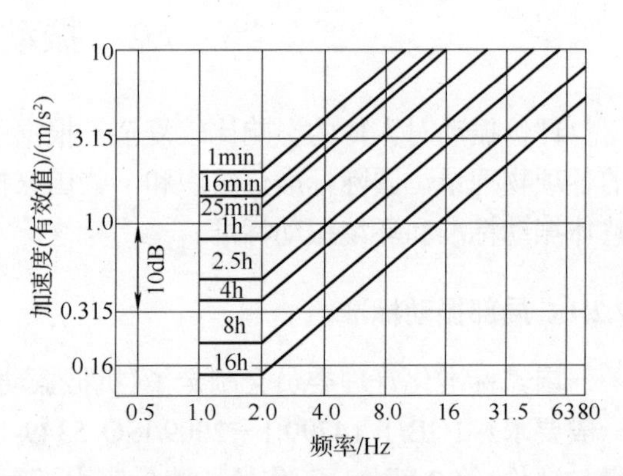

图 7-2　水平振动标准曲线

图 7-1 和图 7-2 的适用频率为 1～80Hz。由图可以看出，对于垂直振动，人最敏感的频率范围在 4～8Hz；对于水平振动，人最敏感的频率范围在 1～2Hz。低于 1Hz 的振动会出现许多传递形式，并产生一些与较高频率完全不同的影响，如运动眩晕等。这些影响不能简单地通过振动的强度、频率和持续时间来解释。不同的人对于低于 1Hz 的振动反应会有相当大的差别，这与环境因数和个人经历有关。高于 80Hz 的振动，感觉和影响主要取决于作用点的局部条件，目前还没有建立 80Hz 以上的关于人的整体振动标准。

7.2.3　环境振动标准

由各种机械设备、交通运输工具和施工机械所产生的环境振动，对人们的正常工作和休息都会产生较大的影响。我国已经制定了《城市区域环境振动标准》（GB 10070—1988）和《城市区域环境振动测量方法》（GB 10071—1988）。表 7-1 是我国为控制城市环境振动污染而制定的 GB 10071—1988 中的标准值及适用区域。表中的标准值适用于连续发生的稳态振动、冲击振动和无规振动。对每天只发生几次的冲击振动，其最大值昼间不允许超过标准值 10dB，夜间不超过 3dB。铅垂向 z 振级的测量及评价量的计算方法，按国家标准 GB 10071—1988 中有关条款规定执行。

标准规定测量点应位于建筑物外 0.5mm 以内的振动敏感处，必要时测点置于建筑物室内地面中央，标准值均取表 7-1 中的值。

表 7-1　城市各类区域铅垂向 z 振级标准值　(单位：dB)

适用地带范围	昼间	夜间
特殊住宅区	65	65
居民、文教区	70	67
混合区、商业中心区	75	72
工业集中区	75	72
交通干线道路两侧	75	72
铁路干线两侧	80	80

7.3　振动控制的基本方法

7.3.1　振动的传播规律

研究环境振动防治前，必须先弄清环境振动的传播途径和规律，才能制定出有效的防治对策和控制方法。图 7-3 为环境振动的传播过程。

在环境保护中遇到的振动源主要有工厂振源(往复旋转机械、传动轴、电磁振动等)、交通振源(汽车、机车、路轨、路面、飞机、气流等)、建筑工地(打桩、搅拌、风镐、压路机等)以及大地脉动及地震等；传递介质主要有地基、建筑物、空气、水、道路、构件设备等；接收者除人群外，还包括建筑物及仪器设备等。

图 7-3　环境振动传播过程

7.3.2　振动控制的基本方法

根据振动的性质及其传播的途径，振动的控制方法可归纳为三大类别。

1) 减少振动源的扰动

虽然振动来源不同，但振动主要是振动源本身的不平衡力引起的对设备的激励。减少或消除振动本身的不平衡力(即激励力)，从振动源来控制，改进振动设备的设计和提高制造加工装配精度，使其振动最小，是最有效的控制方法。例如，鼓风机、高压水泵、蒸汽轮机、燃气轮机等旋转机械，大多属高速旋转类，每分钟旋转在千转以上，其微小的质量偏心或不均匀的安装间隙常带来严重的危害。为此，应尽可能调好旋转机械的静、动平衡，提高制造质量，严格控制安装间隙，减少其离心、偏心惯性力的产生。性能差的旋转机械往往动平衡不佳，不仅振动厉害，还伴有强烈的噪声。

2) 防止共振

振动机械激励力的振动频率若与设备的固有频率一致，就会引起共振，使设备振动得更厉害，起了放大作用，其放大倍数可为几倍到几十倍。共振带来的破坏和危害是十分严重的。例如，木工机械中的锯、刨加工，不仅有强烈的振动，而且常伴随壳体等的共振，产生的抖动使人难以承受，操作者的手会感到麻木；高速行驶的载重卡车、铁路机车等，往往会使附近的建筑物等产生共振，在某种频率下会发生楼面晃动、玻璃窗强烈抖动等。历史上曾发生过几次严重的共振事件，如美国的塔科马悬索桥(Tacoma Narrow Bridge)，建于 1940 年，全桥主跨度 853.4m，花费 640 万美元。建成 4 个月后，遇到了一场风速为 19m/s 的风，使悬索桥发生剧烈的扭曲振动，且振幅越来越大(接近 9m)，直到桥面倾斜到 45° 左右，吊杆被逐根拉断，桥面钢梁折断而导致桥塌毁。经专家研究后认定，该桥的毁坏是由周期性旋涡的共振引起的，也是该桥的结构设计不合理所致。

因此，防止和减少共振响应是振动控制的一个重要方面。控制共振的主要方法有：改变设施的结构和总体尺寸或采用局部加强法等，以改变机械结构的固有频率；改变机器的旋转或改换机型等以改变振动源的扰动频率；将振动源安装在非刚性的基础上，以降低共振响应；对于一些薄壳机体或仪器仪表柜等结构，用粘贴弹性高阻尼结构材料的方法增加其阻尼，以增加能量逸散，降低其振幅。

3) 采取隔振技术

振动的影响，特别是对于环境来说，主要是通过振动传递来达到的，减少或隔离振动的传递，振动就可得以控制。

采用大型基础来减少振动影响是最常用、最原始的方法。根据工程振动学原则合理地设计机器的基础，可以减少基础(和机器)的振动和振动向周围的传递。根据经验，一般的切削机床的基础是自身重量的 1～2 倍，而特殊的振动机械如锻压设备则达到设备自重的 2～5 倍，更甚者达 10 倍以上。

在设备下安装隔振元件——隔振器，是目前工程上应用最为广泛的控制振动的有效措施。安装这种隔振元件后，能真正起到减少振动与冲击力传递的作用，只要隔振元件选用得当，隔振效果可在 85%以上，而且可以不必采用上面介绍的大型基础。对一般中、小型设备，甚至可以不用地脚螺钉和基础，只要普通的地坪能承受设备的静负荷即可。

7.4 隔振原理

7.4.1 振动的传递和隔离

机器设备振动力传递给基础的基本研究模型是一个单自由度系统。虽然实际振动控制系统可能很复杂，但单自由度系统的分析概念和隔振原理却是理解和解决复杂问题的基础，其研究方法也大体相同。

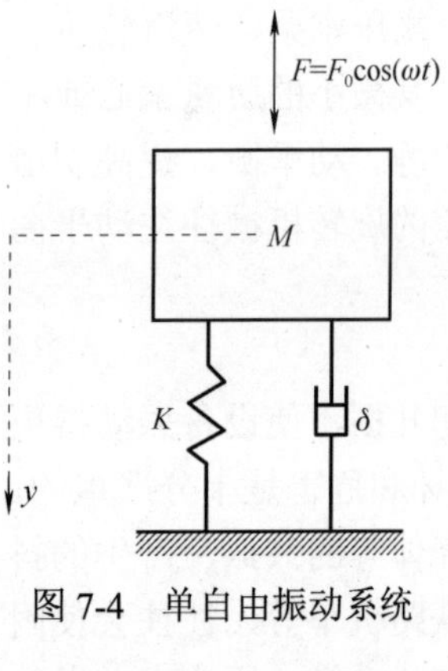

图 7-4 是一个单自由度振动系统模型。振动系统的主要参量是质量 M、弹簧 K、阻尼 δ、外激励力 F，y 表示振动在 y 方向上的位移，根据牛顿第二定律，系统的运动方程为

$$F = M\frac{\mathrm{d}^2 y}{\mathrm{d}t^2} + \delta\frac{\mathrm{d}y}{\mathrm{d}t} + Ky \tag{7-1}$$

式中，$M\frac{\mathrm{d}^2 y}{\mathrm{d}t^2}$ 为惯性力；$\delta\frac{\mathrm{d}y}{\mathrm{d}t}$ 为黏滞阻尼力(δ 为阻尼系数)；Ky 为弹性力(K 为弹性系数)。

$F=F_0\cos(\omega t)$ M K δ y

图 7-4　单自由振动系统

设外激励力为简谐力，即 $F = F_0\cos(\omega t)$；定义 $\beta = \delta/(2M)$，

称为衰减系数；$\omega_0=\sqrt{\dfrac{K}{M}}$，因 ω_0 是振动系统的固有角频率，于是式(7-1)改写为

$$\frac{F_0}{M}\cos(\omega t)=\frac{\mathrm{d}^2 y}{\mathrm{d}t^2}+2\beta\frac{\mathrm{d}y}{\mathrm{d}t}+\omega_0^2 y \tag{7-2}$$

式(7-2)的解为

$$y=A_0\mathrm{e}^{-\beta t}\cos(\omega_0 t+\varphi)+\frac{F_0}{\omega Z_m}\cos(\omega t+\varphi) \tag{7-3}$$

式中，Z_m 为力阻抗，其值为

$$Z_m=\sqrt{\delta^2+\left(\omega M-\frac{K}{\omega}\right)^2} \tag{7-4}$$

式(7-3)的第一项是瞬态解，它表明由于激励力作用而激发起的按系统固有频率振动的部分，这一部分由于阻尼的作用很快按指数规律衰减掉；第二项是稳态解，振动频率就是激励力的频率，且振幅保持恒定，故当有阻尼的振动系统在简谐策动力的作用下，振动持续一个很短的时间后，即成为稳态解的形式的简谐振动，即

$$y=\frac{F_0}{\omega Z_m}\cos(\omega t+\varphi) \tag{7-5}$$

其振幅为

$$A=\frac{F_0}{\omega Z_m}=\frac{F_0}{\omega\sqrt{\delta^2+\left(\omega M-\dfrac{K}{\omega}\right)^2}} \tag{7-6}$$

为进一步讨论受迫振动的振幅，将式(7-4)变形为

$$\begin{aligned}Z_m&=\sqrt{\delta^2+\left(\omega M-\frac{K}{\omega}\right)^2}=\sqrt{\delta^2+\left(\omega M-\frac{\frac{K}{M}}{\omega^2}\omega M\right)^2}\\&=\sqrt{\delta^2+\left[\omega M\left(1-\frac{\omega_0^2}{\omega^2}\right)\right]^2}=\sqrt{\delta^2+\left[\frac{\omega_0^2 M}{\omega}\left(\frac{\omega^2}{\omega_0^2}-1\right)\right]^2}\end{aligned} \tag{7-7}$$

将式(7-7)代入式(7-6)，且分子、分母同除以 K，得

$$A=\frac{F_0}{\omega Z_m}=\frac{F_0/K}{\sqrt{\dfrac{\omega^2\delta^2}{K^2}+\left[\dfrac{\omega_0^2 M}{K}\left(\dfrac{\omega^2}{\omega_0^2}-1\right)\right]^2}}=\frac{F_0/K}{\sqrt{\dfrac{\omega^2\delta^2}{K^2}+\left[\left(\dfrac{\omega^2}{\omega_0^2}-1\right)\right]^2}} \tag{7-8}$$

其中，分母中的

$$\omega\delta/K=\omega\frac{\dfrac{\delta}{M}}{\dfrac{K}{M}}=\omega\frac{\dfrac{\delta}{M}}{\omega_0^2}=\frac{\omega}{\omega_0}\frac{\delta}{M\omega_0}=2\frac{\delta}{2M\omega_0}\frac{\omega}{\omega_0}=2\frac{\delta}{\delta_0}\frac{\omega}{\omega_0}=2\xi\frac{\omega}{\omega_0} \tag{7-9}$$

式中，$\delta_0=2M\omega_0$ 为隔振系统的临界阻尼；$\xi=\dfrac{\delta}{\delta_0}$ 称为阻尼比或称阻尼因子，于是式(7-8)成为

$$A = \frac{F_0}{\omega Z_m} = \frac{\dfrac{F_0}{K}}{\sqrt{\left(2\xi\dfrac{\omega}{\omega_0}\right)^2 + \left(\dfrac{\omega^2}{\omega_0^2} - 1\right)^2}} \tag{7-10}$$

可见受迫振动的振幅 A 与激励力的力幅 F_0、频率 ω 和系统的力阻抗 Z_m 有关。

当 $\omega = \omega_0 = \sqrt{K/M}$ 时，有 $Z_m = \delta$ 为极小值，这时系统的振幅为

$$A = \frac{F_0}{\omega\delta}$$

系统发生共振，共振时的峰值和尖锐程度与阻尼比有关，不同频率范围响应和主要控制参数见表 7-2。

表 7-2 不同频率范围的主要控制参数

频率	响应	控制参数
$\omega^2 \ll \omega_0^2$	$A = F_0 / K$	弹性控制
$\omega^2 \gg \omega_0^2$	$A = F_0 / (M\omega^2)$	质量控制
$\omega^2 = \omega_0^2$	$A = F_0 / (\omega\delta)$	阻尼控制

7.4.2 隔振的力传递率

在研究振动隔离问题时，人们最感兴趣的并不是振动位移的大小，而是传递给基础的振动力大小。隔振效果的好坏通常用力传递率 T_f 来表示，它定义为通过隔振装置传递到基础上的力 F_f 的幅值 F_{f0} 与作用于振动系统上的激励力的幅值 F_0 之比。一般情况下，基础的力阻抗较大，振动位移很小，在忽略基础影响的情况下，通过弹簧和阻尼传递给基础的力 F_f 由两部分组成：一部分与位移成正比，比例因子为弹性系数 K；另一部分与振动速度成正比，比例因子为阻尼系数 δ，因此有

$$F_f = Ky + \delta\frac{\mathrm{d}y}{\mathrm{d}t} \tag{7-11}$$

将式(7-5)代入，得

$$F_f = K\frac{F_0}{\omega Z_m}\cos(\omega t + \varphi) - \delta\frac{F_0}{\omega Z_m}\omega\sin(\omega t + \varphi) \tag{7-12}$$

即可以把 F_f 看成两个力的合力，它们的幅值分别为 $KF_0/(\omega Z_m)$ 和 $\delta F_0/Z_m$，相位差为 $\pi/2$。因此可以看成两个长度分别为 $KF_0/(\omega Z_m)$ 和 $\delta F_0/Z_m$，夹角为 $\pi/2$ 的旋转矢量。

用平行四边形法求出它们的合力 F_f 的幅值为

$$F_{f0} = \frac{F_0}{\omega Z_m}\sqrt{K^2 + (\delta\omega)^2} = KA\sqrt{1 + \left(\frac{\delta\omega}{K}\right)^2} \tag{7-13}$$

式中，$A = F_0/(\omega Z_m)$，见式(7-6)。

按力传递率的定义，并参见式(7-7)～式(7-9)，有

$$T_f=\frac{F_{f0}}{F_0}=\frac{\sqrt{K^2+(\delta\omega)^2}}{\omega Z_m}=\frac{\sqrt{1+\left(\dfrac{2\xi\omega}{\omega_0}\right)^2}}{\sqrt{\left[1-(\omega/\omega_0)^2\right]^2+\left(\dfrac{2\xi\omega}{\omega_0}\right)^2}}=\sqrt{\frac{1+4\xi^2(f/f_0)^2}{\left[1-(f/f_0)^2\right]^2+4\xi^2(f/f_0)^2}} \tag{7-14}$$

当系统为单自由度无阻尼振动时，即 $\xi=0$，式(7-14)简化为

$$T_f=\left|\frac{1}{1-(f/f_0)^2}\right| \tag{7-15}$$

图 7-5 是根据式(7-10)绘制的不同阻尼比的力传递率与频率比的关系曲线。由关系曲线可看出：

(1) 当频率比 $f/f_0\ll 1$ 时，即图中 AB 段，$T_f\approx 1$，说明激励力通过隔振装置全部传给基础，不起隔振作用。

(2) 当 $f/f_0=1$ 时，即图中 BC 段，$T_f>1$，这说明隔振措施极不合理，不仅不起隔振作用，反而放大了振动的干扰，乃至发生共振，这是隔振设计中应绝对避免的。

(3) 当 $f/f_0>\sqrt{2}$ 时，即图中 CD 段，$T_f<1$，系统起到隔振作用，且 f/f_0 值越大，隔振效果越明显，工程中一般取为 2.5～4.5。

(4) 在 $f/f_0<\sqrt{2}$ 的范围，即不起隔振作用乃至发生共振的范围，ξ 值越大，T_f 值就越小，这说明增大阻尼对控制振动是有益的，特别是当发生共振时，阻尼的作用就更明显。

(5) 在 $f/f_0>\sqrt{2}$ 的范围，这是设计减振器时常考虑的范围，ξ 值越小，T_f 值就越小，这说明阻尼比小，对控制振动有利，工程中 ξ 值一般选用 0.02～0.1 范围。

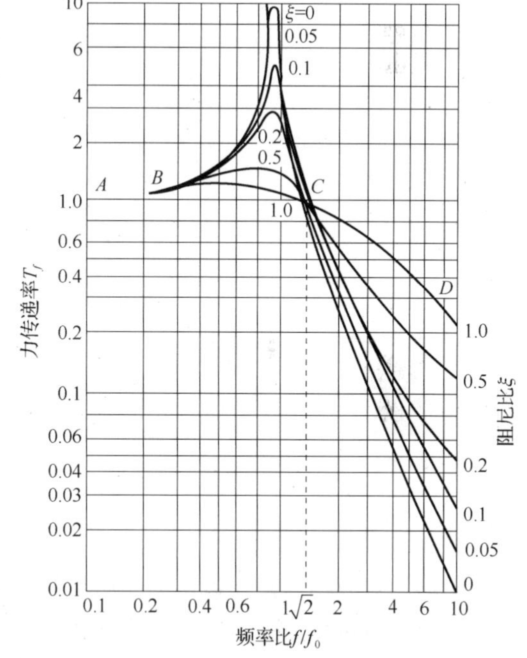

图 7-5　振动传递率

在工程中常用振动级的概念。隔振处理后，其力的振动级差为

$$\Delta L=20\lg\frac{F_0}{F_{f0}}=20\lg\frac{1}{T_f} \tag{7-16}$$

例如，采用某种隔振措施后，使机器振动系统激励力传递到基础的力的振幅减弱为原来的 1/10，即 $T_f=0.1$，则传递到基础的力的振动级降低了 20dB。

在隔振设计中，有时也使用隔振效率 η 的概念，定义为

$$\eta=(1-T_f)\times 100\% \tag{7-17}$$

显然，当 $T_f=1$ 时，$\eta=0$，激励力全部传给基础，没有隔振作用；当 $T_f=0$ 时，$\eta=100\%$，激励力完全被隔离，隔振效果最好。

为了便于设计，在忽略阻尼的情况下，将式(7-15)绘制成图 7-6。

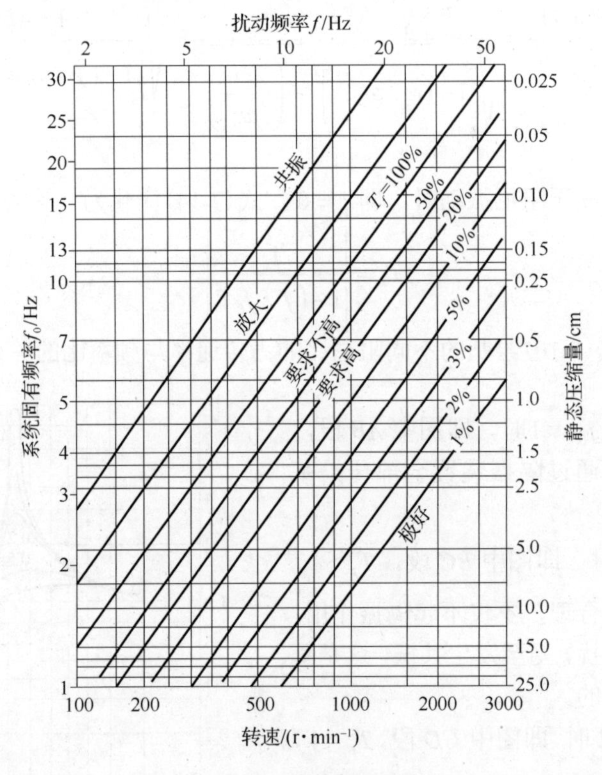

图 7-6　隔振设计图

7.5　隔 振 元 件

隔振的重要措施是在设备下的质量块和基础之间安装隔振器或隔振材料，使设备和基础之间的刚性连接变成弹性支撑。工程中广泛使用的隔振材料有钢弹簧、橡胶、玻璃棉毡、软木和空气弹簧等。它们的隔振特点见表 7-3。

表 7-3　各类减振器和减振材料特性

减振器或减振材料	频率范围	最佳工作频率	阻尼	缺点	备注
金属螺旋弹簧	宽频	低频(在静态压缩量大时)	很低，仅为临界阻尼的 0.1%	容易传递高频振动	广泛应用
金属板弹簧	低频	低频	很低		特殊情况使用
橡胶	取决于成分和硬度	高频	随硬度增加而增加	载荷容易受到限制	
软木	取决于密度	高频	较低，一般为临界阻尼的 6%		
毛毡	取决于密度和厚度	高频(40Hz 以上)	高		通常采用厚度 1～3cm
空气弹簧	取决于空气容积		低	结构复杂	

7.5.1　金属弹簧减振器

金属弹簧减振器广泛应用于工业振动控制中，其优点是能承受各种环境因素，在很宽的温度范围(−40～150℃)和不同的环境条件下，可以保持稳定的弹性，耐腐蚀、耐老化；设计加工简单、易于控制，可以大规模生产，且能保持稳定的性能；允许位移大，在低频可以保持较好的隔振性能。它的缺点是阻尼系数很小，因此在共振频率附近有较高的传递率；在高频区域，隔振效果差，使用中常需要在弹簧和基础之间加橡皮、毛毡等内阻较大的衬垫。

金属弹簧减振器最常用的是螺旋弹簧和板条式弹簧两种，如图 7-7 所示。螺旋弹簧减振器适用范围广，可以用于各类风机、球磨机、破碎机、压力机等。只要设计选用正确，就能取得较好的隔振效果。

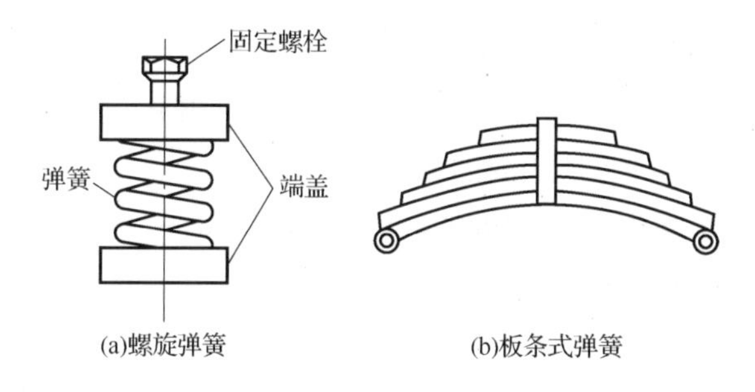

图 7-7　金属弹簧减振器

螺旋弹簧减振器的设计和使用程序如下。

(1)确定机器设备的重量和可能的最低激振力频率、预期的隔振效率和安装支点的数目。

(2)根据图 7-6，由激振力频率和按设计所要求的隔振效率，查得钢弹簧的静态压缩量 x。

(3)由机器设备总重量 W 和安装支点数 N，确定选用弹簧的劲度为

$$K=\frac{W}{Nx} \tag{7-18}$$

知道了弹簧的劲度，即可按要求从生产厂家的产品目录中选择，或自行设计委托加工制造。螺旋弹簧的竖向劲度计算公式为

$$K=\frac{Gd^4}{8n_0D^3} \tag{7-19}$$

式中，G 为弹簧的剪切弹性系数，对于钢弹簧常取 $8\times10^6\text{N/cm}^2$；n_0 为弹簧有效工作圈数；D 为弹簧圈平均直径，cm；d 为弹簧条直径，cm，可由式(7-20)求出：

$$d=1.6\sqrt{\frac{kW_0C}{r}} \tag{7-20}$$

式中，C 为弹簧圈直径 D 与弹簧条直径 d 的比值，即 D/d，一般取 4～10；k 为系数，$k=(4C+2)/(4C-3)$；W_0 为一个弹簧上的载荷，N；r 为弹簧材料的容许扭应力，N/cm^2，对于钢弹簧，取值为 $4\times10^4\text{N/cm}^2$。

弹簧的全部圈数 n 应包括有效的工作圈数 n_0 和不工作圈数 n'，即 $n=n_0+n'$。在 $n_0<7$ 时，可取 $n'=1.5$ 圈；在 $n_0>7$ 时，取 $n'=2.5$ 圈。未受载荷的弹簧，其高度 H 可由式(7-21)计算：

$$H = nd + (n-1)\frac{d}{4} + x \tag{7-21}$$

一般情况下，H 与 D 的比值应不大于 2，即 $H/D \leqslant 2$。

螺旋弹簧减振器的优点是：有较低的固有频率（5Hz 以下）和较大的静态压缩量（2cm 以上），能承受较大的负荷而且弹性稳定，耐腐蚀，耐老化，经久耐用，在低频可以保持较好的隔振性能。它的缺点是：阻尼系数很小（0.005～0.01），在共振区有较高的传递率，而使设备产生摇摆；由于阻尼比低（δ/δ_c=0.05），在高频区隔振效果差，使用时往往要在弹簧和基础之间加橡胶、毛毡等内阻较大的衬垫，以及内插杆和弹簧盖等稳定装置。

板条式减振器是由钢板条叠加制成的，利用钢板之间的摩擦，可获得适宜的阻尼比。这种减振器只在一个方向上有隔振作用，多用于火车、汽车的车体减振和只有垂直冲击的锻锤的基础隔振。

例 7-1　某风机重量 4600N，转速 1000 r/min，由重量为 1300N 的电机拖动（电机的激励力忽略不计）。电机与风机安装在重量为 1000N 的公共台座上，采用钢螺旋弹簧隔振器 4 点支撑。要求隔振效率 90%，计算所需要的各有关参数。

解　设备总重量 W=4600+1300+1000=6900（N），采用 4 点支撑，每个弹簧平均荷载为 $W = \frac{6900}{4} = 1725(\text{N})$。风机激励力的基本频率 $f = \frac{1000}{60} = 16.7$ (Hz)，隔振效率要求为 90%，由图 7-6 查得

$$\eta = (1 - T_f) \times 100\% = 90\% T_f = 0.1$$

被隔振机组的固有频率 $f_0 = 5\text{Hz}$，钢弹簧的静态压缩量 x=1cm，钢弹簧的劲度为 $K = \frac{W}{N_x} = \frac{6900}{4} = 1725(\text{N}/\text{cm})$，采用螺旋形钢弹簧，选取 $C = 5$，因此，$k = \frac{4C+2}{4C-3} = \frac{22}{17} = 1.3$。

弹簧条直径为

$$d = 1.6\sqrt{\frac{kW_0C}{r}} = 1.6\sqrt{\frac{1.3 \times 1725 \times 5}{40000}} = 0.85 \text{ (cm)}$$

弹簧有效工作圈数为

$$n_0 = \frac{Gd^4}{8KD^3} = \frac{Gd}{8KC^3} = \frac{8 \times 10^6 \times 0.85}{8 \times 1725 \times 5^3} \approx 4$$

因为 $n_0 = 4 < 7$，所以取弹簧不工作圈数 $n' = 1.5$，因此，弹簧的全部圈数为 $n = n_0 + n' = 4 + 1.5 = 5.5$。弹簧不受载荷时的高度可由式（7-21）求得

$$H = nd + (n-1)\frac{d}{4} + x = 5.5 \times 0.85 + (5.5-1)\frac{0.85}{4} + 1 = 6.63 \text{ (cm)}$$

由于 $H/D = \frac{6.63}{5 \times 0.85} = 1.56 < 2$，符合要求，每个弹簧条的长度等于

$$l = \pi Dn = 3.14 \times 5 \times 0.85 \times 5.5 = 73.4 \text{ (cm)}$$

7.5.2　橡胶减振器

橡胶减振器也是工程上常用的一种隔振元件。它的最大优点是具有一定的阻尼，在共振频率附近有较好的减振效果，并适用于垂直、水平、旋转方向的隔振，劲度具有较宽的范围可供选择。这类减振器是由硬度合适的橡胶材料制成的，根据受力情况，这类减振器可分为

压缩型、剪切型、压缩-剪切复合型等，如图 7-8 所示。

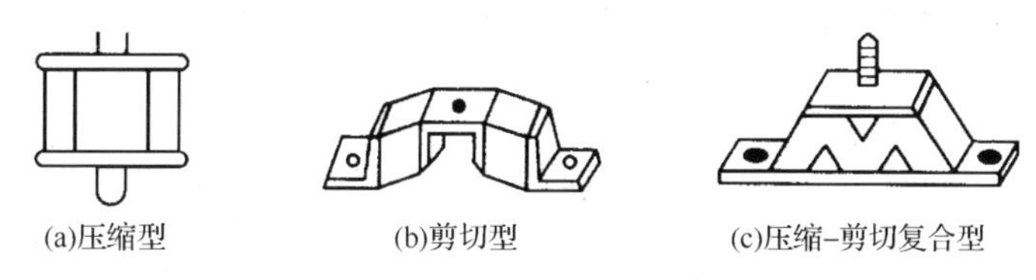

图 7-8　橡胶减振器

橡胶减振器的设计主要是选用硬度合适的橡胶材料，根据需要组成一定的形状、面积和高度。材料的厚度 d 和所需的面积 S 由式(7-22a)和式(7-22b)确定：

$$d = xE_{\mathrm{d}} / \sigma \tag{7-22a}$$

$$S = P / \sigma \tag{7-22b}$$

式中，x 为最大静态压缩量；E_{d} 为橡胶的动态弹性模量；σ 为橡胶的允许负载，kg/cm^2；P 为机组重量，kg。

E_{d} 和 σ 是橡胶减振材料的两个主要参数，由实验测得。表 7-4 为几种橡胶的有关参数。

表 7-4　几种橡胶的主要参数

材料名称	许可应力 σ /(kg·cm^{-2})	动态弹性模量 E_{d} /(kg·cm^{-1})	E_{d}/σ
软橡胶	1～2	50	25～50
软硬橡胶	3～4	200～250	50～83
有槽缝或圆孔橡胶	2～2.5	40～50	18～25
海绵状橡胶	0.3	30	100

目前，国内已有许多系列化的橡胶隔振器，负荷可以达到几十千克到 1000 千克，最大压缩量可达 4.8cm，最低固有频率的下限控制在 5Hz 附近。这类产品由于安装方便、效果明显，在工业和民用设备减振工程中得到了广泛应用。

7.5.3　橡胶隔振垫

隔振垫也是经常采用的一种隔振元件，如橡胶、软木、玻璃棉毡、岩棉毡等都可以用来做隔振垫，其特点是安装使用方便、价格便宜、厚度可以自己控制。

橡胶隔振垫已有成形产品出售。它的结构是在 10～20mm 厚的橡胶板(硬度可以为 40°～90°)上，两侧带有槽沟或高度不同的凸台以增加受力时的变形量。使用时可以直接把隔振垫放在设备下面，而不必改造基础。国产 WJ 型隔振垫，有四个不同直径、不同高度的圆台，分别交叉配置在减振的两个面上。表 7-5 给出 WJ 型系列橡胶隔振垫的主要参数。

表 7-5　WJ 型系列橡胶隔振垫性能

型号	额定载荷 /(kg·cm^{-2})	极限载荷 /(kg·cm^{-2})	额定载荷下形变/mm	额定载荷下固有频率/Hz	应用范围
WJ-40	2～4	30	4.2±0.5	14.3	电子仪器、钟表、工业机械、光学仪器等
WJ-60	4～6	50	4.2±0.5	13.8～14.3	空压机、发电机组、空调机、搅拌机等
WJ-85	6～8	70	3.5±0.5	17.6	冲床、普通车床、磨床、铣床等
WJ-90	8～10	90	3.5±0.5	17.2～18.1	锻压机、钣金加工机、精密磨床等

7.5.4 其他隔振元件

1) 空气弹簧

空气弹簧也称气垫，它的隔振效率高，固有频率低(1Hz 以下)，而且具有黏性阻尼，因此也能隔绝高频振动。空气弹簧的组成原理如图 7-9 所示，当负荷振动时，空气在 *A* 与 *B* 间流动，可通过阀门调节压力。

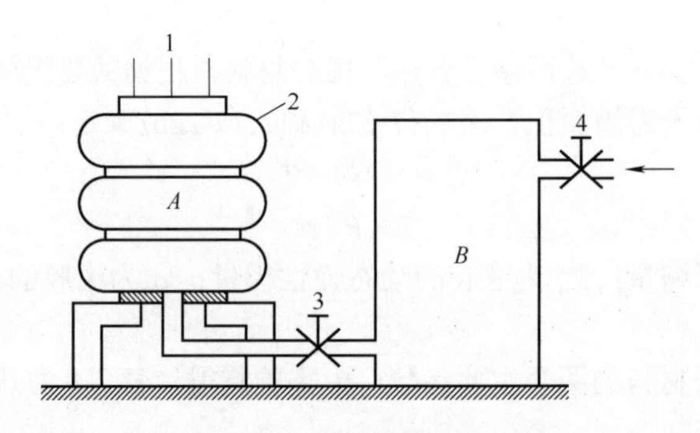

图 7-9　空气弹簧的构造

1-负载；2-橡胶；3-节流阀；4-进压缩空气阀；*A*-空气室　*B*-储气室

这种减振器是在橡胶的空腔内压进一定的空气，使其具有一定的弹性，从而达到隔振的目的。当负荷改变时，可调节橡胶腔内的气体压力，使之保持恒定的静态压缩量。空气弹簧多用于火车、汽车和一些消极隔振的场合。它的缺点是需要有压缩气源及一套繁杂的辅助系统，造价昂贵。

2) 酚醛树脂玻璃纤维板

酚醛树脂玻璃纤维板俗称冷藏保温板。这种材料的相对变形量很大(可以超过 50%)，残余变形很小，即使负荷过载，当失去荷载后仍可恢复，是一种良好的隔振材料。此外，此材料还具有耐腐、防火、不易老化、施工方便、价格低廉等优点。

酚醛树脂玻璃纤维板作为弹性垫层，其最佳作用荷载范围为 0.4～0.6kg/cm^2，静态压缩量应为原始量的 40%以上，这样才能获得较好的效果。

7.6 阻尼减振

固体振动向空间辐射声波的强度与振动幅度、频率、辐射体的面积等有关。大面积的薄板振动有最大的辐射效率。例如，气流管道壁、机器的罩壳等一般都是由金属薄板制成的，当其受到振动激励时，就可能产生较大的噪声辐射。这种由金属薄板结构受激振动所产生的噪声也称结构噪声。在相同激励力条件下，加大壳体厚度，即增加单位面积质量，可使激发引起的振幅(加速度)变小，从而降低辐射强度。但这种简单地加大单位面积质量的方法并不是经济合理的选择；大面积薄板上多加“筋”，会使振动的幅度减弱。安全防护用罩壳可用风孔板，因板两侧的压力平衡而不会辐射低频噪声。除了这些降低声辐射的方法外，还可在薄板上增加一阻尼层，并使其与薄板结合在一起，让原来薄板振动的能量尽可能多地耗散在阻尼层中，这称为阻尼减振。

7.6.1　阻尼减振原理

有很多噪声是由金属薄板受激发振动产生的，金属薄板本身阻尼很小，而声辐射效率很高。降低这种振动和噪声，普遍采用的方法是在金属薄板构件上喷涂或粘贴一层高内阻的黏弹性材料，如沥青、软橡胶或高分子材料。当金属板振动时，由于阻尼作用，一部分振动能量转变为热能，从而降低振动和噪声。

阻尼的大小用耗损因数η表示，定义为薄板振动时每周期时间内损耗的能量E与系统的最大弹性势能E_p之比除以2π，即

$$\eta = \frac{E}{2\pi E_p} \tag{7-23}$$

板受迫振动的位移和振速分别为

$$y = y_0 \cos(\omega t + \varphi) \tag{7-24}$$

$$u = \frac{\mathrm{d}y}{\mathrm{d}t} = -\omega y_0 \sin(\omega t + \varphi) \tag{7-25}$$

阻尼力δu（δ为阻尼系数）在位移$\mathrm{d}y$上所消耗的能量为

$$\delta u \mathrm{d}y = \delta u \frac{\mathrm{d}y}{\mathrm{d}t}\mathrm{d}t = \delta u^2 \mathrm{d}t = \delta \omega^2 y_0^2 \sin^2(\omega t + \varphi) \tag{7-26}$$

因此，阻尼力在一个周期内耗损的能量为

$$E = \delta \omega y_0^2 \int_0^{2\pi} \sin^2(\omega t + \varphi)\mathrm{d}\omega t = \pi \delta \omega y_0^2 \tag{7-27}$$

系统的最大弹性势能为

$$E_p = \frac{1}{2} K y_0^2 \tag{7-28}$$

将式(7-27)、式(7-28)代入式(7-23)，再利用式(7-9)，得

$$\eta = \frac{\pi \delta \omega y_0^2}{2\pi \times \frac{1}{2} K y_0^2} = \frac{\delta \omega}{K} = 2\xi \frac{f}{f_0} \tag{7-29}$$

可以看出损耗因数η除与材料的临界阻尼系数ξ有关外，还与系统的固有频率f_0及激振力频率f有关。对同一系统，激振力频率越高，则η越大，阻尼效果越好。

材料的损耗因数η通过实际测定求得。根据共振原理，将涂有阻尼材料的试件(通常做成狭长板条)用一个外加振源强迫其做弯曲振动，调节振源频率使之产生共振，然后测得有关参量，即可计算求得损耗因数η，常用的测量方法有频率响应法和混响法两种。

大多数材料的损耗因数在10^{-5}～10^{-1}范围，其中金属为10^{-5}～10^{-4}，木材为10^{-2}，橡胶为10^{-2}～10^{-1}。

7.6.2　阻尼材料

阻尼材料应有较高的损耗因数，同时具有较好的黏结性能，在强烈的振动下不脱落、不老化。在某些特殊环境下使用还要求耐高温、高湿和油污。配置阻尼材料主要由基料、填料和溶剂三部分组成。

1) 基料

基料是阻尼材料的主要成分，其作用是使构成阻尼材料的各种成分进行黏合，并黏结于金属板上。基料性能的好坏对阻尼效果起决定性作用。常用的基料有沥青、橡胶、树脂等。

2) 填料

填料的作用是增加阻尼材料的内损耗能力和减少基料的用量，以降低成本。常用的有膨胀珍珠岩粉、石棉绒、石墨、碳酸钙、硅石等。一般情况下，填料占阻尼材料的30%～60%。

3) 溶剂

溶剂的作用是溶解基料，常见的溶剂有汽油、醋酸乙酯、乙酸乙酯、乙酸丁酯等。表7-6列出了一些典型阻尼材料及其成分。

表7-6　几种典型阻尼材料及其成分

名称	成分和重量百分比/%
厚白漆软木阻尼材料	厚白漆20，光油13，生石膏23，软木粉13，松香水4，水27
沥青阻尼材料	沥青57，胺焦油23，熟桐油4，蓖麻油1.5，石棉绒14，汽油适量
橡胶-硅石阻尼材料	氯丁橡胶42，酚醛树脂15，硅石15，石棉绒1.5，磷酸二苯酯2.5，三硫化钼15，硫酸钙8，混合溶剂适量
沥青-石棉阻尼材料	沥青35，石棉50，桐油、亚麻油15

7.6.3　阻尼减振措施

为了得到满意的减振降噪效果，正确使用阻尼材料是非常重要的。在振动基板件上附加阻尼层的构造形式有自由阻尼层结构和约束阻尼层结构两种，如图7-10所示。

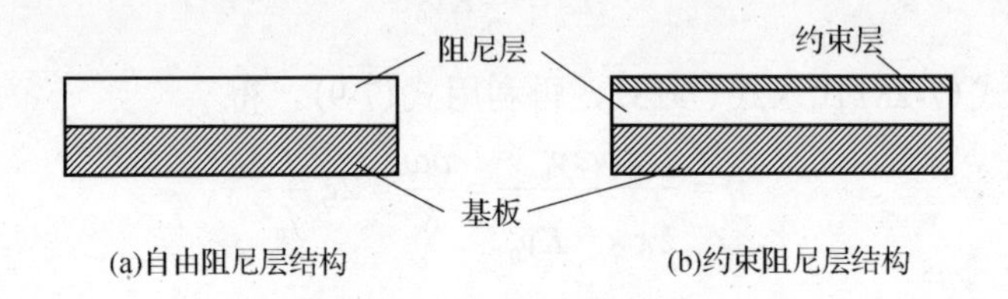

图7-10　阻尼层的构造形式

1) 自由阻尼层结构

将一定厚度的阻尼材料黏合或喷涂在金属板的一面或两面，形成自由阻尼层结构。当板受到振动而弯曲时，板和阻尼层都允许有压缩与延伸的变形。自由阻尼层复合材料的损耗因数与阻尼材料的损耗因数、阻尼材料和基板等弹性模量比、厚度比等有关。当阻尼材料的弹性模量比较小时，自由阻尼复合层的损耗因数可表示为

$$\eta = 14\eta_2 \frac{E_2}{E_1}\left(\frac{d_2}{d_1}\right)^2 \tag{7-30}$$

式中，η_2为阻尼材料的损耗因数；E_1、E_2分别为基板和阻尼材料的弹性模量；d_1、d_2分别为基板和阻尼材料的厚度。

对于多数情况，$\dfrac{E_2}{E_1}$的数量级为10^{-4}～10^{-1}，只有较大的厚度比才能达到较高的阻尼。通

常，当厚度比为 2～3 时，复合自由阻尼层的损耗因数可以达到阻尼材料损耗因数的 0.4。因此，为保证自由阻尼层有较好的阻尼特性，就要有较大的厚度，这也是自由阻尼层的缺点。

2)约束阻尼层结构

约束阻尼层结构是在基板和阻尼材料上再复加一层弹性模量较高的起约束作用的金属板。当板受到振动产生弯曲变形时，阻尼层受到上、下两个板面的约束而不能有伸缩变形，各层之间因发生剪切作用(即允许有剪切变形)而消耗振动能量。当复合结构剪切参数近似等于 1、d_2 和 $d_3 \leqslant d_1$ 时(d_3 为约束板厚度)，约束阻尼层复合结构的损耗因数可表示为

$$\eta_{\max}=\frac{3E_3\eta_3}{E_1\eta_1}\eta_2 \tag{7-31}$$

式中，E_3、η_3 分别为约束板的弹性模量和损耗因数。

在实际使用中，基板和约束层的弹性模量相近，复合板的阻尼大小和阻尼厚度无关。如果使用合理，可以使阻尼复合板的损耗因数接近甚至大于阻尼材料的损耗因数，取得较好的效果。

习　题　7

7.1　运输车辆的振动，空载时比满载时振动大，请解释其原因。

7.2　汽车高速行驶时比低速行驶时振动小，请解释其原因。

参 考 文 献

国家电网公司，2008. 中国三峡输变电工程——工程建设与环境保护卷. 北京：中国电力出版社.

何琳，朱海潮，邱小军，等，2006. 声学理论与工程应用. 北京：科学出版社.

洪宗辉，潘仲麟，2004. 环境噪声控制工程. 北京：高等教育出版社.

刘伯胜，雷家煜，2002. 水声学原理. 哈尔滨：哈尔滨工程大学出版社.

马大猷，2002. 噪声与振动控制工程手册. 北京：机械工业出版社.

宋建玮，马惠，冯寅，2012. 声景观综述. 噪声与振动控制，5：16-19.

王秉义，2001. 枪炮噪声与爆炸声的特性和防治. 北京：国防工业出版社.

赵松龄，1985. 噪声的降低与隔离(上册). 上海：同济大学出版社.

赵松龄，1989. 噪声的降低与隔离(下册). 上海：同济大学出版社.

郑长聚，洪宗辉，1988. 环境噪声控制工程. 北京：高等教育出版社.

D.罗斯，1983. 水下噪声原理. 北京：海洋出版社.

KATZ R J, ROTH K A, CARROLL B J, 1981. Acute and chronic stress effects on open field activity in the rat: Implications for a model of depression. Neuroscience & biobehavioral reviews, 5(2): 247-251.

KNIPSCHILD P, 1977. Medical effects of aircraft noise: Community cardiovascular survey. International archives of occupational and environmental health, 1977, 40(3): 185-190.

MATSUI T, MIYAKITA T, UEHARA T, et al, 2004. The Okinawa study: Effects of chronic aircraft noise on blood pressure and some other physiological indices. Journal of sound and vibration, 277(3): 469-470.

STANSFELD S A, BERGLUND B, CLARK C, et al, 2005. Aircraft and road traffic noise and children's cognition and health: A cross-national study. The lancet, 365(9475): 1942-1949.